Winkler/Fröhlich

Hochbaukosten Flächen Rauminhalte

Hochbaukosten
Flächen
Rauminhalte

Kommentar zu DIN 276, DIN 277, DIN 18022 und DIN 18960

Dr.-Ing. Walter Winkler
Dipl.-Ing. Peter J. Fröhlich

Mit dem Wortlaut der Normen
DIN 276, DIN 277 Teil 1 und 2, DIN 18022, DIN 18960 Teil 1,
der II. Berechnungsverordnung, der Neubaumietenverordnung
sowie farbigen Bilderläuterungen zu DIN 277 Teil 1

10., überarbeitete Auflage

vieweg

Mitvertrieb: Beuth-Vertrieb GmbH, Berlin · Köln · Frankfurt

Die Deutsche Bibliothek - CIP-Einheitsaufnahme

Winkler, Walter:
Hochbaukosten, Flächen, Rauminhalte, Kommentar zu DIN 276, 277, 18022 und 18960 ; mit dem Wortlaut der Normen DIN 276, DIN 277 Teil 1 und 2, DIN 18022, 18960 Teil 1, der II. Berechnungsverordnung, der Neubaumietverordnung sowie farbigen Bilderläuterungen zu DIN 277 Teil 1 / Walter Winkler ; Peter J. Fröhlich. - 10. Aufl. - Braunschweig ; Wiesbaden : Vieweg ; Berlin Köln ; Frankfurt (Main) : Beuth, 1998
ISBN 3-528-68884-X

Dieser mit Genehmigung des Deutschen Instituts für Normung e.V. herausgegebene Kommentar enthält den vollständigen Wortlaut der Normen DIN 276, DIN 277-1, DIN 277-2, DIN 18022, DIN 18960-1, der II. Berechnungsordnung, der Neubaumietenverordnung sowie farbige Bilderläuterungen zu DIN 277-1. In Zweifelsfällen sind die jeweils gültige Ausgabe der von der Beuth Verlag GmbH veröffentlichten Originalfassungen der DIN-Normen bzw. der im Bundesanzeiger veröffentlichten Verordnungen maßgebend.

1. Auflage 1972 (Bertelsmann Fachverlag)
2., veränderte Auflage 1973 (Bertelsmann Fachverlag)
3., durchgesehene Auflage 1974 (Bertelsmann Fachverlag)
4. Auflage 1976 (seit dieser Auflage Vieweg)
5., völlig durchgesehene und erweiterte Auflage 1978, mit zwei Nachdrucken
6. Auflage 1982, mit drei Nachdrucken
7., überarbeitete Auflage 1988, mit vier Nachdrucken
8., überarbeitete Auflage 1994
9., überarbeitete Auflage 1997
10., überarbeitete Auflage 1998

http://www.vieweg.de

Satz: Fleer, Herford
Druck und buchbinderische Verarbeitung: Lengericher Handelsdruckerei, Lengerich
Gedruckt auf säurefreiem Papier
Printed in Germany

ISBN 3-528-68884-X

Inhalt

Vorwort zur 10. Auflage

Die vom Normenausschuß Bauwesen (NABau) im DIN völlig neugestaltete DIN 276, herausgegeben im Juni 1993, hatte bereits in der 9. Auflage dieses Buches Berücksichtigung gefunden. Die Neufassung ersetzt zwar die Normen der Reihe DIN 276, Ausgabe April 1981, enthält jedoch die Vorbemerkung, daß die alte DIN 276 (April 1981) für die Ermittlung der anrechenbaren Kosten im Rahmen der Honorarermittlung nach HOAI (Verordnung über die Honorare für Leistungen der Architekten und Ingenieure) weiterhin angewendet werden muß, bis die Verordnung an die neue DIN 276 (Juni 1993) angepaßt ist. In der Zwischenzeit wurde zwar die Honorarordnung aufgrund von Bestrebungen des Berufsstandes der Architekten und Ingenieure etliche Male geändert, eine Anpassung an die zur Zeit gültige Fassung der DIN 276 ist bisher jedoch noch nicht erreicht worden.
Der neue Titel von DIN 276, »Kosten im Hochbau«, soll darauf hinweisen, daß auch die mit den Kosten von Hochbauten entstehenden anderweitigen Aufwendungen, wie Kosten für Außenanlagen und Baunebenkosten, von der Norm abgedeckt werden. Die bisher dreiteilige Norm wurde durch Straffung auf einen einzigen Normteil reduziert. Die in den Anhängen zu Teil 3 enthaltenen Muster wurden, weil damit eine zu starre Regelung für die Aufstellung von Kostenermittlungen verbunden gewesen sein soll, gestrichen. Die Autoren haben sie allerdings in modifizierter Form wieder in den Kommentar aufgenommen, weil sie trotz aller Bedenken vor einer zu starken Reglementierung doch eine wichtige Hilfe bei der Anwendung der Kostenermittlungsarten *Kostenschätzung, Kostenberechnung* und *Kostenanschlag* bieten. Daß es sich nur um unverbindliche Muster handelt, ist kenntlich gemacht.
Eine wichtige Änderung besteht darin, daß die bisher vier Ebenen der Kostengliederung auf drei reduziert worden sind, ferner, daß die Technischen Anlagen aufgrund ihrer gewachsenen Bedeutung für die Gesamtkosten eine eigene Kostengruppe (400) erhalten haben. Die bisherige Gliederung in Installationen (3.1) und Zentrale Betriebstechnik (3.2) wurde aufgegeben. Wegen der weiteren Änderungen gegenüber der Ausgabe April 1981 wird auf die allgemeinen Anmerkungen im Kapitel C verwiesen.
Unmittelbarer Anlaß für die Herausgabe der 10. Auflage des Kommentars war jetzt die Erarbeitung von DIN 277 Teil 3 (neue Schreibweise: DIN 277-3), die von dem zuständigen Arbeitsausschuß des NABau in dem Bestreben aufgestellt

worden ist, der zuverlässigen Kostenplanung und -überwachung im Hochbau eine weiteres Instrument an die Hand zu geben. Es dient der einheitlichen Betrachtungsweise der Grobelemente, aus denen sich ein Bauobjekt zusammensetzt und damit der sicheren Beurteilung ihrer Kosten.
Gerade in wirtschaftlich schwierigen Zeiten gewinnt die sichere Kostenplanung im Bauwesen eine erhöhte Bedeutung. Die Autoren hoffen daher, daß auch die neue Auflage des Kommentars der Fachwelt gute Dienste leisten wird.

Berlin, im August 1998

Dr.-Ing. Walter Winkler
Dipl.-Ing. Peter Fröhlich

Kapitel A

Entstehung, Zweck und Entwicklung der Normen DIN 276 und DIN 277

Die Normen DIN 276 und DIN 277 wurden zum ersten Mal im August 1934 herausgegeben. Ihr gleichzeitiges Erscheinen unterstreicht die von Anfang an beabsichtigte sachliche Verflechtung beider Normen. Sie hießen damals

- DIN 276 »Kosten von Hochbauten und damit zusammenhängenden Leistungen« und
- DIN 277 »Umbauter Raum von Hochbauten«.

Mit dieser Normung trat man erstmals der im Bauwesen herrschenden Begriffsverwirrung entgegen und versuchte, dem wichtigen Kapitel der Hochbaukosten eine einheitliche Grundlage zu geben. Dabei kam es darauf an, diese Grundlage so eindeutig herauszustellen, daß ein Instrument zuverlässiger und vergleichbarer Kostenermittlung entstand. Ein zu beiden Normen gehörendes Beiblatt »Vergleichsübersicht« sollte helfen, betriebswirtschaftliche Erkenntnisse zu erleichtern und die Bildung von Erfahrungswerten zu begünstigen.

Rückblickend erkennen wir, daß mit diesen Erstausgaben nur ein erster Schritt getan war. Schon im Januar 1936 ergab sich aus der praktischen Anwendung der neuen Normen die Notwendigkeit, DIN 277 um Berechnungsgrundlagen für den »umbauten Raum von Bauteilen, deren Innenräume (ohne Zwischendecken) von der Oberfläche des Geländes bis zur Dachfläche bzw. Dachaltanfläche durchgehen«, zu ergänzen. Eine weitere, technisch nur unwesentlich geänderte Ausgabe von DIN 277 erschien im Oktober 1940. Der Begriff des umbauten Raumes erhielt eine neue Definition, ferner wurden die Grundlagen für die Berechnung des umbauten Raumes vereinfacht und präzisiert. Am 6. Dezember 1940 wurden DIN 276 und DIN 277 als Richtlinien für die Bauaufsicht (damals Baupolizei) eingeführt.

Ihre vierte Neufassung erhielt DIN 277 mit der vom Fachnormenausschuß Bauwesen (FN-Bau) vorbereiteten Ausgabe vom November 1950. Sie lehnte sich zwar an die Berechnungsvorschriften der Ausgabe vom Januar 1936 an; da man jedoch erkannt hatte, daß bei Hochbauten unterschiedlicher Art, Form, Größe

und technischer Ausführung die vereinheitlichte Berechnungsgrundlage des umbauten Raumes zu verschiedenartigen Kostenergebnissen führte, wurde festgelegt, daß die Kubikmeterpreise nur von Bauten gleicher Art miteinander verglichen werden dürfen.
Das Normblatt DIN 276 war im August 1943 in einer zweiten Ausgabe erschienen. Sie brachte lediglich in der Kostengliederung einige Änderungen. Die Bezeichnung der Norm lautete vereinfacht »Kosten von Hochbauten«. Auch das oben erwähnte dem Kostenvergleich dienende Beiblatt »Vergleichsübersicht« erhielt eine entsprechende Neufassung. Unter dem Einfluß der Wohnungsbaugesetzgebung der Nachkriegszeit (im März 1951 erschien DIN 283 über Wohnungen und die Ermittlung der Wohnfläche) begann die Ausarbeitung einer vollständigen Neufassung, die als gekürzte und vereinfachte Ausgabe im März 1954 herauskam. Zur Erleichterung der Kostenermittlung wurden für Kostenvoranschläge und Kostenanschläge Vordruckmuster geschaffen. In den Vordruckmustern wurde durch die Hinweise auf die Ermittlungsvorschriften in DIN 277 die enge Bindung beider Normen deutlich sichtbar. Da mit der Verordnung über wohnungswirtschaftliche Berechnungen des 2. Wohnungsbaugesetzes für den öffentlich geförderten und den steuerbegünstigten Wohnungsbau eine von DIN 276, DIN 277 und DIN 283 abweichende Kosten- und Flächenberechnung gefordert wurde, mußte in diese Normen eine entsprechende Vorbemerkung aufgenommen werden.
Im Verlauf einer mehr als zehnjährigen Weiterentwicklung der Planung und Technik im Bauwesen zeigten sich bei der Anwendung der Normen DIN 276 und DIN 277 wachsende Schwierigkeiten. Durch Auflösung bisher massiver Bauformen, starke Gliederung der Baukörper sowie horizontale und vertikale Staffelung von Bauten aller Gattungen verlor die vornehmlich auf den Wohnungsbau zugeschnittene Kubusbewertung ihre allgemeine Bedeutung und Gültigkeit. Da in immer stärkerem Maße als früher Geschosse oder Gebäudeteile desselben Bauwerks unterschiedliche Kosten verursachten und somit ein einheitliches Kostengefüge nicht mehr bestand, ließen sich viele Hochbauten nicht mehr nach DIN 277 eindeutig erfassen und berechnen. Die Erkenntnis, daß Raummeterpreise kein allgemein verläßlicher Maßstab für Ermittlung und Beurteilung von Hochbaukosten sind, setzte sich immer mehr durch.
Auch die richtige Einordnung der Leistungen in das Gefüge der Kostenarten von DIN 276 wurde immer schwieriger. Die mit der Erstausgabe vom August 1934 gegebene Kostengliederung war nahezu unverändert geblieben. Da diese auf den technisch verhältnismäßig einfachen Wohnungsbau ausgerichtet war, entstanden insbesondere beim Gewerbe- und Industriebau sowie auch beim öffentlichen Hochbau Unzuträglichkeiten bei der Erfassung und Zuordnung der Kosten für die besonderen Betriebseinrichtungen, die für diese Bauten den Charakter des Besonderen längst nicht mehr hatten. Der FN-Bau entschloß sich deshalb im Jahre 1968 zu einer Neubearbeitung beider Normen. Der Versuch, die

bestehenden Fassungen durch Änderungen in den Abschnitten und durch Ergänzungen zu verbessern, führte bei dem Umfang der vorliegenden Anregungen nicht zum Ziel. Von einer Überarbeitung mußte deshalb abgesehen und eine grundlegende Neufassung vorgenommen werden.

Die neue DIN 276, Ausgabe September 1971, bestand aus

- Teil 1: Kosten von Hochbauten; Begriffe
- Teil 2: Kosten von Hochbauten; Kostengliederung mit der Darstellung einer vierstelligen Kostengliederung als Anhang und
- Teil 3: Kosten von Hochbauten; Kostenermittlung mit Vordruckmustern in drei Anhängen.

Die Neufassung von DIN 277 konnte dagegen erst im Jahre 1973 herausgegeben werden. Die Beratungen der Fachleute hatten zu der Erkenntnis geführt, daß die Norm nicht nur Regeln für die Berechnung von Rauminhalten sondern auch von Flächen bieten müsse und daß sich über die engeren Grenzen der Norm hinaus in der Zukunft ein weiterer Regelungsbedarf auf dem Gebiet der Berechnungsregeln ergeben würde. Daher wurde die Norm vorsorglich als DIN 277 Teil 1 bezeichnet. Die neue Ausgabe Mai 1973, hieß ihrem erweiterten Inhalt entsprechend »Grundflächen und Rauminhalte von Hochbauten; Begriffe, Berechnungsgrundlagen«. Im Interesse einer neutralen Audrucksweise hatte man dabei bewußt auf den seit Jahrzehnten im Bauwesen eingeführten Begriff »umbauter Raum« für das Bauvolumen verzichtet und gegen den mathematisch korrekten »Rauminhalt« ausgetauscht.

Die Anwendung der beiden neuen Normen DIN 276 und DIN 277 Teil 1 zwang zum Umdenken. Sie erhielten infolge ihres erweiterten Inhalts, insbesondere durch die Aufnahme von Begriffen und Berechnungsgrundlagen für Grundflächen, durch Verfeinerung der Kostengliederung sowie infolge der umfangreichen Formblattmuster einen erheblich größeren Umfang als bisher. Neue Möglichkeiten der Kostenermittlung wurden erschlossen und werden praktikabel angeboten. Nach zehnjähriger Anwendung wurde die Norm DIN 276 im April 1981 mit Änderungen, die durch das Erscheinen von DIN 277 Teil 1 im Mai 1973 und von DIN 18960 Teil 1 im April 1976 sowie durch Korrekturen in der Kostengliederung notwendig geworden waren, neu herausgegeben. Außerdem erschien im März 1981 DIN 277 Teil 2 mit der notwendigen Ergänzung der Gliederung der Netto-Grundrißfläche, durch die eine Untergliederung nach Gebäudearten vermieden wurde. Die vorgeschriebene Gliederung der Netto-Grundrißfläche nach Nutzungsarten gestattete eine eindeutige Bestimmung der Flächenqualitäten für jedes Bauwerk.

Im Juni 1987 erhielt DIN 277 Teil 1 und Teil 2 eine neue Fassung. Angaben zur Ermittlung von Grundstücksflächen wurden gestrichen, weil sie durch den Geltungsbereich der Norm nicht abgedeckt waren. Die Norm wurde nach systematischen Gesichtspunkten neu gegliedert, sowie gekürzt und redaktionell überarbeitet. Insbesondere wurde das wenig konkrete Wort »Hochbauten« durch

»Bauwerke im Hochbau« ersetzt. Als entscheidende technische Änderung wurde im Sinne der Berechnungsregeln für den Wohnungsbau eine Höhenunterteilung unter Schrägen bei den Netto-Grundflächen aufgenommen, denn die Norm DIN 283 Teil 2 über die Berechnung von Wohnflächen war bereits 1983 ersatzlos zurückgezogen worden (siehe hierzu die allgemeinen Anmerkungen zu DIN 277 Teil 1).

Die Kostenermittlung nach Grundflächen ist dank der gegebenen Definitionen und der Berechnungsgrundlagen weniger mißverständlich als bisher. Die Netto-Grundfläche und ihre Unterteilung in Nutzfläche, Funktionsfläche und Verkehrsfläche läßt sich in jedem Falle sicher und schnell ermitteln. Schwieriger wird es sein, bereits im Stadium des Vorentwurfs die Brutto-Grundfläche genau festzustellen, denn zu diesem Zeitpunkt liegen die Konstruktionsmaße meist noch nicht fest. Andererseits ist die Kostenschätzung eine noch unverbindliche Kostenermittlung, von der nur der Genauigkeitsgrad erwartet werden kann, den die Qualität der Unterlagen zuläßt. Liegt ein Entwurf vor, ist die Berechnung der Flächenarten verhältnismäßig einfach. Bei der Kostenermittlung durch Kostenberechnung nach DIN 276, Ausgabe April 1981, konnte deshalb bei der Verwendung von Kostenwerten, die sich auf Flächenarten beziehen, mit sicheren Ergebnissen gerechnet werden. Die Kostenermittlung nach Rauminhalten weicht zwar von der früheren Methode »umbauter Raum« erheblich ab, da auf eine Kostenbewertung der Volumina durch die Festlegung von Prozentzahlen verzichtet wurde. Solche Kosten, z.B. der nicht ausgebauten Teile von Dachgeschossen, können nur individuell durch Einsetzen entsprechender Einheitspreise, nicht jedoch durch feste Prozentsätze beurteilt werden.

Die Ausgabe April 1981 der DIN 276 hatte wiederum mehr als zehn Jahre Bestand und war über eine Bezugnahme in der Honorarordnung für Architekten und Ingenieure (HOAI) praktisch für alle Baumaßnahmen des Hochbaus verbindlich geworden. Zur gleichen Zeit hatten jedoch verbesserte Methoden der Kostenplanung auch Mängel der Norm aufgezeigt und die technische Entwicklung die Schwerpunkte anders gesetzt. Es wurde daher eine Überarbeitung beschlossen, die in die neue Ausgabe Juni 1993 mündete. Sie enthält eine Anzahl von Änderungen, die sich auf Anpassungen an die technische und wirtschaftliche Entwicklung, auf Straffung des Textes und insbesondere auf die Zusammenfassung in einer einzigen Norm beziehen. Die Kostengliederung wurde vereinfacht und in allen Kostengruppen auf drei Kostengliederungsebenen zurückgeführt. Die Muster für Kostenermittlungen sind entfallen. In einer Vorbemerkung wird darauf hingewiesen, daß die bisher geltende dreiteilige DIN 276, Ausgabe April 1981, für die Ermittlung der anrechenbaren Kosten nach HOAI noch so lange angewendet werden muß, bis die HOAI an die neue Ausgabe Juni 1993 der DIN 276 angepaßt ist.

Im Rahmen der letzten Überarbeitung von DIN 276 wurde die Notwendigkeit erkannt, die dort festgelegten Gliederungselemente genauer zu definieren, damit die Zuverlässigkeit der Kostenermittlung und die Vergleichbarkeit von Ausführungsvarianten verbessert wird, um so auch bei der Kostenverfolgung besser auf Planungsänderungen reagieren zu können. Als Ergebnis dieser Überlegungen wurde im Juli 1998 DIN 277-3 über Mengen und Bezugseinheiten (von Kostengruppen) veröffentlicht. Da die Festlegungen dieser Norm die Kostengruppen nach DIN 276 betreffen, aber auch Ermittlungsregeln im Sinne von DIN 277 enthalten, hätten sie unter jeder dieser Zählnummern veröffentlicht werden können. Durch die Art der Numerierung sind jedoch nur bei DIN 277 Folgeteile vorgesehen, so daß sie dort als Teil 3 herausgegeben wurde. Auf jeden Fall dokumentiert diese jüngste Norm die enge thematische Verflechtung der beiden Normen DIN 276 und DIN 277.

Kapitel B

Rechtsstellung der Normen DIN 276 und DIN 277

In § 6 Absatz 2 Buchst. b des Ersten Wohnungsbaugesetzes vom 24. April 1950 wurde die Bundesregierung ermächtigt, durch Rechtsverordnung Vorschriften über die Anwendung von Normen des Deutschen Normenausschusses zu erlassen. Sie hat von dieser Ermächtigung Gebrauch gemacht und mit der Verordnung über Wirtschaftlichkeits- und Wohnflächenberechnung für neugeschaffenen Wohnraum (Berechnungsverordnung) vom 20. November 1950 (BGBl. S. 753) über die Anwendung der Normen DIN 276 und DIN 277 folgendes bestimmt:

§ 5 Gliederung der Gesamtherstellungskosten
(1) ...
(2) Bei der Berechnung der Gesamtherstellungskosten ist die Gliederung des Normblattes DIN 276 des Deutschen Normenausschusses zugrunde zu legen, soweit nicht diese Verordnung Abweichendes bestimmt.

§ 6 Anteilige Gesamtherstellungskosten
(1) ...
(2) Zur Berechnung des umbauten Raumes ist das Normblatt DIN 277 des Deutschen Normenausschusses zu verwenden.

Auch in § 91 Absatz 2 Buchst. b des Zweiten Wohnungsbaugesetzes vom 27. Juni 1956 wurde die Bundesregierung ermächtigt, durch Rechtsverordnung Vorschriften über die Anwendung von Normen des Deutschen Normenausschusses zu erlassen. Auf dieser Grundlage wurde mit der Verordnung über wohnungswirtschaftliche Berechnungen nach dem Zweiten Wohnungsbaugesetz (Zweite Berechnungsverordnung – II. BVO) vom 17. Oktober 1957 (BGBl. I S. 1719) die Verpflichtung, die Normblätter DIN 276 und DIN 277 anzuwenden, wiederholt. Die in Anlage 1 zu § 5 Abs. 5 der II. BVO vorgeschriebene »Aufstellung der Gesamtkosten« enthält allerdings zum Teil von DIN 276 abweichende Bestim-

mungen; auch ist das Normblatt nicht ausdrücklich erwähnt. In der Anlage 2 zu den §§ 11 a und 34 Abs. 1 der II. BVO ist für die Ermittlung des umbauten Raumes Abschnitt 1 des Normblattes DIN 277 vorgeschrieben. Hieran wurde auch durch die Verordnung zur Änderung der Berechnungsverordnungen vom 1. Januar 1963 nichts geändert.
Aufgrund der Neufassung des zweiten Wohnungsbaugesetzes vom 1. September 1965 wurde die II. BVO am 20. Dezember 1965 (BGBl. I S. 1617) ebenfalls neu gefaßt, wobei die Vorschriften über die Anwendung der Normen DIN 276 und DIN 277 uneingeschränkt bestehen blieben. Auch als infolge des Wohnungsbauänderungsgesetzes vom 17. Juli 1968, durch das auch das Zweite Wohnungsbaugesetz geändert wurde, die Zweite Berechnungsverordnung (jetzt II. BV) neue Fassungen erhielt, blieben diese Vorschriften weiterhin voll gültig.
Nach diesem Zeitpunkt hat jedoch der Gesetzgeber auf die weitere Fortschreibung der Normen DIN 276 und 277 nicht mehr reagiert, so daß der Zusammenhang der II. BV mit diesen Normen nur noch schwer erkennbar ist. Eklatantes Beispiel sind die Personen- und Lastenaufzüge, die in der gültigen DIN 276 unter der Kostengruppe 461 sinnvollerweise als Förderanlagen zu den Technischen Anlagen des Bauwerks zählen, während sie nach Anlage 1 der II. BV zu den Kosten der »Besondere Betriebseinrichtungen« rechnen, einem Begriff, den es in der gültigen Kostengliederung bereits seit 1981 nicht mehr gibt. Auch die Anlage 2 mit den Regeln für die Berechnung des umbauten Raumes weist immer noch auf die Fassung der DIN 277 aus dem Jahre 1950 hin.
Bei der Bewältigung des öffentlich geförderten Wohnungsbauprogramms der Nachkriegszeit, das zunächst den wichtigsten Abschnitt des Hochbauwesens bildete, haben diese beiden Normen eine bedeutende Rolle gespielt. Die Vorschriften aus der Wohnungsbaugesetzgebung haben aber auch wesentlich dazu beigetragen, daß sie weithin bekannt wurden und für die Ermittlung von Hochbaukosten unentbehrliche Hilfsmittel geworden sind. Es wäre nun allerdings auch notwendig, die in der II. BV enthaltenen Bestimmungen über die Berechnung der Gesamtkosten entsprechend der Ermächtigung, die dem Verordnungsgeber gegeben wurde, den Neufassungen der beiden Normen anzupassen, damit die notwendige Einheit im Kostenermittlungsverfahren bei Hochbauten wiederhergestellt wird, es sei denn, daß die staatliche Förderung des Wohnungsbaus in bisherige Form überhaupt eingestellt wird, da sie von weiten Teilen der Öffentlichkeit nicht mehr als zeitgemäß angesehen wird.
Im Anhang sind die Neufassungen der Zweiten Berechnungsverordnung vom 12. Oktober 1990 sowie der Neubaumietenverordnung 1970 vom 29. August 1990 (Bekanntmachung vom 12. Oktober 1990) abgedruckt.

Kapitel C

DIN 276 Kosten im Hochbau
Ausgabe Juni 1993

DK 69.003.12 : 624.9 DEUTSCHE NORM Juni 1993

Kosten im Hochbau

DIN 276

Building costs
Coûts de bâtiment

Ersatz für
DIN 276 T 1/04.81,
DIN 276 T 2/04.81,
DIN 276 T 3/04.81
und DIN 276 T 3 Aw 1/04.81
Siehe jedoch Vorbemerkung!

Die Normen der Reihe DIN 276/04.81 können für die Ermittlung der anrechenbaren Kosten im Rahmen der Honorarermittlung nach HOAI (Verordnung über die Honorare für Leistungen der Architekten und Ingenieure) bis zur Anpassung der HOAI an die jetzige Norm DIN 276/06.93 weiterhin angewendet werden.

Inhalt

1 Anwendungsbereich

Diese Norm gilt für die Ermittlung und die Gliederung von Kosten im Hochbau. Sie erfaßt die Kosten für Maßnahmen zur Herstellung, zum Umbau und zur Modernisierung der Bauwerke sowie die damit zusammenhängenden Aufwendungen (Investitionskosten); für Baunutzungskosten gilt DIN 18 960 Teil 1.

Die Norm legt Begriffe und Unterscheidungsmerkmale fest und schafft damit die Voraussetzungen für die Vergleichbarkeit der Ergebnisse von Kostenermittlungen.

Die nach dieser Norm ermittelten Kosten können bei Verwendung für andere Zwecke (z.B. Honorierung von Auftragnehmerleistungen, steuerliche Förderung) den dabei erforderlichen Ermittlungen zugrunde gelegt werden. Eine Bewertung der Kosten im Sinne der entsprechenden Vorschriften nimmt die Norm jedoch nicht vor.

Die Norm gilt für Kostenermittlungen, die auf der Grundlage von Ergebnissen der Bauplanung durchgeführt werden. Sie gilt nicht für Kostenermittlungen, die vor der Bauplanung lediglich auf der Grundlage von Bedarfsangaben durchgeführt und z.B. als „Kostenrahmen" bezeichnet werden.

2 Begriffe

2.1 Kosten im Hochbau

Kosten im Hochbau sind Aufwendungen für Güter, Leistungen und Abgaben, die für die Planung und Ausführung von Baumaßnahmen erforderlich sind.

ANMERKUNG: Kosten im Hochbau werden in dieser Norm im folgenden als Kosten bezeichnet.

2.2 Kostenplanung

Die Kostenplanung ist die Gesamtheit aller Maßnahmen der Kostenermittlung, der Kostenkontrolle und der Kostensteuerung. Die Kostenplanung begleitet kontinuierlich alle Phasen der Baumaßnahme während der Planung und Ausführung. Sie befaßt sich systematisch mit den Ursachen und Auswirkungen der Kosten.

2.3 Kostenermittlung

Die Kostenermittlung ist die Vorausberechnung der entstehenden Kosten bzw. die Feststellung der tatsächlich entstandenen Kosten. Entsprechend dem Planungsfort-

Fortsetzung Seite 2 bis 18

Normenausschuß Bauwesen (NABau) im DIN Deutsches Institut für Normung e.V.

Seite 2 DIN 276

schritt werden die in den Abschnitten 2.3.1 bis 2.3.4 aufgeführten Arten der Kostenermittlung unterschieden.

2.3.1 Kostenschätzung

Die Kostenschätzung ist eine überschlägige Ermittlung der Kosten.

2.3.2 Kostenberechnung

Die Kostenberechnung ist eine angenäherte Ermittlung der Kosten.

2.3.3 Kostenanschlag

Der Kostenanschlag ist eine möglichst genaue Ermittlung der Kosten.

2.3.4 Kostenfeststellung

Die Kostenfeststellung ist die Ermittlung der tatsächlich entstandenen Kosten.

2.4 Kostenkontrolle

Die Kostenkontrolle ist der Vergleich einer aktuellen mit einer früheren Kostenermittlung.

2.5 Kostensteuerung

Die Kostensteuerung ist das gezielte Eingreifen in die Entwicklung der Kosten, insbesondere bei Abweichungen, die durch die Kostenkontrolle festgestellt worden sind.

2.6 Kostenkennwert

Ein Kostenkennwert ist ein Wert, der das Verhältnis von Kosten zu einer Bezugseinheit (z. B. Grundflächen oder Rauminhalte nach DIN 277 Teil 1 und Teil 2) darstellt.

2.7 Kostengliederung

Die Kostengliederung ist die Ordnungsstruktur, nach der die Gesamtkosten einer Baumaßnahme in Kostengruppen unterteilt werden.

2.8 Kostengruppe

Eine Kostengruppe ist die Zusammenfassung einzelner, nach den Kriterien der Planung oder des Projektablaufes zusammengehörender Kosten.

2.9 Gesamtkosten

Die Gesamtkosten sind die Kosten, die sich als Summe aus allen Kostengruppen ergeben.

3 Kostenermittlung

3.1 Grundsätze der Kostenermittlung

3.1.1 Zweck

Kostenermittlungen dienen als Grundlagen für die Kostenkontrolle, für Planungs-, Vergabe- und Ausführungsentscheidungen sowie zum Nachweis der entstandenen Kosten.

3.1.2 Darstellung

Kostenermittlungen sind in der Systematik der Kostengliederung zu ordnen und darzustellen.

3.1.3 Art

Die Art und die Detaillierung der Kostenermittlung sind abhängig vom Stand der Planung und Ausführung und den jeweils verfügbaren Informationen z. B. in Form von Zeichnungen, Berechnungen und Beschreibungen.

Die Informationen über die Baumaßnahme nehmen entsprechend dem Projektfortschritt zu, so daß auch die Genauigkeit der Kostenermittlungen wächst.

3.1.4 Vollständigkeit

Die Kosten der Baumaßnahme sind in der Kostenermittlung vollständig zu erfassen.

3.1.5 Kostenermittlung bei Bauabschnitten

Besteht eine Baumaßnahme aus mehreren zeitlich oder räumlich getrennten Abschnitten, sollten für jeden Abschnitt getrennte Kostenermittlungen aufgestellt werden.

3.1.6 Kostenstand

Bei Kostenermittlungen ist vom Kostenstand zum Zeitpunkt der Ermittlung auszugehen; dieser Kostenstand ist durch die Angabe des Zeitpunktes zu dokumentieren.

Sofern Kosten auf den Zeitpunkt der Fertigstellung prognostiziert werden, sind sie gesondert auszuweisen.

3.1.7 Grundlagen und Erläuterungen

Die Grundlagen für die Kostenermittlung sind anzugeben. Erläuterungen zur Baumaßnahme sollten in der Systematik der Kostengliederung geordnet werden.

3.1.8 Besondere Kosten

Sofern Kosten durch außergewöhnliche Bedingungen des Standortes (z. B. Gelände, Baugrund, Umgebung), durch besondere Umstände des Projekts oder durch Forderungen außerhalb der Zweckbestimmung des Bauwerks verursacht werden, sollten diese Kosten bei den betreffenden Kostengruppen gesondert ausgewiesen werden.

3.1.9 Wiederverwendete Teile, Eigenleistungen

Der Wert wiederverwendeter Teile sowie der Wert von Eigenleistungen sollen bei den betreffenden Kostengruppen gesondert ausgewiesen werden. Für Eigenleistungen des Bauherrn sind die Kosten einzusetzen, die für entsprechende Auftragnehmerleistungen entstehen würden.

3.1.10 Umsatzsteuer

Die Umsatzsteuer kann entsprechend den jeweiligen Erfordernissen wie folgt berücksichtigt werden:

— In den Kostenangaben ist die Umsatzsteuer enthalten („Brutto-Angabe"),

— in den Kostenangaben ist die Umsatzsteuer nicht enthalten („Netto-Angabe"),

— nur bei einzelnen Kostenangaben (z. B. bei übergeordneten Kostengruppen) ist die Umsatzsteuer ausgewiesen.

In der Kostenermittlung und bei Kostenkennwerten ist immer anzugeben, in welcher Form die Umsatzsteuer berücksichtigt worden ist.

3.2 Arten der Kostenermittlung

In den Abschnitten 3.2.1 bis 3.2.4 werden die Arten der Kostenermittlung nach ihrem Zweck, den erforderlichen Grundlagen und dem Detaillierungsgrad festgelegt.

3.2.1 Kostenschätzung

Die Kostenschätzung dient als eine Grundlage für die Entscheidung über die Vorplanung.

Grundlagen für die Kostenschätzung sind:

— Ergebnisse der Vorplanung, insbesondere Planungsunterlagen, z.B. versuchsweise zeichnerische Darstellungen, Strichskizzen,

— Berechnung der Mengen von Bezugseinheiten der Kostengruppen, z.B. Grundflächen und Rauminhalte nach DIN 277 Teil 1 und Teil 2,

— erläuternde Angaben zu den planerischen Zusammenhängen, Vorgängen und Bedingungen,

— Angaben zum Baugrundstück und zur Erschließung.

In der Kostenschätzung sollen die Gesamtkosten nach Kostengruppen mindestens bis zur 1. Ebene der Kostengliederung ermittelt werden.

3.2.2 Kostenberechnung

Die Kostenberechnung dient als eine Grundlage für die Entscheidung über die Entwurfsplanung.

Grundlagen für die Kostenberechnung sind:

— Planungsunterlagen, z.B. durchgearbeitete, vollständige Vorentwurfs- und/oder Entwurfszeichnungen (Maßstab nach Art und Größe des Bauvorhabens), gegebenenfalls auch Detailpläne mehrfach wiederkehrender Raumgruppen,

— Berechnung der Mengen von Bezugseinheiten der Kostengruppen,

— Erläuterungen, z.B. Beschreibung der Einzelheiten in der Systematik der Kostengliederung, die aus den Zeichnungen und den Berechnungsunterlagen nicht zu ersehen, aber für die Berechnung und die Beurteilung der Kosten von Bedeutung sind.

In der Kostenberechnung sollen die Gesamtkosten nach Kostengruppen mindestens bis zur 2. Ebene der Kostengliederung ermittelt werden.

3.2.3 Kostenanschlag

Der Kostenanschlag dient als eine Grundlage für die Entscheidung über die Ausführungsplanung und die Vorbereitung der Vergabe.

Grundlagen für den Kostenanschlag sind:

— Planungsunterlagen, z.B. endgültige, vollständige Ausführungs-, Detail- und Konstruktionszeichnungen,

— Berechnungen, z.B. für Standsicherheit, Wärmeschutz, technische Anlagen,

— Berechnung der Mengen von Bezugseinheiten der Kostengruppen,

— Erläuterungen zur Bauausführung, z.B. Leistungsbeschreibungen,

— Zusammenstellungen von Angeboten, Aufträgen und bereits entstandenen Kosten.

Im Kostenanschlag sollen die Gesamtkosten nach Kostengruppen mindestens bis zur 3. Ebene der Kostengliederung ermittelt werden.

3.2.4 Kostenfeststellung

Die Kostenfeststellung dient zum Nachweis der entstandenen Kosten sowie gegebenenfalls zu Vergleichen und Dokumentationen.

Grundlagen für die Kostenfeststellung sind:

— geprüfte Abrechnungsbelege, z.B. Schlußrechnungen, Nachweise der Eigenleistungen,

— Planungsunterlagen, z.B. Abrechnungszeichnungen,

— Erläuterungen.

In der Kostenfeststellung sollen die Gesamtkosten nach Kostengruppen bis zur 2. Ebene der Kostengliederung unterteilt werden. Bei Baumaßnahmen, die für Vergleiche und Kostenkennwerte ausgewertet und dokumentiert werden, sollten die Gesamtkosten mindestens bis zur 3. Ebene der Kostengliederung unterteilt werden.

4 Kostengliederung

4.1 Aufbau der Kostengliederung

Die Kostengliederung nach Abschnitt 4.3 sieht drei Ebenen der Kostengliederung vor; diese sind durch dreistellige Ordnungszahlen gekennzeichnet.

In der 1. Ebene der Kostengliederung werden die Gesamtkosten in folgende sieben Kostengruppen gegliedert:

100 Grundstück
200 Herrichten und Erschließen
300 Bauwerk — Baukonstruktionen
400 Bauwerk — Technische Anlagen
500 Außenanlagen
600 Ausstattung und Kunstwerke
700 Baunebenkosten

Bei Bedarf werden diese Kostengruppen entsprechend der Kostengliederung in die Kostengruppen der 2. und 3. Ebene der Kostengliederung unterteilt.

Über die Kostengliederung dieser Norm hinaus können die Kosten entsprechend den technischen Merkmalen oder den herstellungsmäßigen Gesichtspunkten oder nach der Lage im Bauwerk bzw. auf dem Grundstück weiter untergliedert werden.

Darüber hinaus sollten die Kosten in Vergabeeinheiten geordnet werden, damit die projektspezifischen Angebote, Aufträge und Abrechnungen mit den Kostenvorgaben verglichen werden können.

ANMERKUNG: In Vergabeeinheiten werden Kostengruppen ganz oder in Teilen nach projektspezifischen Bedingungen zusammengefaßt.

4.2 Ausführungsorientierte Gliederung der Kosten

Soweit es die Umstände des Einzelfalls zulassen (z.B. im Wohnungsbau) oder erfordern (z.B. bei Modernisierungen), können die Kosten vorrangig ausführungsorientiert gegliedert werden, indem bereits die Kostengruppen der ersten Ebene der Kostengliederung nach herstellungsmäßigen Gesichtspunkten unterteilt werden.

Hierfür kann die Gliederung in Leistungsbereiche entsprechend dem Standardleistungsbuch für das Bauwesen (StLB) — wie in Abschnitt 4.4 wiedergegeben — oder Standardleistungskatalog (StLK) oder eine Gliederung entsprechend anderen ausführungs- bzw. gewerkeorientierten Strukturen (z.B. Verdingungsordnung für Bauleistungen VOB Teil C) verwendet werden. Dies entspricht formal der 2. Ebene der Kostengliederung.

Im Falle einer solchen ausführungsorientierten Gliederung der Kosten ist eine weitere Unterteilung, z.B. in Teilleistungen, erforderlich, damit die Leistungen hinsichtlich Inhalt, Eigenschaften und Menge beschrieben und erfaßt werden können. Dies entspricht formal der 3. Ebene der Kostengliederung.

Auch bei einer ausführungsorientierten Gliederung sollten die Kosten in Vergabeeinheiten geordnet werden, damit die projektspezifischen Angebote, Aufträge und Abrechnungen mit den Kostenvorgaben verglichen werden können (siehe Abschnitt 4.1, Anmerkung).

4.3 Darstellung der Kostengliederung

Die in der Spalte „Anmerkungen" aufgeführten Güter, Leistungen oder Abgaben sind Beispiele für die jeweilige Kostengruppe; die Aufzählung ist nicht abschließend.

Tabelle 1

Kostengruppen	Anmerkungen
100 Grundstück	
110 Grundstückswert	
120 Grundstücksnebenkosten	Kosten, die im Zusammenhang mit dem Erwerb eines Grundstücks entstehen
121 Vermessungsgebühren	
122 Gerichtsgebühren	
123 Notariatsgebühren	
124 Maklerprovisionen	
125 Grunderwerbsteuer	
126 Wertermittlungen, Untersuchungen	Wertermittlungen, Untersuchungen zu Altlasten und deren Beseitigung, Baugrunduntersuchungen und Untersuchungen über die Bebaubarkeit, soweit sie zur Beurteilung des Grundstückswertes dienen
127 Genehmigungsgebühren	
128 Bodenordnung, Grenzregulierung	
129 Grundstücksnebenkosten, sonstiges	
130 Freimachen	Kosten, die aufzuwenden sind, um ein Grundstück von Belastungen freizumachen
131 Abfindungen	Abfindungen und Entschädigungen für bestehende Nutzungsrechte, z. B. Miet- und Pachtverträge
132 Ablösen dinglicher Rechte	Ablösung von Lasten und Beschränkungen, z. B. Wegerechten
139 Freimachen, sonstiges	
200 Herrichten und Erschließen	Kosten aller vorbereitenden Maßnahmen, um das Grundstück bebauen zu können
210 Herrichten	Kosten der vorbereitenden Maßnahmen auf dem Baugrundstück
211 Sicherungsmaßnahmen	Schutz von vorhandenen Bauwerken, Bauteilen, Versorgungsleitungen sowie Sichern von Bewuchs und Vegetationsschichten
212 Abbruchmaßnahmen	Abbrechen und Beseitigen von vorhandenen Bauwerken, Ver- und Entsorgungsleitungen sowie Verkehrsanlagen
213 Altlastenbeseitigung	Beseitigen von Kampfmitteln und anderen gefährlichen Stoffen, Sanieren belasteter und kontaminierter Böden
214 Herrichten der Geländoberfläche	Roden von Bewuchs, Planieren, Bodenbewegungen einschließlich Oberbodensicherung
219 Herrichten, sonstiges	
220 Öffentliche Erschließung	Anteilige Kosten aufgrund gesetzlicher Vorschriften (Erschließungsbeiträge/Anliegerbeiträge) und Kosten aufgrund öffentlich-rechtlicher Verträge für — die Beschaffung oder den Erwerb der Erschließungsflächen gegen Entgelt durch den Träger der öffentlichen Erschließung, — die Herstellung oder Änderung gemeinschaftlich genutzter technischer Anlagen, z. B. zur Ableitung von Abwasser sowie zur Versorgung mit Wasser, Wärme, Gas, Strom und Telekommunikation, — die erstmalige Herstellung oder den Ausbau der öffentlichen Verkehrsflächen, der Grünflächen und sonstiger Freiflächen für öffentliche Nutzung. Kostenzuschüsse und Anschlußkosten sollen getrennt ausgewiesen werden.
221 Abwasserentsorgung	Anschlußbeiträge, Anschlußkosten
222 Wasserversorgung	Kostenzuschüsse, Anschlußkosten
223 Gasversorgung	Kostenzuschüsse, Anschlußkosten
224 Fernwärmeversorgung	Kostenzuschüsse, Anschlußkosten
225 Stromversorgung	Kostenzuschüsse, Anschlußkosten
226 Telekommunikation	einmalige Entgelte für die Bereitstellung und Änderung von Netzanschlüssen

(fortgesetzt)

Tabelle 1 (fortgesetzt)

Kostengruppen	Anmerkungen
227 Verkehrserschließung	Erschließungsbeiträge für die Verkehrs- und Freianlagen einschließlich deren Entwässerung und Beleuchtung
229 Öffentliche Erschließung, sonstiges	
230 Nichtöffentliche Erschließung	Kosten für Verkehrsflächen und technische Anlagen, die ohne öffentlich-rechtliche Verpflichtung oder Beauftragung mit dem Ziel der späteren Übertragung in den Gebrauch der Allgemeinheit hergestellt und ergänzt werden. Kosten von Anlagen auf dem eigenen Grundstück gehören zu der Kostengruppe 500. Soweit erforderlich, kann die Kostengruppe 230 entsprechend der Kostengruppe 220 untergliedert werden.
240 Ausgleichsabgaben	Kosten, die aufgrund landesrechtlicher Bestimmungen oder einer Ortssatzung aus Anlaß des geplanten Bauvorhabens einmalig und zusätzlich zu den Erschließungsbeiträgen entstehen. Hierzu gehört insbesondere das Ablösen von Verpflichtungen aus öffentlich-rechtlichen Vorschriften, z.B. für Stellplätze, Baumbestand.
300 Bauwerk — Baukonstruktionen	Kosten von Bauleistungen und Lieferungen zur Herstellung des Bauwerks, jedoch ohne die Technischen Anlagen (Kostengruppe 400). Dazu gehören auch die mit dem Bauwerk fest verbundenen Einbauten, die der besonderen Zweckbestimmung dienen, sowie übergreifende Maßnahmen in Zusammenhang mit den Baukonstruktionen. Bei Umbauten und Modernisierungen zählen hierzu auch die Kosten von Teilabbruch-, Sicherungs- und Demontagearbeiten.
310 Baugrube	
311 Baugrubenherstellung	Bodenabtrag, Aushub einschließlich Arbeitsräumen und Böschungen, Lagern, Hinterfüllen, Ab- und Anfuhr
312 Baugrubenumschließung	Verbau, z.B. Schlitz-, Pfahl-, Spund-, Trägerbohl-, Injektions- und Spritzbetonwände einschließlich Verankerung, Absteifung
313 Wasserhaltung	Grund- und Schichtenwasserbeseitigung während der Bauzeit
319 Baugrube, sonstiges	
320 Gründung	Die Kostengruppen enthalten die zugehörigen Erdarbeiten und Sauberkeitsschichten.
321 Baugrundverbesserung	Bodenaustausch, Verdichtung, Einpressung
322 Flachgründungen[1])	Einzel-, Streifenfundamente, Fundamentplatten
323 Tiefgründungen[1])	Pfahlgründung einschließlich Roste, Brunnengründungen; Verankerungen
324 Unterböden und Bodenplatten	Unterböden und Bodenplatten, die nicht der Fundamentierung dienen
325 Bodenbeläge[2])	Beläge auf Boden- und Fundamentplatten, z.B. Estriche, Dichtungs-, Dämm-, Schutz-, Nutzschichten
326 Bauwerksabdichtungen	Abdichtungen des Bauwerks einschließlich Filter-, Trenn- und Schutzschichten
327 Dränagen	Leitungen, Schächte, Packungen
329 Gründung, sonstiges	
330 Außenwände	Wände und Stützen, die dem Außenklima ausgesetzt sind bzw. an das Erdreich oder an andere Bauwerke grenzen
331 Tragende Außenwände[3])	Tragende Außenwände einschließlich horizontaler Abdichtungen
332 Nichttragende Außenwände[3])	Außenwände, Brüstungen, Ausfachungen, jedoch ohne Bekleidungen
333 Außenstützen[3])	Stützen und Pfeiler mit einem Querschnittsverhältnis ≤ 1 : 5
334 Außentüren und -fenster	Fenster und Schaufenster, Türen und Tore einschließlich Fensterbänken, Umrahmungen, Beschlägen, Antrieben, Lüftungselementen und sonstigen eingebauten Elementen
335 Außenwandbekleidungen außen	Äußere Bekleidungen einschließlich Putz-, Dichtungs-, Dämm-, Schutzschichten an Außenwänden und -stützen

[1]) Gegebenenfalls können die Kostengruppen 322 und 323 zusammengefaßt werden; die Zusammenfassung ist kenntlich zu machen.

[2]) Gegebenenfalls können die Kosten der Bodenbeläge (Kostengruppe KG 325) mit den Kosten der Deckenbeläge (KG 352) in einer Kostengruppe zusammengefaßt werden; die Zusammenfassung ist kenntlich zu machen.

[3]) Gegebenenfalls können die Kostengruppen 331, 332 und 333 bzw. 341, 342 und 343 zusammengefaßt werden; die Zusammenfassung ist kenntlich zu machen.

(fortgesetzt)

Seite 6 DIN 276

Tabelle 1 (fortgesetzt)

Kostengruppen	Anmerkungen
336 Außenwandbekleidungen innen⁴)	Raumseitige Bekleidungen, einschließlich Putz-, Dichtungs-, Dämm-, Schutzschichten an Außenwänden und -stützen
337 Elementierte Außenwände	Elementierte Wände, bestehend aus Außenwand, -fenster, -türen, -bekleidungen
338 Sonnenschutz	Rolläden, Markisen und Jalousien einschließlich Antrieben
339 Außenwände, sonstiges	Gitter, Geländer, Stoßabweiser und Handläufe
340 Innenwände	Innenwände und Innenstützen
341 Tragende Innenwände[3])	Tragende Innenwände einschließlich horizontaler Abdichtungen
342 Nichttragende Innenwände[3])	Innenwände, Ausfachungen, jedoch ohne Bekleidungen
343 Innenstützen[3])	Stützen und Pfeiler mit einem Querschnittsverhältnis < 1: 5
344 Innentüren und -fenster	Türen und Tore, Fenster und Schaufenster einschließlich Umrahmungen, Beschlägen, Antrieben und sonstigen eingebauten Elementen
345 Innenwandbekleidungen[5])	Bekleidungen einschließlich Putz, Dichtungs-, Dämm-, Schutzschichten an Innenwänden und -stützen
346 Elementierte Innenwände	Elementierte Wände, bestehend aus Innenwänden, -türen, -fenstern, -bekleidungen, z. B. Falt- und Schiebewände, Sanitärtrennwände, Verschläge
349 Innenwände, sonstiges	Gitter, Geländer, Stoßabweiser, Handläufe, Rolläden einschließlich Antrieben
350 Decken	Decken, Treppen und Rampen oberhalb der Gründung und unterhalb der Dachfläche
351 Deckenkonstruktionen	Konstruktionen von Decken, Treppen, Rampen, Balkonen, Loggien einschließlich Über- und Unterzügen, füllenden Teilen wie Hohlkörpern, Blindböden, Schüttungen, jedoch ohne Beläge und Bekleidungen
352 Deckenbeläge[6])	Beläge auf Deckenkonstruktionen einschließlich Estrichen, Dichtungs-, Dämm-, Schutz-, Nutz- schichten; Schwing- und Installationsdoppelböden
353 Deckenbekleidungen[7])	Bekleidungen unter Deckenkonstruktionen einschließlich Putz, Dichtungs-, Dämm-, Schutzschichten; Licht- und Kombinationsdecken
359 Decken, sonstiges	Abdeckungen, Schachtdeckel, Roste, Geländer, Stoßabweiser, Handläufe, Leitern, Einschubtreppen
360 Dächer	Flache oder geneigte Dächer
361 Dachkonstruktionen	Konstruktionen von Dächern, Dachstühlen, Raumtragwerken und Kuppeln einschließlich Über- und Unterzügen, füllenden Teilen wie Hohlkörpern, Blindböden, Schüttungen, jedoch ohne Beläge und Bekleidungen
362 Dachfenster, Dachöffnungen	Fenster, Ausstiege einschließlich Umrahmungen, Beschlägen, Antrieben, Lüftungselementen und sonstigen eingebauten Elementen
363 Dachbeläge	Beläge auf Dachkonstruktionen einschließlich Schalungen, Lattungen, Gefälle-, Dichtungs-, Dämm-, Schutz- und Nutzschichten; Entwässerungen der Dachfläche bis zum Anschluß an die Abwasseranlagen
364 Dachbekleidungen[8])	Dachbekleidungen unter Dachkonstruktionen einschließlich Putz, Dichtungs-, Dämm-, Schutzschichten; Licht- und Kombinationsdecken unter Dächern
369 Dächer, sonstiges	Geländer, Laufbohlen, Schutzgitter, Schneefänge, Dachleitern, Sonnenschutz
370 Baukonstruktive Einbauten	Kosten der mit dem Bauwerk fest verbundenen Einbauten, jedoch ohne die nutzungsspezifischen Anlagen (siehe Kostengruppe 470). Für die Abgrenzung gegenüber der Kostengruppe 610 ist maßgebend, daß die Einbauten durch ihre Beschaffenheit und Befestigung technische und bauplanerische Maßnahmen erforderlich machen, z. B. Anfertigen von Werkplänen, statischen und anderen Berechnungen, Anschließen von Installationen

[3]) Siehe Seite 5

[4]) Gegebenenfalls können die Kosten der Außenwandbekleidungen innen (KG 336) mit den Kosten der Innenwandbekleidungen (KG 345) zusammengefaßt werden; die Zusammenfassung ist kenntlich zu machen.

[5]) Gegebenenfalls können die Kosten der Innenwandbekleidungen (KG 345) mit den Kosten der Außenwandbekleidungen innen (KG 336) zusammengefaßt werden; die Zusammenfassung ist kenntlich zu machen.

[6]) Gegebenenfalls können die Kosten der Deckenbeläge (KG 352) mit den Kosten der Bodenbeläge (KG 325) zusammengefaßt werden; die Zusammenfassung ist kenntlich zu machen.

[7]) Gegebenenfalls können die Kosten der Deckenbekleidungen (KG 353) mit den Kosten der Dachbekleidungen (KG 364)zusammengefaßt werden; die Zusammenfassung ist kenntlich zu machen.

[8]) Siehe Seite 7

(fortgesetzt)

Tabelle 1 (fortgesetzt)

Kostengruppen	Anmerkungen
371 Allgemeine Einbauten	Einbauten, die einer allgemeinen Zweckbestimmung dienen, z. B. Einbaumöbel wie Sitz- und Liegemöbel, Gestühl, Podien, Tische, Theken, Schränke, Garderoben, Regale
372 Besondere Einbauten	Einbauten, die einer besonderen Zweckbestimmung dienen, z. B. Werkbänke in Werkhallen, Labortische in Labors, Bühnenvorhänge in Theatern, Altäre in Kirchen, Einbausportgeräte in Sporthallen, Operationstische in Krankenhäusern
379 Baukonstruktive Einbauten, sonstiges	
390 Sonstige Maßnahmen für Baukonstruktionen	Übergreifende Maßnahmen im Zusammenhang mit den Baukonstruktionen, die nicht einzelnen Kostengruppen der Baukonstruktionen zuzuordnen sind oder nicht in anderen Kostengruppen erfaßt werden können
391 Baustelleneinrichtung	Einrichten, Vorhalten, Betreiben, Räumen der übergeordneten Baustelleneinrichtung, z. B. Material- und Geräteschuppen, Lager-, Wasch-, Toiletten- und Aufenthaltsräume, Bauwagen, Misch- und Transportanlagen, Energie- und Bauwasseranschlüsse, Baustraßen, Lager- und Arbeitsplätze, Verkehrssicherungen, Abdeckungen, Bauschilder, Bau- und Schutzzäune, Baubeleuchtung, Schuttbeseitigung
392 Gerüste	Auf-, Um-, Abbauen, Vorhalten von Gerüsten
393 Sicherungsmaßnahmen	Sicherungsmaßnahmen an bestehenden Bauwerken; z. B. Unterfangungen, Abstützungen
394 Abbruchmaßnahmen	Abbruch- und Demontagearbeiten einschließlich Zwischenlagern wiederverwendbarer Teile, Abfuhr des Abbruchmaterials
395 Instandsetzungen	Maßnahmen zur Wiederherstellung des zum bestimmungsgemäßen Gebrauch geeigneten Zustandes
396 Recycling, Zwischendeponierung und Entsorgung	Maßnahmen zum Recycling, zur Zwischendeponierung und zur Entsorgung von Materialien, die bei dem Abbruch, bei der Demontage und bei dem Ausbau von Bauteilen oder bei der Erstellung einer Bauleistung anfallen
397 Schlechtwetterbau	Winterbauschutzvorkehrungen wie Notverglasung, Abdeckungen und Umhüllungen, Erwärmung des Bauwerks, Schneeräumung
398 Zusätzliche Maßnahmen	Schutz von Personen, Sachen und Funktionen; Reinigung vor Inbetriebnahme; Maßnahmen aufgrund von Forderungen des Wasser-, Landschafts- und Lärmschutzes während der Bauzeit; Erschütterungsschutz
399 Sonstige Maßnahmen für Baukonstruktionen, sonstiges	Schließanlagen, Schächte, Schornsteine, soweit nicht in anderen Kostengruppen erfaßt
400 Bauwerk — Technische Anlagen[9])	Kosten aller im Bauwerk eingebauten, daran angeschlossenen oder damit fest verbundenen technischen Anlagen oder Anlagenteile. Die einzelnen technischen Anlagen enthalten die zugehörigen Gestelle, Befestigungen, Armaturen, Wärme- und Kältedämmung, Schall- und Brandschutzvorkehrungen, Abdeckungen, Verkleidungen, Anstriche, Kennzeichnungen sowie Meß-, Steuer- und Regelanlagen.
410 Abwasser-, Wasser-, Gasanlagen	
411 Abwasseranlagen	Abläufe, Abwasserleitungen, Abwassersammelanlagen, Abwasserbehandlungsanlagen, Hebeanlagen
412 Wasseranlagen	Wassergewinnungs-, Aufbereitungs- und Druckerhöhungsanlagen, Rohrleitungen, dezentrale Wassererwärmer, Sanitärobjekte
413 Gasanlagen	Gasanlagen für Wirtschaftswärme: Gaslagerungs- und Erzeugungsanlagen, Übergabestationen, Druckregelanlagen und Gasleitungen, soweit nicht zu den Kostengruppen 420 oder 470 gehörend
414 Feuerlöschanlagen	Sprinkler-, CO_2-Anlagen, Löschwasserleitungen, Wandhydranten, Feuerlöschgeräte
419 Abwasser-, Wasser-, Gasanlagen, sonstiges	Installationsblöcke, Sanitärzellen

[8]) Gegebenenfalls können die Kosten der Dachbekleidungen (KG 364) mit den Kosten der Deckenbekleidungen (KG 353) zusammengefaßt werden; die Zusammenfassung ist kenntlich zu machen.

[9]) Bei Bedarf können die Kosten der technischen Anlagen in die Installationen und die zentrale Betriebstechnik aufgeteilt werden.

(fortgesetzt)

Tabelle 1 (fortgesetzt)

Kostengruppen	Anmerkungen
420 Wärmeversorgungsanlagen	
421 Wärmeerzeugungsanlagen	Brennstoffversorgung, Wärmeübergabestationen, Wärmeerzeugung auf der Grundlage von Brennstoffen oder unerschöpflichen Energiequellen einschließlich Schornsteinanschlüsse, zentrale Wassererwärmungsanlagen
422 Wärmeverteilnetze	Pumpen, Verteiler; Rohrleitungen für Raumheizflächen, raumlufttechnische Anlagen und sonstige Wärmeverbraucher
423 Raumheizflächen	Heizkörper, Flächenheizsysteme
429 Wärmeversorgungsanlagen, sonstiges	Schornsteine, soweit nicht in anderen Kostengruppen erfaßt
430 Lufttechnische Anlagen	Anlagen mit und ohne Lüftungsfunktion
431 Lüftungsanlagen	Abluftanlagen, Zuluftanlagen, Zu- und Abluftanlagen ohne oder mit einer thermodynamischen Luftbehandlungsfunktion, mechanische Entrauchungsanlagen
432 Teilklimaanlagen	Anlagen mit zwei oder drei thermodynamischen Luftbehandlungsfunktionen
433 Klimaanlagen	Anlagen mit vier thermodynamischen Luftbehandlungsfunktionen
434 Prozeßlufttechnische Anlagen	Farbnebelabscheideanlagen, Prozeßfortluftsysteme, Absauganlagen
435 Kälteanlagen	Kälteanlagen für lufttechnische Anlagen: Kälteerzeugungs- und Rückkühlanlagen einschließlich Pumpen, Verteiler und Rohrleitungen
439 Lufttechnische Anlagen, sonstiges	Lüftungsdecken, Kühldecken, Abluftfenster; Installationsdoppelböden, soweit nicht in anderen Kostengruppen erfaßt
440 Starkstromanlagen	
441 Hoch- und Mittelspannungsanlagen	Schaltanlagen, Transformatoren
442 Eigenstromversorgungsanlagen	Stromerzeugungsaggregate einschließlich Kühlung, Abgasanlagen und Brennstoffversorgung, zentrale Batterie- und unterbrechungsfreie Stromversorgungsanlagen, photovoltaische Anlagen
443 Niederspannungsschaltanlagen	Niederspannungshauptverteiler, Blindstromkompensationsanlagen, Maximumüberwachungsanlagen
444 Niederspannungsinstallationsanlagen	Kabel, Leitungen, Unterverteiler, Verlegesysteme, Installationsgeräte
445 Beleuchtungsanlagen	Ortsfeste Leuchten, einschließlich Leuchtmittel
446 Blitzschutz- und Erdungsanlagen	Auffangeinrichtungen, Ableitungen, Erdungen
449 Starkstromanlagen, sonstiges	Frequenzumformer
450 Fernmelde- und informationstechnische Anlagen	Die einzelnen Anlagen enthalten die zugehörigen Verteiler, Kabel, Leitungen.
451 Telekommunikationsanlagen	
452 Such- und Signalanlagen	Personenrufanlagen, Lichtruf- und Klingelanlagen, Türsprech- und Türöffneranlagen
453 Zeitdienstanlagen	Uhren- und Zeiterfassungsanlagen
454 Elektroakustische Anlagen	Beschallungsanlagen, Konferenz- und Dolmetscheranlagen, Gegen- und Wechselsprechanlagen
455 Fernseh- und Antennenanlagen	Fernsehanlagen, soweit nicht in den Such-, Melde-, Signal- und Gefahrenmeldeanlagen erfaßt, einschließlich Sende- und Empfangsantennenanlagen, Umsetzer
456 Gefahrenmelde- und Alarmanlagen	Brand-, Überfall-, Einbruchmeldeanlagen, Wächterkontrollanlagen, Zugangskontroll- und Raumbeobachtungsanlagen
457 Übertragungsnetze	Kabelnetze zur Übertragung von Daten, Sprache, Text und Bild, soweit nicht in anderen Kostengruppen erfaßt
459 Fernmelde- und informationstechnische Anlagen, sonstiges	Verlegesysteme, soweit nicht in Kostengruppe 444 erfaßt; Fernwirkanlagen, Parkleitsysteme
460 Förderanlagen	
461 Aufzugsanlagen	Personenaufzüge, Lastenaufzüge
462 Fahrtreppen, Fahrsteige	
463 Befahranlagen	Fassadenaufzüge und andere Befahranlagen
464 Transportanlagen	Automatische Warentransportanlagen, Aktentransportanlagen, Rohrpostanlagen
465 Krananlagen	Einschließlich Hebezeuge
469 Förderanlagen, sonstiges	Hebebühnen

(fortgesetzt)

Tabelle 1 (fortgesetzt)

Kostengruppen	Anmerkungen
470 Nutzungsspezifische Anlagen	Kosten der mit dem Bauwerk fest verbundenen Anlagen, die der besonderen Zweckbestimmung dienen, jedoch ohne die baukonstruktiven Einbauten (Kostengruppe 370) Für die Abgrenzung gegenüber der Kostengruppe 610 ist maßgebend, daß die nutzungsspezifischen Anlagen technische und planerische Maßnahmen erforderlich machen, z.B. Anfertigen von Werkplänen, Berechnungen, Anschließen von anderen technischen Anlagen.
471 Küchentechnische Anlagen	Einrichtungen zur Speisen- und Getränkezubereitung, -ausgabe und -lagerung einschließlich zugehöriger Kälteanlagen
472 Wäscherei- und Reinigungsanlagen	Einschließlich zugehöriger Wasseraufbereitung, Desinfektions- und Sterilisationseinrichtungen
473 Medienversorgungsanlagen	Medizinische und technische Gase, Vakuum, Flüssigchemikalien, Lösungsmittel, vollentsalztes Wasser; einschließlich Lagerung, Erzeugungsanlagen, Übergabestationen, Druckregelanlagen, Leitungen und Entnahmearmaturen
474 Medizintechnische Anlagen	Ortsfeste medizintechnische Anlagen, soweit nicht in Kostengruppe 610 erfaßt
475 Labortechnische Anlagen	Ortsfeste labortechnische Anlagen, soweit nicht in Kostengruppe 610 erfaßt
476 Badetechnische Anlagen	Aufbereitungsanlagen für Schwimmbeckenwasser, soweit nicht in Kostengruppe 410 erfaßt
477 Kälteanlagen	Kälteversorgungsanlagen, soweit nicht in anderen Kostengruppen erfaßt; Eissportflächen
478 Entsorgungsanlagen	Abfall- und Medienentsorgungsanlagen, Staubsauganlagen, soweit nicht in Kostengruppe 610 erfaßt
479 Nutzungsspezifische Anlagen, sonstiges	Bühnentechnische Anlagen, Tankstellen- und Waschanlagen
480 Gebäudeautomation	Kosten der anlagenübergreifenden Automation einschließlich der zugehörigen Verteiler, Kabel und Leitungen
481 Automationssysteme	Automationsstationen, Bedien- und Beobachtungseinrichtungen, Programmiereinrichtungen, Sensoren und Aktoren, Kommunikationsschnittstellen, Software der Automationsstationen
482 Leistungsteile	Schaltschränke mit Leistungs-, Steuerungs- und Sicherungsbaugruppen
483 Zentrale Einrichtungen	Leitstationen mit Peripherie-Einrichtungen, Einrichtungen für Systemkommunikation zu den Automationsstationen
489 Gebäudeautomation, sonstiges	
490 Sonstige Maßnahmen für Technische Anlagen	Übergreifende Maßnahmen im Zusammenhang mit den Technischen Anlagen, die nicht einzelnen Kostengruppen der Technischen Anlagen zuzuordnen sind oder nicht in anderen Kostengruppen erfaßt werden können
491 Baustelleneinrichtung	Einrichten, Vorhalten, Betreiben, Räumen der übergeordneten Baustelleneinrichtung, z.B. Material- und Geräteschuppen, Lager-, Wasch-, Toiletten- und Aufenthaltsräume, Bauwagen, Misch- und Transportanlagen, Energie- und Bauwasseranschlüsse, Baustraßen, Lager- und Arbeitsplätze, Verkehrssicherungen, Abdekkungen, Bauschilder, Bau- und Schutzzäune, Baubeleuchtung, Schuttbeseitigung
492 Gerüste	Auf-, Um-, Abbauen, Vorhalten von Gerüsten
493 Sicherungsmaßnahmen	Sicherungsmaßnahmen an bestehenden Bauwerken; z.B. Unterfangungen, Abstützungen
494 Abbruchmaßnahmen	Abbruch- und Demontagearbeiten einschließlich Zwischenlagern wiederverwendbarer Teile, Abfuhr des Abbruchmaterials
495 Instandsetzungen	Maßnahmen zur Wiederherstellung des zum bestimmungsgemäßen Gebrauch geeigneten Zustandes
496 Recycling, Zwischendeponierung und Entsorgung	Maßnahmen zum Recycling, zur Zwischendeponierung und zur Entsorgung von Materialien, die bei dem Abbruch, bei der Demontage und bei dem Ausbau von Bauteilen oder bei der Erstellung einer Bauleistung anfallen
497 Schlechtwetterbau	Winterbauschutzvorkehrungen wie Notverglasung, Abdeckungen und Umhüllungen, Erwärmung des Bauwerks, Schneeräumung
498 Zusätzliche Maßnahmen	Schutz von Personen, Sachen und Funktionen; Reinigung vor Inbetriebnahme; Maßnahmen aufgrund von Forderungen des Wasser-, Landschafts- und Lärmschutzes während der Bauzeit; Erschütterungsschutz
499 Sonstige Maßnahmen für Technische Anlagen, sonstiges	

(fortgesetzt)

Seite 10 DIN 276

Tabelle 1 (fortgesetzt)

Kostengruppen	Anmerkungen
500 Außenanlagen	Kosten der Bauleistungen und Lieferungen für die Herstellung aller Gelände- und Verkehrsflächen, Baukonstruktionen und technischen Anlagen außerhalb des Bauwerks, soweit nicht in Kostengruppe 200 erfaßt In den einzelnen Kostengruppen sind die zugehörigen Leistungen, wie z. B. Erdarbeiten, Unterbau und Gründungen, enthalten.
510 Geländeflächen	
511 Geländebearbeitung	Bodenabtrag und Bodenauftrag; Boden- und Oberbodenarbeiten
512 Vegetationstechnische Bodenbearbeitung	Bodenlockerung, Bodenverbesserung, z. B. Düngung, Bodenhilfsstoffe
513 Sicherungsbauweisen	Vegetationsstücke, Geotextilien, Flechtwerk
514 Pflanzen	Einschließlich Fertigstellungspflege
515 Rasen	Einschließlich Fertigstellungspflege; ohne Sportrasenflächen (siehe Kostengruppe 525)
516 Begrünung unterbauter Flächen	Auf Tiefgaragen, einschließlich Wurzelschutz- und Fertigstellungspflege
517 Wasserflächen	Naturnahe Wasserflächen
519 Geländeflächen, sonstiges	Entwicklungspflege
520 Befestigte Flächen	
521 Wege[10])	Befestigte Fläche für den Fuß- und Radfahrerverkehr
522 Straßen[10])	Flächen für den Leicht- und Schwerverkehr; Fußgängerzonen mit Anlieferungsverkehr
523 Plätze, Höfe[10])	Gestaltete Platzflächen, Innenhöfe
524 Stellplätze[10])	Flächen für den ruhenden Verkehr
525 Sportplatzflächen	Sportrasenflächen, Kunststoffsportflächen
526 Spielplatzflächen	
527 Gleisanlagen	
529 Befestigte Flächen, sonstiges	
530 Baukonstruktionen in Außenanlagen	
531 Einfriedungen	Zäune, Mauern, Türen, Tore, Schrankenanlagen
532 Schutzkonstruktionen	Lärmschutzwände, Sichtschutzwände, Schutzgitter
533 Mauern, Wände	Stütz-, Schwergewichtsmauern
534 Rampen, Treppen, Tribünen	Kinderwagen- und Behindertenrampen, Block- und Stellstufen, Zuschauertribünen von Sportplätzen
535 Überdachungen	Wetterschutz, Unterstände; Pergolen
536 Brücken, Stege	Holz- und Stahlkonstruktionen
537 Kanal- und Schachtbauanlagen	Bauliche Anlagen für Medien- oder Verkehrserschließung
538 Wasserbauliche Anlagen	Brunnen, Wasserbecken, Bachregulierungen
539 Baukonstruktionen in Außenanlagen, sonstiges	
540 Technische Anlagen in Außenanlagen	Kosten der Technischen Anlagen auf dem Grundstück einschließlich der Ver- und Entsorgung des Bauwerks
541 Abwasseranlagen	Kläranlagen, Oberflächen- und Bauwerksentwässerungsanlagen, Sammelgruben, Abscheider, Hebeanlagen
542 Wasseranlagen	Wassergewinnungsanlagen, Wasserversorgungsnetze, Hydrantenanlagen, Druckerhöhungs- und Beregnungsanlagen
543 Gasanlagen	Gasversorgungsnetze, Flüssiggasanlagen
544 Wärmeversorgungsanlagen	Wärmeerzeugungsanlagen, Wärmeversorgungsnetze, Freiflächen- und Rampenheizungen
545 Lufttechnische Anlagen	Bauteile von lufttechnischen Anlagen, z. B. Außenluftansaugung, Fortluftausblas, Kälteversorgung

[10]) Gegebenenfalls können die Kostengruppen 521, 522, 523 und 524 zusammengefaßt werden; die Zusammenfassung ist kenntlich zu machen.

(fortgesetzt)

Tabelle 1 (fortgesetzt)

Kostengruppen	Anmerkungen
546 Starkstromanlagen	Stromversorgungsnetze, Freilufttrafostationen, Eigenstromerzeugungsanlagen, Außenbeleuchtungs- und Flutlichtanlagen einschließlich Maste und Befestigung
547 Fernmelde- und informationstechnische Anlagen	Leitungsnetze, Beschallungs-, Zeitdienst- und Verkehrssignalanlagen, elektronische Anzeigetafeln, Objektsicherungsanlagen, Parkleitsysteme
548 Nutzungsspezifische Anlagen	Medienversorgungsanlagen, Tankstellenanlagen, badetechnische Anlagen
549 Technische Anlagen in Außenanlagen, sonstiges	
550 Einbauten in Außenanlagen	
551 Allgemeine Einbauten	Wirtschaftsgegenstände, z.B. Möbel, Fahrradständer, Schilder, Pflanzbehälter, Abfallbehälter, Fahnenmaste
552 Besondere Einbauten	Einbauten für Sport- und Spielanlagen, Tiergehege
559 Einbauten in Außenanlagen, sonstiges	
590 Sonstige Maßnahmen für Außenanlagen	Übergreifende Maßnahmen im Zusammenhang mit den Außenanlagen, die nicht einzelnen Kostengruppen der Außenanlagen zuzuordnen sind
591 Baustelleneinrichtung	Einrichten, Vorhalten, Betreiben, Räumen der übergeordneten Baustelleneinrichtung, z.B. Material- und Geräteschuppen, Lager-, Wasch-, Toiletten- und Aufenthaltsräume, Bauwagen, Misch- und Transportanlagen, Energie- und Bauwasseranschlüsse, Baustraßen, Lager- und Arbeitsplätze, Verkehrssicherungen, Abdekkungen, Bauschilder, Bau- und Schutzzäune, Baubeleuchtung, Schuttbeseitigung
592 Gerüste	Auf-, Um-, Abbauen, Vorhalten von Gerüsten
593 Sicherungsmaßnahmen	Sicherungsmaßnahmen an bestehenden baulichen Anlagen, z.B. Unterfangungen, Abstützungen
594 Abbruchmaßnahmen	Abbruch- und Demontagearbeiten einschließlich Zwischenlagern wiederverwendbarer Teile, Abfuhr des Abbruchmaterials
595 Instandsetzungen	Maßnahmen zur Wiederherstellung des zum bestimmungsgemäßen Gebrauch geeigneten Zustandes
596 Recycling, Zwischendeponierung und Entsorgung	Maßnahmen zum Recycling, zur Zwischendeponierung und zur Entsorgung von Materialien, die bei dem Abbruch, bei der Demontage und bei dem Ausbau von Bauteilen oder bei der Erstellung einer Bauleistung anfallen
597 Schlechtwetterbau	Winterbauschutzvorkehrungen wie Notverglasung, Abdeckungen und Umhüllungen, Erwärmung des Bauwerks, Schneeräumung
598 Zusätzliche Maßnahmen	Schutz von Personen, Sachen und Funktionen; Reinigung vor Inbetriebnahme; Maßnahmen aufgrund von Forderungen des Wasser-, Landschafts- und Lärmschutzes während der Bauzeit; Erschütterungsschutz
599 Sonstige Maßnahmen für Außenanlagen, sonstiges	
600 Ausstattung und Kunstwerke	Kosten für alle beweglichen oder ohne besondere Maßnahmen zu befestigenden Sachen, die zur Ingebrauchnahme, zur allgemeinen Benutzung oder zur künstlerischen Gestaltung des Bauwerks und der Außenanlagen erforderlich sind. (Siehe Anmerkungen zu den Kostengruppen 370 und 470)
610 Ausstattung	
611 Allgemeine Ausstattung	Möbel, z.B. Sitz- und Liegemöbel, Schränke, Regale, Tische; Textilien, z.B. Vorhänge, Wandbehänge, lose Teppiche, Wäsche; Haus-, Wirtschafts-, Garten- und Reinigungsgeräte
612 Besondere Ausstattung	Ausstattungsgegenstände, die einer besonderen Zweckbestimmung dienen wie z.B. wissenschaftliche, medizinische, technische Geräte
619 Ausstattung, sonstiges	Wegweiser, Orientierungstafeln, Farbleitsysteme, Werbeanlagen
620 Kunstwerke	
621 Kunstobjekte	Kunstwerke zur künstlerischen Ausstattung des Bauwerks und der Außenanlagen einschließlich Tragkonstruktionen, z.B. Skulpturen, Objekte, Gemälde, Möbel, Antiquitäten, Altäre, Taufbecken
622 Künstlerisch gestaltete Bauteile des Bauwerks	Kosten für die künstlerische Gestaltung, z.B. Malereien, Reliefs, Mosaiken, Glas-, Schmiede-, Steinmetzarbeiten

(fortgesetzt)

Tabelle 1 (fortgesetzt)

Kostengruppen	Anmerkungen
623 Künstlerisch gestaltete Bauteile der Außenanlagen	Kosten für die künstlerische Gestaltung, z. B. Malereien, Reliefs, Mosaiken, Glas-, Schmiede-, Steinmetzarbeiten
629 Kunstwerke, sonstiges	
700 Baunebenkosten	Kosten, die bei der Planung und Durchführung auf der Grundlage von Honorarordnungen, Gebührenordnungen oder nach weiteren vertraglichen Vereinbarungen entstehen
710 Bauherrenaufgaben	
711 Projektleitung	Kosten, die der Bauherr zum Zwecke der Überwachung und Vertretung der Bauherreninteressen aufwendet
712 Projektsteuerung	Kosten für Projektsteuerungsleistungen im Sinne der HOAI sowie für andere Leistungen, die sich mit der übergeordneten Steuerung und Kontrolle von Projektorganisation, Terminen, Kosten und Qualitätssicherung befassen
713 Betriebs- und Organisationsberatung	Kosten für Beratung, z. B. zur betrieblichen Organisation, zur Arbeitsplatzgestaltung, zur Erstellung von Raum- und Funktionsprogrammen, zur betrieblichen Ablaufplanung und zur Inbetriebnahme
719 Bauherrenaufgaben, sonstiges	Baubetreuung
720 Vorbereitung der Objektplanung	
721 Untersuchungen	Standortanalysen, Baugrundgutachten, Gutachten für die Verkehrsanbindung, Bestandsanalysen, z. B. Untersuchungen zum Gebäudebestand bei Umbau- und Modernisierungsmaßnahmen, Umweltverträglichkeitsprüfungen
722 Wertermittlungen	Gutachten zur Ermittlung von Gebäudewerten, soweit nicht in Kostengruppe 126 erfaßt
723 Städtebauliche Leistungen	vorbereitende Bebauungsstudien
724 Landschaftsplanerische Leistungen	vorbereitende Grünplanstudien
725 Wettbewerbe	Kosten für Ideenwettbewerbe und Realisierungswettbewerbe nach den GRW 1977
729 Vorbereitung der Objektplanung, sonstiges	
730 Architekten- und Ingenieurleistungen	Kosten für die Bearbeitung der in der HOAI beschriebenen Leistungen (Honorare für Grundleistungen und Besondere Leistungen) bzw. nach vertraglicher Vereinbarung
731 Gebäude	
732 Freianlagen	
733 Raumbildende Ausbauten	
734 Ingenieurbauwerke und Verkehrsanlagen	
735 Tragwerksplanung	
736 Technische Ausrüstung	
739 Architekten- und Ingenieurleistungen, sonstiges	
740 Gutachten und Beratung	Kosten für die Bearbeitung der in der HOAI beschriebenen Leistungen (Honorare für Grundleistungen und Besondere Leistungen) bzw. nach vertraglicher Vereinbarung
741 Thermische Bauphysik	
742 Schallschutz und Raumakustik	
743 Bodenmechanik, Erd- und Grundbau	
744 Vermessung	Vermessungstechnische Leistungen mit Ausnahme von Leistungen, die aufgrund landesrechtlicher Vorschriften für Zwecke der Landvermessung und des Liegenschaftskatasters durchgeführt werden (siehe Kostengruppe 771)
745 Lichttechnik, Tageslichttechnik	
749 Gutachen und Beratung, sonstiges	

(fortgesetzt)

DIN 276 Seite 13

Tabelle 1 (abgeschlossen)

Kostengruppen	Anmerkungen
750 Kunst	
751 Kunstwettbewerbe	Kosten für die Durchführung von Wettbewerben zur Erarbeitung eines Konzepts für Kunstwerke oder künstlerisch gestaltete Bauteile
752 Honorare	Kosten für die geistig-schöpferische Leistung für Kunstwerke oder künstlerisch gestaltete Bauteile, soweit nicht in der Kostengruppe 620 enthalten
759 Kunst, sonstiges	
760 Finanzierung	
761 Finanzierungskosten	Kosten für die Beschaffung der Dauerfinanzierungsmittel, die Bereitstellung des Fremdkapitals, die Beschaffung der Zwischenkredite und für Teilvalutierungen von Dauerfinanzierungsmitteln
762 Zinsen vor Nutzungsbeginn	Kosten für alle im Zusammenhang mit der Finanzierung des Projektes anfallenden Zinsen bis zum Zeitpunkt des Nutzungsbeginns
769 Finanzierung, sonstiges	
770 Allgemeine Baunebenkosten	
771 Prüfungen, Genehmigungen Abnahmen	Kosten im Zusammenhang mit Prüfungen, Genehmigungen und Abnahmen, z. B. Prüfung der Tragwerksplanung, Vermessungsgebühren für das Liegenschaftskataster
772 Bewirtschaftungskosten	Baustellenbewachung, Nutzungsschädigungen während der Bauzeit; Gestellung des Bauleitungsbüros auf der Baustelle sowie dessen Beheizung, Beleuchtung und Reinigung
773 Bemusterungskosten	Modellversuche, Musterstücke, Eignungsversuche, Eignungsmessungen
774 Betriebskosten während der Bauzeit	Kosten für den vorläufigen Betrieb insbesondere der Technischen Anlagen bis zur Inbetriebnahme
779 Allgemeine Baunebenkosten sonstiges	Kosten für Vervielfältigung und Dokumentation, Post- und Fernsprechgebühren, Kosten für Baufeiern, z. B. Grundsteinlegung, Richtfest
790 Sonstige Baunebenkosten	

Seite 14 DIN 276

4.4 Gliederung in Leistungsbereiche

Als Beispiel für eine ausführungsorientierte Ergänzung der Kostengliederung werden im folgenden die Leistungsbereiche des Standardleistungsbuches für das Bauwesen (StLB) in einer Übersicht dargestellt. Diese Gliederung kann entsprechend der Weiterentwicklung des StLB angepaßt werden.

Tabelle 2: Übersicht über die Leistungsbereiche

000 Baustelleneinrichtung	042 Gas- und Wasserinstallationsarbeiten — Leitungen und Armaturen —
001 Gerüstarbeiten	043 Druckrohrleitungen für Gas, Wasser und Abwasser
002 Erdarbeiten	044 Abwasserinstallationsarbeiten — Leitungen, Abläufe —
003 Landschaftsbauarbeiten	045 Gas-, Wasser- und Abwasserinstallationsarbeiten — Einrichtungsgegenstände —
004 Landschaftsbauarbeiten, Pflanzen	046 Gas-, Wasser- und Abwasserinstallationsarbeiten — Betriebseinrichtungen —
005 Brunnenbauarbeiten und Aufschlußbohrungen	047 Wärme- und Kältedämmarbeiten an betriebstechnischen Anlagen
006 Verbau-, Ramm- und Einpreßarbeiten	049 Feuerlöschanlagen, Feuerlöschgeräte
007 Untertagebauarbeiten	050 Blitzschutz- und Erdungsanlagen
008 Wasserhaltungsarbeiten	051 Bauleistungen für Kabelanlagen
009 Entwässerungskanalarbeiten	052 Mittelspannungsanlagen
010 Dränarbeiten	053 Niederspannungsanlagen
011 Abscheideranlagen, Kleinkläranlagen	055 Ersatzstromversorgungsanlagen
012 Mauerarbeiten	056 Batterien
013 Beton- und Stahlbetonarbeiten	058 Leuchten und Lampen
014 Naturwerksteinarbeiten, Betonwerksteinarbeiten	060 Elektroakustische Anlagen, Sprechanlagen, Personenrufanlagen
016 Zimmer- und Holzbauarbeiten	061 Fernmeldeleitungsanlagen
017 Stahlbauarbeiten	063 Meldeanlagen
018 Abdichtungsarbeiten gegen Wasser	065 Empfangsantennenanlagen
020 Dachdeckungsarbeiten	067 Zentrale Leittechnik für betriebstechnische Anlagen in Gebäuden (ZLT-G)
021 Dachabdichtungsarbeiten	069 Aufzüge
022 Klempnerarbeiten	070 Regelung und Steuerung für heiz-, raumluft- und sanitärtechnische Anlagen
023 Putz- und Stuckarbeiten	074 Raumlufttechnische Anlagen — Zentralgeräte und deren Bauelemente
024 Fliesen- und Plattenarbeiten	075 Raumlufttechnische Anlagen — Luftverteilsysteme und deren Bauelemente
025 Estricharbeiten	076 Raumlufttechnische Anlagengen — Einzelgeräte —
027 Tischlerarbeiten	077 Raumlufttechnische Anlagen — Schutzräume
028 Parkettarbeiten, Holzpflasterarbeiten	078 Raumlufttechnische Anlagen
029 Beschlagarbeiten	080 Straßen, Wege, Plätze
030 Rolladenarbeiten; Rollabschlüsse, Sonnenschutz- und Verdunkelungsanlagen	
031 Metallbauarbeiten, Schlosserarbeiten	
032 Verglasungsarbeiten	
033 Gebäudereinigungsarbeiten	
034 Maler- und Lackiererarbeiten	
035 Korrosionsschutzarbeiten an Stahl- und Aluminiumbaukonstruktionen	
036 Bodenbelagarbeiten	
037 Tapezierarbeiten	
039 Trockenbauarbeiten	
040 Heizungs- und zentrale Brauchwassererwärmungsanlagen	

Zitierte Normen und andere Unterlagen

DIN 277 Teil 1 Grundflächen und Rauminhalte von Bauwerken im Hochbau; Begriffe, Berechnungsgrundlagen

DIN 277 Teil 2 Grundflächen und Rauminhalte von Bauwerken im Hochbau; Gliederung der Nutzflächen, Funktionsflächen und Verkehrsflächen (Netto-Grundfläche)

DIN 18 960 Teil 1 Baunutzungskosten von Hochbauten; Begriff, Kostengliederung

Standardleistungsbuch für das Bauwesen (StLB)[11])

HOAI Verordnung über die Honorare für Leistungen der Architekten und der Ingenieure (Honorarordnung für Architekten und Ingenieure[12])

Grundsätze und Richtlinien für Wettbewerbe auf den Gebieten der Raumplanung, des Städtebaus und des Bauwesens — GRW 1977[12])

Standardleistungskatalog (StLK)[13])

VOB Verdingungsordnung für Bauleistungen; Teil C: Allgemeine Technische Vertragsbedingungen für Bauleistungen (ATV)[14])

Weitere Normen und andere Unterlagen

DIN 13 080 Gliederung des Krankenhauses in Funktionsbereiche und Funktionsstellen

Verordnung über wohnungswirtschaftliche Berechnungen (Zweite Berechnungsverordnung — II. BV)[14])

Frühere Ausgaben

DIN 276: 08.34, 08.43, 03.54x,

DIN 276 Teil 1: 09.71, 04.81

DIN 276 Teil 2: 09.71, 04.81

DIN 276 Teil 3: 09.71, 04.81

DIN 276 Teil 3 Auswahl 1: 04.81

Änderungen

Gegenüber DIN 276 T 1/04.81, T 2/04.81, T 3/04.81 und T 3 Aw 1/04.81 wurden folgende Änderungen vorgenommen:

a) der Titel wurde dem Anwendungsbereich angepaßt,

b) der Text wurde gekürzt und zu einer Norm zusammengefaßt,

c) die Muster für Kostenermittlungen wurden gestrichen,

d) der Anwendungsbereich wurde definiert und gegenüber anderen Bereichen im Bauwesen abgegrenzt,

e) die Begriffe wurden entsprechend dem Stand der Technik geändert und ergänzt,

f) die Grundsätze der Kostenermittlung wurden mit dem Ziel verbesserter Wirtschaftlichkeit und Kostensicherheit überarbeitet,

g) die Beschreibungen der Kostenermittlungen wurden neu gefaßt,

h) für die praktische Anwendung bei Kostenermittlungen wurden Wege aufgezeigt, wie die Kostengliederung, insbesondere ausführungsorientiert, ergänzt werden kann,

i) die Kostengliederung wurde vereinfacht und durchgängig auf drei Kostengliederungsebenen reduziert,

k) die Kostengruppen wurden entsprechend dem Stand der Technik angepaßt; sie wurden mit dem Ziel einer besseren Ausgewogenheit und einer besseren Eignung für die Kostenermittlung neu abgegrenzt,

l) dazu wurde insbesondere die Kostengruppe Bauwerk in die zwei Kostengruppen Baukonstruktionen und Technische Anlagen aufgelöst und innerhalb dieser Bereiche neu gegliedert,

m) als Beispiel für eine ausführungsorientierte Gliederung der Kosten wurde eine Übersicht der Leistungsbereiche des Standardleistungsbuches für das Bauwesen (StLB) aufgenommen.

Erläuterungen

Gegenüberstellung der Kostengliederung mit den Normen der Reihe DIN 276/04.81

Durch die Vereinfachung und Reduzierung der Kostengliederung auf drei Kostengliederungsebenen sowie die Anpassung der Kostengruppen entsprechend dem Stand der Technik ergaben sich notwendigerweise Änderungen gegenüber der Ausgabe April 1981

Um diese Änderungen für die Übergangszeit transparenter zu machen, werden in Tabelle 3 den Kostengruppen der gültigen Kostengliederung die Kostengruppen der Ausgabe April 1981 gegenübergestellt. Diese Gegenüberstellung ist aus praktischen Gründen auf die 1. und 2. Kostengliederungsebene beschränkt.

---

[11]) Zu beziehen durch Beuth Verlag GmbH, Burggrafenstr 6, 1000 Berlin 30

[12]) Zu beziehen durch Bundesanzeiger-Verlagsgesellschaft mbH, Postfach 10 80 06, 5000 Köln 1

[13]) Zu beziehen durch Forschungsgesellschaft für Straßen- und Verkehrswesen e.V., Konrad-Adenauer-Straße 13, 5000 Köln 50

Seite 16 DIN 276

Tabelle 3

Gültige Kostengliederung	Ausgabe April 1981
100 Grundstück	1 Baugrundstück; — ohne 1.4 Herrichten
110 Grundstückswert	1.1 Wert
120 Grundstücksnebenkosten	1.2 Erwerb
130 Freimachen	1.3 Freimachen
200 Herrichten und Erschließen;	2 Erschließen; — zuzüglich 1.4 Herrichten
210 Herrichten	1.4 Herrichten
220 Öffentliche Erschließung	2.1 Öffentliche Erschließung
230 Nichtöffentliche Erschließung	2.2 Nichtöffentliche Erschließung
240 Ausgleichsabgaben	2.3 Andere einmalige Abgaben
300 Bauwerk — Baukonstruktionen	3.1 Baukonstruktionen; — zuzüglich Teile aus 3.4 Betriebliche Einbauten, — zuzüglich 3.5.1 Besondere Baukonstruktionen, — zuzüglich Teile aus 3.5.4 Besondere betriebliche Einbauten, — zuzüglich Teile aus 6.2 Zusätzliche Maßnahmen beim Bauwerk
310 Baugrube	3.1.1.1 Baugrube; — zuzüglich Teile aus 3.5.1 Besondere Baukonstruktionen
320 Gründung	3.1.1.2 Fundamente, Unterböden; — zuzüglich Teile aus 3.5.1 Besondere Baukonstruktionen — zuzüglich Teile aus 3.1.3.3 Nichttragende Konstruktionen der Decken (Bodenbeläge auf Boden- und Fundamentplatten)
330 Außenwände	3.1.2.1 Tragende Außenwände, Außenstützen und 3.1.3.1 Nichttragende Außenwände; — zuzüglich Teile aus 3.5.1 Besondere Baukonstruktionen
340 Innenwände	3.1.2.2 Tragende Innenwände, Innenstützen und 3.1.3.2 Nichttragende Innenwände; — zuzüglich Teile aus 3.5.1 Besondere Baukonstruktionen
350 Decken	3.1.2.3 Tragende Decken, Treppen und 3.1.3.3 Nichttragende Konstruktion der Decken, Treppen; — ohne Bodenbeläge auf Boden- und Fundamentplatten, — zuzüglich Teile aus 3.5.1 Besondere Baukonstruktionen
360 Dächer	3.1.2.4 Tragende Dächer, Dachstühle und 3.1.3.4 Nichttragende Konstruktionen der Dächer; — zuzüglich Teile aus 3.5.1 Besondere Baukonstruktionen
370 Baukonstruktive Einbauten	Teile aus 3.4 Betriebliche Einbauten; — zuzüglich Teile aus 3.5.4 Besondere betriebliche Einbauten
390 Sonstige Maßnahmen für Baukonstruktionen	3.1.9 Sonstige Konstruktionen; — zuzüglich Teile aus 3.5.1 Besondere Baukonstruktionen, — zuzüglich Teile aus 6.2 Zusätzliche Maßnahmen beim Bauwerk
400 Bauwerk — Technische Anlagen	3.2 Installationen und 3.3 Zentrale Betriebstechnik; — zuzüglich Teile aus 3.4 Betriebliche Einbauten, — zuzüglich 3.5.2 Besondere Installationen, — zuzüglich 3.5.3 Besondere zentrale Betriebstechnik, — zuzüglich Teile aus 3.5.4 Besondere betriebliche Einbauten, — zuzüglich 4.5 Beleuchtung, — zuzüglich Teile aus 6.2 Zusätzliche Maßnahmen beim Bauwerk

(fortgesetzt)

Tabelle 3 (fortgesetzt)

Gültige Kostengliederung	Ausgabe April 1981
410 Abwasser-, Wasser-, Gasanlagen	3.2.1 Abwasser und — 3.2.2 Wasser, — 3.2.4 Gase und sonstige Medien, — 3.3.1 Abwasser, — 3.3.2 Wasser, — 3.3.4 Gase und sonstige Medien, — 3.5.2.1 Abwasser, — 3.5.2.2 Wasser, — 3.5.2.4 Gase und sonstige Medien, — 3.5.3.1 Abwasser, — 3.5.3.2 Wasser, — 3.5.3.4 Gase und sonstige Medien,
420 Wärmeversorgungsanlagen	3.2.3 Heizung und — 3.3.3 Heizung, — 3.5.2.3 Heizung, — 3.5.3.3 Heizung
430 Lufttechnische Anlagen	3.2.7 Raumlufttechnik (RLT) und — 3.3.7 Raumlufttechnik (RLT), — 3.5.2.7 Raumlufttechnik (RLT), — 3.5.3.7 Raumlufttechnik (RLT)
440 Starkstromanlagen	3.2.5 Elektrischer Strom und Blitzschutz und — 3.3.5 Elektrischer Strom, — 3.5.2.5 Elektrischer Strom, — 3.5.3.5 Elektrischer Strom, — 4.5 Beleuchtung
450 Fernmelde- und informationstechnische Anlagen	3.2.6 Fernmeldetechnik, (ohne Zentrale Leittechnik) und — 3.3.6 Fernmeldetechnik, (ohne Zentrale Leittechnik) — 3.5.2.6 Fernmeldetechnik, — 3.5.3.6 Fernmeldetechnik
460 Förderanlagen	3.3.8 Fördertechnik
470 Nutzungsspezifische Anlagen	Teile aus 3.4 Betriebliche Einbauten; — zuzüglich Teile aus 3.5.4 Besondere betriebliche Einbauten
480 Gebäudeautomation	Teile aus 3.2.6 und 3.3.6 Fernmeldetechnik und neu definierte Leistungen
490 Sonstige Maßnahmen für Technische Anlagen	Teile aus 3.2.9 Sonstige Installationen; — zuzüglich Teile aus 3.3.9 Sonstige zentrale Betriebstechnik, — zuzüglich Teile aus 6.2 Zusätzliche Maßnahmen beim Bauwerk
500 Außenanlagen	5 Außenanlagen; — ohne 5.5 Kunstwerke und künstlerisch gestaltete Bauteile im Freien, — zuzüglich 6.3 Zusätzliche Maßnahmen bei den Außenanlagen
510 Geländeflächen	5.2.2 Vegetationstechnische Oberbodenarbeiten und — 5.2.3 Bodenabtrag und -einbau, — 5.2.6 Vegetationstechnische Bodenverbesserung, — 5.2.9 Sonstige Geländebearbeitung und -gestaltung, — 5.8 Grünflächen
520 Befestigte Flächen	5.7 Verkehrsanlagen; — ohne 5.7.5 Beleuchtung, — ohne 5.7.7 Rampen, Treppen, Stufen, — ohne 5.7.8 Markierungen, Verkehrszeichen, Sicherheitsvorrichtungen, — zuzüglich Teile aus 5.6 Anlagen für Sonderzwecke (insbesondere Sportplatz- und Spielplatzflächen)

(fortgesetzt)

Seite 18 DIN 276

Tabelle 3 (abgeschlossen)

Gültige Kostengliederung	Ausgabe April 1981
530 Baukonstruktionen in Außenanlagen	5.1 Einfriedungen und — 5.2.1 Stützmauern und -vorrichtungen, — 5.2.4 Bodenaushub für Stützmauern usw., Fundamente, — 5.2.5 Freistehende Mauern, — 5.2.7 Bachregulierungen, offene Gräben, einschließlich Uferbefestigung, — 5.2.8 Wasserbecken, — 5.7.7 Rampen, Treppen, Stufen
540 Technische Anlagen in Außenanlagen	5.3 Abwasser- und Versorgungsanlagen; — zuzüglich 5.7.5 Beleuchtung — zuzüglich Teile aus 5.6 Anlagen für Sonderzwecke
550 Einbauten in Außenanlagen	5.4 Wirtschaftsgegenstände; — zuzüglich Teile aus 5.6 Anlagen für Sonderzwecke
590 Sonstige Maßnahmen für Außenanlagen	5.9 Sonstige Außenanlagen; — zuzüglich 6.3 Zusätzliche Maßnahmen bei den Außenanlagen
600 Ausstattung und Kunstwerke	4 Gerät; — ohne 4.5 Beleuchtung, — zuzüglich 3.5.5 Kunstwerke, künstlerisch gestaltete Bauteile, — zuzüglich 5.5 Kunstwerke und künstlerisch gestaltete Bauteile im Freien
610 Ausstattung	4 Gerät; — ohne 4.5 Beleuchtung,
620 Kunstwerke	3.5.5 Kunstwerke, künstlerisch gestaltete Bauteile und — 5.5 Kunstwerke und künstlerisch gestaltete Bauteile im Freien
700 Baunebenkosten	7 Baunebenkosten
710 Bauherrenaufgaben	7.1.4, 7.2.4, 7.3.4 Verwaltungsleitungen von Bauherr und Betreuer;
720 Vorbereitung der Objektplanung	7.1.9 Sonstige Kosten der Grundlagenermittlungen;
730 Architekten- und Ingenieurleistungen	7.1.1 Grundlagenermittlungen von Architekten und Ingenieuren und — 7.2.1, 7.3.1 Leistungen von Architekten und Ingenieuren
740 Gutachten und Beratung	— 7.1.2, 7.1.3 Grundlagenermittlungen von Sonderfachleuten sowie Gutachtern und Beratern und 7.2.2, 7.2.3, 7.3.2, 7.3.3 Leistungen von Sonderfachleuten sowie von Gutachtern und Beratern
750 Kunst	7.2.5, 7.3.5 Leistungen für besondere künstlerische Gestaltung
760 Finanzierung	7.4 Finanzierung
770 Allgemeine Baunebenkosten	7.5 Allgemeine Baunebenkosten
790 Sonstige Baunebenkosten	

Internationale Patentklassifikation

E 04 B

DIN 276 Kosten im Hochbau
Ausgabe Juni 1993

Kommentierung

Allgemeines:
Nach einer Anwendungszeit von 12 Jahren wurde die dreiteilige Norm DIN 276, Ausgabe April 1981, den Regeln der Normung entsprechend überarbeitet und im Juni 1993 in neuer Fassung herausgegeben. Gegenüber der alten Ausgabe wurden umfangreiche Änderungen vorgenommen.
Der Titel »Kosten von Hochbauten« wurde in Anpassung an den definierten Anwendungsbereich in »Kosten im Hochbau« umgeändert. Der Wortlaut wurde gestrafft und in einer einteiligen Norm zusammengefaßt. Die bisher im Anhang des Teils 3 enthaltenen Muster für Kostenermittlungen sind entfallen. Dadurch allein ist der Umfang der neuen Norm um 30 Seiten geschrumpft.
Der Anwendungsbereich der Norm wurde definiert und gegenüber anderen Normbereichen abgegrenzt. Die Begriffsbestimmungen wurden nach dem Stand der Technik fortgeschrieben. Um eine verbesserte Wirtschaftlichkeit und eine treffende Kostensicherheit zu erreichen, wurden die Grundsätze der Kostenermittlung eingehender dargestellt. Die Arten der Kostenermittlung wurden neu beschrieben und darüber hinaus wurde das in der Praxis häufig angewendete Verfahren, die Kosten nach ausführungsorientierten Gesichtspunkten zu gliedern, ausdrücklich in den Haupttext der Norm übernommen.
Die Kostengliederung selbst wurde vereinfacht. Statt bisher vier sind nur noch drei Ebenen der Kostengliederung vorgesehen.
Die Kostengruppen wurden nach dem Stand der Technik fortgeschrieben und neu abgegrenzt. So wurden z.B. die Installationen und die Zentrale Betriebstechnik aufgrund ihres gestiegenen Anteils an den Gesamtkosten aus der bisherigen Kostengruppe »Bauwerk« herausgenommen und in einer eigenen Kostengruppe »Technische Anlagen« zusammengefaßt.
In der neuen Kostengruppe »Bauwerk – Baukonstruktionen« wurde der Gliederung nach Elementen (Wand, Decke, Dach) Priorität gegenüber der Funktion (tragend, nichttragend) eingeräumt.
Weitere Änderungen besteht darin, daß z.B. das Herrichten des Grundstücks von den Kosten des Grundstücks getrennt und zusammen mit dem Erschließen in der eigenen Kostengruppe 200 erfaßt wird. Die Gliederung der Kostengruppe »Außenanlagen« wurde ebenfalls verändert und soweit als möglich in der Systematik der Kostengruppe »Bauwerk« angepaßt. Schließ-

lich wurde die Kostengruppe »6 Zusätzliche Maßnahmen« durch Verteilen der Untergruppen auf die entsprechenden anderen Kostengruppen aufgelöst und dafür die Kostengruppe »Gerät« durch die Kosten für Kunstwerke erweitert (früher 4, jetzt 600).
In einer Tabelle wird als Beispiel für eine ausführungsorientierte Ergänzung der Kostengliederung eine Übersicht über die im Standardleistungsbuch enthaltenen Leistungsbereiche gegeben. Schließlich wird am Schluß der Norm im Rahmen der »Erläuterungen« die neue Kostengliederung der bisherigen gegenübergestellt, um die eingetretenen Veränderungen für die Übergangszeit deutlich zu machen. Die Gegenüberstellung wurde auf die 1. und 2. Kostengliederungsebene beschränkt.

Zum Titel:
Im Gegensatz zum alten Titel »Kosten von Hochbauten« wird jetzt deutlicher zum Ausdruck gebracht, daß die Norm nicht nur die Kosten von Gebäuden (Hochbauten), sondern alle bei einer Baumaßnahme anfallenden Kosten, d.h. die Gesamtkosten, erfaßt und gliedert.
Dabei beschränkt sich die Norm auch weiterhin auf den Hochbau im Gegensatz zu »Tiefbau«. Während man unter Hochbauten vorwiegend oberirdische Baukörper versteht, die zum geschützten Aufenthalt oder zur geschützten Tätigkeit dienen, werden im Tiefbau Konstruktionen auf und im Erdboden hergestellt, z.B. Erdbauwerke, Straßen oder Gleisanlagen. Die Kosten von Tiefbauarbeiten fallen nur dann in den Bereich der DIN 276, wenn sie zur Errichtung von Hochbauten erforderlich sind, z.B. Baugrubenaushub, Verbau- oder Wasserhaltungsarbeiten (siehe Bild 3).

Zur Vorbemerkung:
Auch fünf Jahre nach ihrer Veröffentlichung hat der Verordnungsgeber die Honorarordnung für Architekten und Ingenieure noch nicht an die gültige Fassung von DIN 276 anpassen können. Ursache sind dafür einerseits die sprichwörtlich langsam mahlenden Mühlen von Politik und Verwaltung, aber auch die Besorgnis, mit einer entsprechenden Novellierung der HOAI indirekt eine Erhöhung der Gesamtbaukosten zu verursachen.
Durch diese zögerliche Haltung entstand die für das Regelwerk des DIN ungewöhnliche Situation, daß die alte Fassung einer Norm nicht automatisch durch die Neufassung ersetzt werden konnte und daher diese Vorbemerkung erforderlich wurde. Bei der Neufassung der Norm könnte sich durch die Verlagerung bestimmter Kosten in andere Kostengruppen die Zusammensetzung der sogenannten »anrechenbaren Kosten«, auf denen die Honorarermittlung beruht, so ändern, daß sie nicht mehr den Intentionen des Verordnungsgebers entspricht (siehe HOAI § 10 Grundlagen des Honorars).

Zu 1 Anwendungsbereich:
In Anpassung an zwischenzeitlich geänderte Gestaltungsregeln des DIN wird der Anwendungsbereich der Norm erstmalig exakt umschrieben. Er macht deutlich, daß die Norm für die Kosten aller Maßnahmen gilt, die zur Herstellung, zum Umbau und zur Modernisierung von Bauwerken erforderlich sind und die in der Norm als Gesamtkosten, in der Beriebswirtschaft als Investitionskosten bezeichnet werden. Der Abschnitt weist ferner darauf hin, daß es sich dabei nur um solche Kosten handeln kann, die aufgrund einer Bauplanung ermittelt wurden, nicht jedoch für Kostenannahmen, wie sie lediglich zur Abgrenzung eines finanziellen Rahmens gebräuchlich sind. Außerdem gilt die Norm nicht für Kosten, die durch die Nutzung des Bauwerks nach seiner Fertigstellung entstehen (Baunutzungskosten). Siehe hierzu Kapitel F.

Zu 2 Begriffe:
Die bisher in DIN 276 Teil 1 unter den Abschnittsnummern 5 bis 8 aufgeführten Begriffsdefinitionen (Hochbauten, Baugrundstücke, Erschließung, Bauwerk) wurden nicht in die gültige Ausgabe übernommen, weil die Definitionen entweder als trivial oder ihre Plazierung in einer Norm über Kosten als nicht systemgerecht angesehen wurde.

Zu 2.1 Kosten im Hochbau:
Während in der vorangegangenen Ausgabe lediglich auf den Begriff »Kosten« abgehoben wurde, ist er nun in dem angegebenen Sinne eingegrenzt worden, weil erkannt wurde, daß Baukosten nicht mit dem allgemeinen Begriff der Kosten gleichgesetzt werden können. Im übrigen blieb jedoch die Erläuterung des Begriffs als »Aufwendungen« für Güter, Leistungen und Abgaben unverändert. Während jedoch bisher die Umsatzsteuer (Mehrwertsteuer) als Teil der Kosten hier erwähnt wurde, ist ihr jetzt ein eigener Abschnitt gewidmet, da die Möglichkeit eröffnet wurde, sie auf unterschiedliche Weise zu berücksichtigen (siehe 3.1.10).

Zu 2.2 Kostenplanung bis 2.9 Gesamtkosten:
Nachdem in den letzen Jahren aufgrund der wachsenden Komplexität der Bauprojekte die Kostenplanung, die Kostenkontrolle und die Kostensteuerung durch die Anwendung von Kostenkennwerten eine erhöhte Bedeutung gewonnen hat, sind diese Begriffe in den Abschnitt 2 aufgenommen worden. Außerdem wurden aus Gründen der Vollständigkeit die Definitionen der bisher im Teil 3 behandelten Kostenermittlungsarten (Kostenschätzung, Kostenberechnung, Kostenanschlag, Kostenfeststellung) aufgenommen. Sie können jedoch nicht als präzise Definitionen betrachtet werden, da sie sich lediglich durch qualitative Angaben unterscheiden *(überschlägig, angenähert, möglichst genau).*

Zu 3 Kostenermittlung:

Zu 3.1 Grundsätze der Kostenermittlung:

Die Grundsätze der Kostenermittlung wurden erstmalig im Fließtext dargelegt, sie konnten bisher nur indirekt aus der Kostengliederung, bzw. den Mustern für die einzelnen Kostenermittlungsarten entnommen werden. Das Bestreben, diese Grundsätze umfassend zu behandeln, hat dazu geführt, daß diese Festlegungen auch Selbstverständlichkeiten enthalten, wie z.B. die Abschnitte 3.1.2 bis 3.1.4. Die Angaben entsprechen im wesentlichen der Vorbemerkung von Teil 3, Ausgabe 04.1981. Neu ist u.a. jedoch die Bestimmung des Abschnitts 3.1.10, nach der es dem Aufsteller überlassen bleibt, in welcher Form er die Umsatz- (Mehrwert-)steuer berücksichtigt. Sie wurde bisher lediglich in den Begriffsdefinitionen von Teil 1, Ausgabe 04.1981, erwähnt, wonach unter Kosten alle Aufwendungen einschließlich Umsatzsteuer zu verstehen waren. Dies hatte gelegentlich zu dem Mißverständnis geführt, jeder Teilbetrag müsse einschließlich Umsatzsteuer ausgewiesen werden, was einen erheblichen, aber unnötigen Rechenaufwand nach sich zog.

Zu 3.2 Arten der Kostenermittlung:

Die seit der Ausgabe 04.1981in Teil 3 festgelegten vier Arten der Kostenermittlung

- Kostenschätzung,
- Kostenberechnung,
- Kostenanschlag und
- Kostenfeststellung

haben sich bewährt und sind unverändert geblieben. Sie wurden nach Zweck sowie nach den erforderlichen Grundlagen und dem Detaillierungsgrad neu beschrieben. Bei der Anwendung der DIN 276 hatte sich gezeigt, daß eine Untergliederung der Kosten bis zur 3. Ebene (dreistellige Kostengruppennummer) in der Praxis völlig ausreichend war, so daß in der Neufassung die 4. Ebene gestrichen wurde. Dementsprechend wurden die Mindestanforderungen an die Untergliederung der Kosten bei den einzelnen Kostenermittlungen gesenkt.

Die Tatsache, daß auch die Untergliederung in der 3. Ebene bereits bei bestimmten Zwecken zu weitgehend und nicht praxisgerecht ist, wird durch die Fußnoten 1) bis 8) und 10) in der Tabelle 1 deutlich, nach denen es gestattet ist, bestimmte Kostengruppen zusammenzufassen, d.h. nur durch einen Kostenwert zu berücksichtigen, weil eine Trennung, z.B. bei den Kostengruppen 521 bis 524, nicht sinnvoll ist.

In diesem Zusammenhang ist darauf hinzuweisen, daß der Aufsteller einer Kostenermittlung auch weitere Kostengruppen zusammenfasen darf, wenn er bei der Untergliederung über die nach der Norm geforderte Mindestebene hinausgeht, z.B. bei einer Kostenschätzung über die 1. Ebene hinaus. Solche Zusammenfassungen sollten jedoch aus Gründen der Vergleichbarkeit die Systematik der Kostengliederung nicht sprengen.

Zu 3.2.1 Kostenschätzung:

Die Kostenschätzung steht an der Stelle des früher gebräuchlichen Kostenvoranschlages. Dem Begriff »Kostenvoranschlag« haftete zu sehr der Charakter des Versuchsweisen an, was seine Aussagekraft beeinträchtigte. Die Kostenschätzung soll über die Kosten schon zu einem Zeitpunkt zuverlässig Auskunft geben, in dem die Planung erst in großen Umrissen erkennbar ist. Für die Ermittlung der Gesamtkosten nach Kostengruppen ist in der Kostenschätzung die Kostengliederung mindestens bis zur 1. Ebene anzuwenden. Die Kostenschätzung ist eine Kostenermittlungsart, die im Gegensatz zur Kostenberechnung und zum Kostenanschlag noch als unverbindlich gilt. Sie dient als Grundlage für die Entscheidung über die Vorplanung. Im Vergleich zu den anderen genannten Arten der Kostenermittlung erfordert sie einen wesentlich geringeren Arbeits- und Zeitaufwand. Sie genügt in den meisten Fällen als Basis für Finanzierungsüberlegungen, für die Abgrenzung des Raum- und Ausstattungsprogramms, für Honorarabsprachen sowie für die Festlegung, ob ein Projekt ausgearbeitet werden soll. Die Erstellung der Kostenschätzung stützt sich auf

- Ergebnisse der Vorplanung, vorzugsweise auf Planungsunterlagen, wie versuchsweise zeichnerische Darstellungen, Strichskizzen und Modelle,
- Berechnung der Mengen von Bezugseinheiten der Kostengruppen, z.B. Grundflächen, Rauminhalte nach DIN 277 oder Nutzungseinheiten, z.B. Arbeitsplätze, Bettplätze usw.
- Angaben über die planerischen Zusammenhänge, Absprachen und vertragliche Bedingungen, insbesondere über das Raum- und Ausstattungsprogramm,
- Angaben zum Baugrundstück (Lage, Größe, Wert) und zur Erschließung (Öffentliche, Nichtöffentliche).

Im Unterschied zur Kostenberechnung, zum Kostenanschlag und zur Kostenfeststellung werden in der Kostenschätzung keine Einzelleistungen erfaßt.

Zu 3.2.2 Kostenberechnung:

Die Kostenberechnung ist eine verbindliche Unterlage. Sie ist eine der Grundlagen für die Entscheidung über die Entwurfsplanung. In der Ausgabe 04.1981 der DIN 276 wurde sie zusätzlich zum Kostenanschlag eingeführt, um die Vorteile der Anwendung von Erfahrungswerten und etwa vorliegenden pauschalierten Angaben auch für eine verbindliche Kostenermittlung zu nutzen, die bereits auf ausführlichen Berechnungsunterlagen (z.B. Entwurf, Baubeschreibung, Ausführungsunterlagen) beruht. Der Unterschied zur Kostenschätzung besteht darin, daß die Kosten bis mindestens in die 2. Ebene der Kostengliederung erfaßt und aufgeschlüsselt werden. Hierbei sollen die Kosten, sofern keine Erfahrungswerte vorliegen und pauschalierte Angaben nicht gemacht werden können, aus Mengenansätzen und Einheitsbeträgen summarisch ermittelt werden.

Die Kostenberechnung stützt sich auf

- Unterlagen der zeichnerischen Planung, wie durchgearbeitete, vollständige Vorentwurfs- und/oder Entwurfszeichnungen (deren Maßstab bestimmt sich aus Art und Größe des Projekts) sowie gegebenenfalls auch detaillierte Pläne mehrfach wiederkehrender Raumgruppen,
- Berechnung der Mengen von Bezugseinheiten der Kostengruppen, wie Grundflächen und Rauminhalte nach DIN 277 Teil 1 und Teil 2,
- ausführliche Erläuterungen, wie eingehende Beschreibungen jener Einzelheiten, die aus den zeichnerischen und sonstigen Unterlagen nicht ersichtlich sind, jedoch für die Berechnung und die Beurteilung der Kosten Bedeutung haben.

Der wesentliche Vorteil der Kostenberechnung besteht im Vergleich zum Kostenanschlag im erheblich geringeren Arbeits- und Zeitaufwand, da die Aufschlüsselung der Kosten um eine Ebene der Kostengliederung geringer anzusetzen ist. Der Vorteil besteht ferner darin, daß für die Ermittlung der Kosten Erfahrungswerte und, soweit vorhanden, pauschalierte Angaben verwendet werden können. Deshalb braucht der Genauigkeitsgrad der Kostenberechnung nicht hinter dem des Kostenanschlages zurückzustehen. Er ist naturgemäß davon abhängig, in welchem Maße die Erfahrungswerte oder die pauschalierten Angaben zutreffen. Die Arbeitsvereinfachung zeigt sich darin, daß die beim Kostenanschlag notwendige eingehende Kalkulation der Einzelpositionen nicht vorgenommen zu werden braucht, eine Tätigkeit, für die sogar manchem erfahrenen Baufachmann ausreichende Kenntnisse und die erforderliche Übersicht über die Baumarktlage fehlen.

Zu 3.2.3 Kostenanschlag:

Wie schon die Kostenberechnung ist auch der Kostenanschlag eine verbindliche Unterlage. Mit dem Kostenanschlag läßt sich ein sehr hoher Genauigkeitsgrad der Kostenermittlung erzielen. Voraussetzung allerdings ist, daß die Ermittlungsgrundlagen ausgereift und vollständig vorliegen, daß der Ausführungsvorgang richtig beschrieben ist, daß die Mengenansätze stimmen und daß die Preisbildung für die einzelnen Leistungspositionen nach betriebswirtschaftlichen Kalkulationssätzen vorgenommen wird. Es leuchtet ein, daß die Beachtung dieser Voraussetzungen einen verhältnismäßig hohen Arbeits- und Zeitaufwand erfordert. Wie auch bei den anderen Kostenermittlungsarten dient die Kostengliederung dem Zweck, die Vergleichbarkeit der Kosten zu

gewährleisten und Mißverständnisse bei der Einordnung der Leistungen in die betreffenden Kostengruppen zu vermeiden.
Der Kostenanschlag dient als eine Grundlage für die Entscheidung über die Ausführungsplanung und die Vorbereitung der Vergabe. Der Kostenanschlag stützt sich auf

- zeichnerische Planungsunterlagen, wie endgültige, vollständige Ausführungs-, Detail- und Konstruktionszeichnungen,
- Berechnungen, wie Statik, Wärmeschutz, Schallschutz, technische Anlagen,
- Berechnung der Mengen von Bezugseinheiten der Kostengruppen,
- ausführliche Erläuterungen zur Bauausführung, wie Leistungsbeschreibung mit Leistungsverzeichnis,
- Zusammenstellung von eingeholten Angeboten, erteilten Aufträgen und bereits entstandenen Kosten.

Im Kostenanschlag werden die tatsächlich zu erwartenden Kosten durch die Zusammenstellung von Angeboten der Auftragnehmer, von Eigenkalkulationen, von Honorar- und Gebührenberechnungen sowie von anderen für das Baugrundstück, die Erschließung und vorausgegangene Baunebenkosten bereits entstandene Kosten ermittelt. Der Kostenanschlag eignet sich auch zur Kostenkontrolle, indem die Übereinstimmung der veranschlagten Kosten mit den in der Kostenberechnung ermittelten Kosten verglichen und geprüft wird. Bei der Aufstellung des Kostenanschlages sollen für die Ermittlung der Gesamtkosten nach Kostengruppen mindestens bis zu 3 Ebenen der Kostengliederung angewendet werden.

Zu 3.2.4 Kostenfeststellung:

Die Kostenfeststellung dient zur Ermittlung und zum Nachweis der tatsächlich entstandenen Kosten. Sie hat dokumentarischen Charakter und eignet sich zu Kostenvergleichen. Bei der Kostenfeststellung werden alle durch Abrechnungsunterlagen belegten Kosten in der Systematik der Kostengliederung geordnet und zusammengefaßt. Aus der Auswertung mehrerer Kostenfeststellungen gleichartiger Bauobjekte lassen sich Erfahrungswerte ableiten, die einen Kostenvergleich zwischen noch nicht ausgeführten und ausgeführten Bauvorhaben ermöglichen.
Diese Erfahrungswerte sind um so genauer, je mehr Kostenfeststellungen zur Auswertung zur Verfügung stehen und je ähnlicher die durch Kostenfeststellung erfaßten Objekte einander sind. Bei der Mittelwertbildung aus einer Vielzahl so behandelter gleichartiger Projekte müssen jedoch auch die qualitativen, quantitativen, örtlichen und zeitlichen Kosteneinflüsse berücksichtigt werden.
Die Kostenfeststellung stützt sich auf

- Nachweise, wie geprüfte Abrechnungsbelege der Schlußrechnungen sowie der Kosten der Eigenleistungen,
- zeichnerische Planungsunterlagen, wie Abrechnungszeichnungen, Ausführungszeichnungen, soweit sie mit der tatsächlichen Ausführung übereinstimmen, sowie Bestandszeichnungen,
- Erläuterungen, wie Fertigstellungsberichte mit Begründung und Beschreibung etwaiger Änderungen sowie Angabe etwaiger nachträglicher Leistungen.

In der Kostenfeststellung sollen die Gesamtkosten nach Kostengruppen bis zur 2. Ebene der Kostengliederung unterteilt werden. Bei Baumaßnahmen, die für Vergleiche und Kostenkennwerte ausgewertet und dokumentiert werden, sollen die Gesamtkosten mindestens bis zur 3. Ebene der Kostengliederung aufgeschlüsselt werden.

Zu 4 Kostengliederung:

Zu 4.1 Aufbau der Kostengliederung:

Unter Berücksichtigung der Erfahrungen aus der Praxis wurde die Kostengliederung vereinfacht und durchgängig auf drei Kostengliederungsebenen reduziert. Dabei wurde die Numerierung durch Fortlassen der Trennpunkte und Einführen einer durchgängig dreistelligen Schreibweise den Bedürfnissen der EDV angepaßt. Die Kostengruppen wurden mit dem Ziel einer besseren Ausgewogenheit und Eignung für die Kostenermittlung neu abgegrenzt.

Z.B. wurde das Herrichten des Grundstücks von den Kosten des Grundstücks getrennt und zusammen mit den Erschließungsarbeiten in der eigenen Kostengruppe 200 erfaßt.

In der neuen Kostengruppe »300 Bauwerk – Baukonstruktionen« wurde der Gliederung nach Elementen (Wand, Decke, Dach) Priorität gegenüber der Funktion (tragend, nichttragend) eingeräumt. Außerdem wurden die Installationen und die Zentrale Betriebstechnik aufgrund ihres gestiegenen Anteils an den Gesamtkosten aus der bisherigen Kostengruppe »Bauwerk« herausgenommen und in einer eigenen Kostengruppe »400 Technische Anlagen« zusammengefaßt.

Die Gliederung der Kostengruppe »5 Außenanlagen« wurde ebenfalls verändert und soweit als möglich in der Systematik der Kostengruppe »Bauwerk« angepaßt. Schließlich wurde die Kostengruppe »6 Zusätzliche Maßnahmen« durch Verteilen der Untergruppen auf die entsprechenden anderen Kostengruppen aufgelöst und dafür die Kostengruppe »Gerät« durch die Kosten für Kunstwerke erweitert (früher 4, jetzt 600).

Zu 4.2 Ausführungsorientierte Gliederung der Kosten:

In der Ausgabe 04.1981 war die ausführungsorientierte Gliederung von Kosten, d.h. eine Aufteilung nach Bauleistungen anstelle von Bauteilen, lediglich in der 4. Gliederungsebene zulässig, in der es an den meisten Stellen hieß:

> »Die Kostengruppen X bis Y sollen im Kostenanschlag, soweit erforderlich und zweckmäßig, nach den Allgemeinen Technischen Vorschriften (ATV) der VOB Teil C unterteilt ... werden.«

In Teil 3 lautete der entsprechende Text unter dem Stichwort »Kostenanschlag« daher:

> »Dabei können die Bauleistungen ... nach Teilleistungen im Sinne der Verdingungsordnung für Bauleistungen (VOB) Teil C ... gegliedert bzw. zusammengefaßt werden. Die Systematik der Kostengliederung (siehe DIN 276 Teil 2) ist anzuwenden.«

Die Forderung nach Einhalten der Systematik war meist nur durch einen besonderen Aufwand bei der Erstellung der Leistungsbeschreibungen zu erfüllen, indem z. B. der Wandputz auf tragenden und nichttragenden Wänden durch getrennte Positionen erfaßt werden mußte.

Mit dem Fortfall der 4. Gliederungsebene in der Neufassung wurde die Möglichkeit, die Kosten nach Bauleistungen zu unterteilen in den Normentext allgemein aufgenommen und nicht mehr auf den Kostenanschlag begrenzt. Man hatte erkannt, daß Kostenermittlungen in besonderen Fällen auch zu einem früheren Zeitpunkt auf der Grundlage von Leistungen sinnvoll sein können, insbesondere dann, wenn sich beim Übergang von der bauteil- auf die leistungsorientierte Gliederung Probleme ergeben könnten.

Darüber hinaus hatten inzwischen auch andere Gliederungssysteme für Bauleistungen an Bedeutung gewonnen, die zu erwähnen waren, wie das Standardleistungsbuch (StLB) im Bereich des Hochbaus und der Standardleistungskatalog (StLK) für den Tiefbau.

Zu 4.3 Darstellung der Kostengliederung:
Zu 100 Grundstück:

Nach Bild 1 ist die Fläche der Parzelle 177 von den Buchstaben A, B, C, D umschrieben. Für die aufgrund eines Bebauungsplanes vorgesehene Erschließungsstraße wird von dieser Parzelle der Grundstücksteil E, F, C, H, G in Anspruch genommen. Die Fläche A, B, F, E östlich der Straße verbleibt als Baugrundstück, auf das sich die Kostenermittlung bezieht. Außerdem bleibt die Fläche G, H, D als Restparzelle westlich der Straße übrig. Für die Inanspruchnahme der Verkehrs- und Versorgungsfläche E, F, C, H, G ist der Eigentümer nach § 93 Abs. (1) BauGB[1)] zu entschädigen, soweit ihm Vermögensnachteile entstehen. Ist der Eigentümer zur Abgabe nicht bereit, so kann der Träger der öffentlichen Erschließung (z.B. die Gemeinde) die Enteignung betreiben (§ 85 BauGB). Für die Restparzelle G, H, D kann der Eigentümer

1) Baugesetzbuch vom 8. Dezember 1986 in der Neufassung vom 27. August 1997

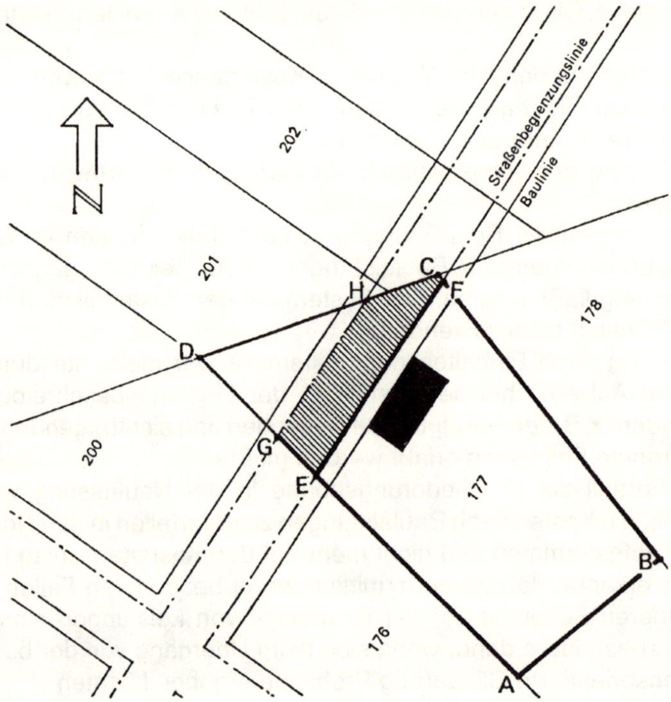

Bild 1. Beispiel für ein Grundstück

die Übernahme durch die Gemeinde nach § 96 Abs. (2) BauGB verlangen, da ihm wirtschaftlich nicht mehr zuzumuten ist, diese nicht mehr nutzbare Fläche zu behalten. Er kann sie jedoch auch verkaufen, z.B. an den Eigentümer der Parzelle 201, sofern dieser kaufwillig ist.

Zu 110 Grundstückswert:

Während der Kaufpreis anzusetzen war, wenn das Baugrundstück gekauft wurde, und nur dann der Wert zu ermitteln war, wenn der Kaufpreis als überholt gelten mußte oder kein Grundstückskauf vorlag, richtet sich nunmehr der Grundstückswert ausschließlich nach dem Verkehrswert zum Zeitpunkt der Kostenermittlung; und zwar auch dann, wenn der Kaufpreis vom Verkehrswert zum Zeitpunkt der Kostenermittlung abweicht. Da der Verkehrswert veränderlich ist, bedeutet diese Festlegung, daß bei zeitlich verschiedenen Kostenermittlungen der Verkehrswert überprüft und ggf. verändert werden muß. Dementsprechend heißt es in § 194 BauGB: »Der Verkehrswert wird durch den Preis bestimmt, der in dem Zeitpunkt, auf den sich die Ermittlung bezieht, im gewöhnlichen Geschäftsverkehr nach den Eigenschaf-

ten, der sonstigen Beschaffenheit und der Lage des Grundstücksoder des sonstigen Gegenstands der Wertermittlung ohne Rücksicht auf ungewöhnliche oder persönliche Verhältnisse zu erzielen wäre.«
Darüber hinaus verlangt das Baugesetzbuch die Einrichtung von Gutachterausschüssen zur Ermittlung der Grundstückswerte (§ 192, § 193, § 197 und § 198), die Ermittlung von Bodenrichtwerten (§ 196) und die Einrichtung von Kaufpreissammlungen für Zwecke der Besteuerung (§ 195). Außerdem wird in § 199 die Bundesregierung ermächtigt, durch Rechtsverordnung Vorschriften über die Anwendung gleicher Grundsätze bei der Ermittlung der Verkehrswerte zu erlassen.
Bei Grundstücken, für die ein Erbbaurecht bestellt ist, darf der Grundstückswert nicht in die Gesamtkosten eingerechnet werden, da der Bauherr nicht Eigentümer des Baugrundstücks ist. Das Erbbaurecht dient nach der Verordnung vom 15. Januar 1919 in erster Linie als Rechtsform für die Bereitstellung öffentlichen Landes für Bauzwecke; es fördert das Bauen und beläßt der öffentlichen Hand als Eigentümerin des Grund und Bodens bestimmte Einwirkungsmöglichkeiten, z.B. Veräußerungsverbot. Bei solchen Grundstücken wird empfohlen, in einer Anlage zur Kostenermittlung jedoch folgende Angaben zu erfassen: Dauer des Erbbaurechts, Größe der Grundstücksfläche, Jährlicher Erbbauzins in DM/m^2 sowie Auflagen, die mit dem Erbbaurecht verbunden sind. Die Erbbauzinsen gehören ebenfalls nicht zu den Baukosten, da sie unabhängig von dem zu errichtendem Bauwerk sind und jedes Jahr anfallen. Sie sind daher Baunutzungskosten im Sinne von DIN 18196 Teil 1 (siehe Kapitel F).

Zu 120 Grundstücksnebenkosten:
Gegenüber der Ausgabe 04.1981 haben sich in der Systematik der zum Grundstück gehörenden Kosten leichte Veränderungen ergeben. Da das »Herrichten« aus konkreten Bauarbeiten besteht, wurde es von den Kosten des Grundstücks getrennt (bisher 1.4) und mit den ähnlich gearteten Kosten für das Erschließen zusammengefaßt (jetzt 200). Zum Grundstück gehören daher nur noch die Kosten für den Erwerb (bisher 1.2) und das Freimachen (bisher 1.3, jetzt 130). Die Erwerbskosten werden in Anlehnung an die ähnlich gelagerten Kosten der KG 700 jetzt als Grundstücksnebenkosten bezeichnet. Sie können im einzelnen bestehen aus

121 Vermessungsgebühren, die im Zusammenhang mit der Parzellenbildung anfallen (siehe jedoch KG 744),
122 Gerichtsgebühren, z.B. für die Eintragung ins Grundbuch,
123 die Notariatsgebühren für die Beurkundung des Kaufes und der Auflassung,
124 Maklerprovisionen, sofern der Erwerb durch einen Grundstücksmakler vermittelt wurde,

125 die Grunderwerbsteuer,
126 Wertermittlungen, Untersuchungen, z.B. zur Beurteilung des Grundstückswertes, durch Untersuchungen über Kontaminierung mit Schadstoffen oder die Existenz von Kampfmitteln, Baugrunduntersuchungen. Hierzu gehören jedoch nicht die Kosten von Untersuchungen, die im Zusammenhang mit der Planung durchzuführen sind (siehe KG 721).
127 Genehmigungsgebühren, z.B. bei Genehmigungen für den Bodenverkehr oder bei Grundstücken, die in Bergbau-, Wassereinzugs- und Naturschutzgebieten liegen,
128 Bodenordnung, Grenzregulierungen, d.h Kosten, die im Zusammenhang mit Umlegungen nach den §§ 45 bis 79 BauGB oder mit Grenzregulierungen (§§ 80 bis 84 BauBG) entstehen,
129 Grundstücksnebenkosten, sonstiges, z.B Kosten für die Beschaffung von Karten, Stadtplänen, Leitungsplänen, Flurkarten, Katasterauszügen.

Zu 130 Freimachen:
Freimachen eines erworbenen Baugrundstücks bedeutet, die Rechte anderer, die mit dem Grundstück verbunden sind, oder die Lasten, die auf dem Grundstück ruhen, abzulösen, um die freie Verfügungsgewalt zu erhalten. Zu den Kosten für das Freimachen gehören:
131 Abfindungen, z.B. Entschädigungen für Miet- und Pachtverträge. Diese Kosten können erheblich sein; die Feststellung der Entschädigungsansprüche kann lange Zeit erfordern und rechtlich viele Schwierigkeiten bereiten. Das gilt besonders für das Freimachen von Kleingartengelände, das unter gesetzlichem Schutz steht, ferner für die Auflösung langfristiger Pacht- und Unterpachtverträge vor Ablauf der vereinbarten Kündigungsfristen und für die Räumung von Notunterkünften, wie Baracken und Behelfsheimen, oder von Altwohnungen in Gebäuden, die zum Abbruch bestimmt sind.
132 Ablösen dinglicher Rechte, z.B. Wegerecht, Recht des Nachbarn auf Überbauung, wie sie aus Abteilung II oder die Löschung von Belastungen, z.B. Hypotheken, wie sie aus Abteilung III des Grundbuchblattes ersichtlich sind, ferner die Löschung von Baulasten im Baulastenverzeichnis.
139 Freimachen, sonstiges, wie Prozeßkosten bei einer Räumungsklage, Anwaltskosten.

Zu 200 Herrichten und Erschließen:
Durch die Zusammenfassung der Kosten für das Herrichten (bisher 1.4) und die Erschließung (bisher 2) enthält diese Kostengruppe nunmehr alle Bauko-

sten und Entgelte, die erforderlich sind, um das Grundstück bebauen zu können.

Zu 210 Herrichten:
Als »Herrichten« werden alle vorbereitenden Maßnahmen bezeichnet, die nicht der Erschließung dienen. Sie schließen auch das Beseitigen von vorhandenen Anlagen ein, die durch eine frühere Nutzung des Grundstücks entstanden sind. Die Maßnahmen werden häufig im Zusammenhang mit der Errichtung des geplanten Bauwerks ausgeführt und sind dann nicht leicht von ihnen zu trennen, z.B. das Herrichten der Geländeoberfläche (KG 214) und die Geländebearbeitung (KG 511). Zum Herrichten zählen

211 Sicherungsmaßnahmen, z.B. Schutz von vorhandenen Bauwerken, Bauteilen, Versorgungsleitungen sowie das Sichern von Bewuchs und Vegetationsschichten.

212 Abbruchmaßnahmen, wie das Abbrechen und Beseitigen von vorhandenen Bauwerken, Ver- und Entsorgungsleitungen sowie Verkehrsanlagen. Bei Trümmergrundstücken gehören die Abbruch- und Abräumkosten, sofern die Abbruch- und Abräumarbeiten nach dem Erwerb des Grundstücks kostenpflichtig durchgeführt werden müssen, zu den Herrichtungskosten. Ein etwaiger Erlös aus dem Abbruchgut ist bei der Ermittlung der Herrichtungskosten zu berücksichtigen. Bei öffentlicher Abräumung entstehen dem Eigentümer keine Kosten, dafür erhält der Träger der öffentlichen Abräumung das Verfügungsrecht über das Abräumgut.

213 Altlastenbeseitigung, wie Beseitigen von Kampfmitteln und anderen gefährlichen Stoffen, Sanieren belasteter und kontaminierter Böden.

214 Herrichten der Geländeoberfläche, wie Roden von Bewuchs, Planieren, Bodenbewegungen einschließlich Oberbodensicherung. Ist das Grundstück mit Bäumen bestanden, die als Nutzholz verwendbar sind, so ist der Verkaufserlös, der nach Abzug der dadurch entstehenden Kosten verbleibt, den Herrichtungskosten gutzuschreiben.

219 Herrichten, sonstiges, z.B Bodenbewegungen zur Herstellung einer geeigneten Geländeoberfläche oder die dauernde oder zeitweilige Umlegung eines offenen oder verrohrten Gewässers.

Zu 220 Öffentliche Erschließung:
Nach § 123 BauGB ist die Erschließung Aufgabe der Gemeinde, soweit sie nicht nach anderen gesetzlichen Vorschriften oder öffentlich-rechtlichen Verpflichtungen einem andern obliegt. Die Erschließungsanlagen sollen entsprechend den Erfordernissen der Bebauung und des Verkehrs hergestellt werden und spätestens bis zur Fertigstellung der anzuschließenden baulichen Anlagen benutzbar sein. Die Gemeinde kann die Erschließung durch Vertrag

auf einen anderen übertragen. Ein Rechtsanspruch auf Erschließung besteht nicht. Die Unterhaltung der Erschließungsanlagen richtet sich nach landesrechtlichen Vorschriften.

Die öffentliche Erschließung umfaßt den Grunderwerb, die Freimachung des Grund und Bodens sowie den Bau der Erschließungsanlagen. Erschließungsanlagen im Sinne des § 127 BauGB sind

- die öffentlichen zum Anbau bestimmten Straßen, Wege und Plätze;
- die öffentlichen aus rechtlichen oder tatsächlichen Gründen mit Kraftfahrzeugen nicht befahrbaren Verkehrsanlagen der Baugebiete, z.B. Fußwege, Wohnwege;
- Sammelstraßen innerhalb der Baugebiete; Sammelstraßen sind öffentliche Straßen, Wege und Plätze, die selbst nicht zum Anbau bestimmt, aber zur Erschließung der Baugebiete notwendig sind:
- Parkflächen und Grünanlagen mit Ausnahme von Kinderspielplätzen, soweit sie Bestandteil der vorgenannten Verkehrsanlagen oder nach städtebaulichen Grundsätzen innerhalb der Baugebiete zu deren Erschließung notwendig sind;
- Anlagen zum Schutz von Baugebieten gegen schädliche Umwelteinflüsse im Sinne des Bundes-Immissionsschutzgesetzes, auch wenn sie nicht Bestandteil der Erschließungsanlagen sind.

Anlagen zur Ableitung von Abwasser sowie zur Versorgung mit Wasser, Gas, Elektrizität und Wärme zählen nicht zu den Erschließungsanlagen nach § 127 BauGB. Ungeachtet dessen sind sie jedoch für die Nutzung der erschlossenen Baugrundstücke unerläßlich und das Recht der Gemeinden, dafür Anschlußbeiträge bzw. Kostenzuschüsse zu erheben, bleibt nach § 127, Absatz 4, unberührt. Sie zählen daher ebenso zu den Kosten für die öffentliche Erschließung wie satzungsgemäße einmalige Entgelte für den Anschluß an Telekommunikationsnetze privater Betreiber.

Wichtig für die Klarheit der Kostenermittlung ist die richtige Trennung der Erschließungskosten von den Kosten der Außenanlagen. Bei der öffentlichen Erschließung zählen die Kosten der Anschlußleitungen von den öffentlichen Hauptleitungen bis zur Grenze des Baugrundstücks zu den Erschließungskosten. Der auf dem Baugrundstück gelegene Teil der Anschlußleitungen gehört von der Grundstücksgrenze an bis zum Bauwerk zu den Außenanlagen (vgl. Kostengruppe 500). Bisher gehörten zu den Erschließungskosten nur die Kosten der Daueranlagen, d.h. der Anlagen, die auch nach einem etwaigen Abgang eines Bauwerks als Erschließungsanlagen bestehen bleiben müssen. Die Anschlußleitungen wurden bisher also ohne Rücksicht auf die Grenze des Baugrundstücks bis zu den Hauptversorgungsleitungen gemessen und die Kosten voll den Außenanlagen zugerechnet. Jetzt findet eine Aufteilung dieser Kosten entsprechend den Eigentumsverhältnissen statt, wobei es unerheblich ist, ob die Anschlußleitung ganz oder nur teilweise vom Versorgungsträger hergestellt wird. Die im oder am Bauwerk beginnenden Anschlußeinrichtungen gehören zu der Kostengruppe 400 Bauwerk – Technische Anlagen (siehe Bild 2).

Die Kosten der Öffentlichen Erschließung sind wie folgt gegliedert:

221 Abwasseranlagen, d.h. die durch Satzung festgelegten anteiligen Kosten für die erstmalige Herstellung oder Vervollständigung der das Abwasser behandelnden technischen Anlagen, z.B. Klärwerk, sowie die anteiligen Kosten der Entwässerungskanäle in der öffentlichen Erschließungsstraße und die Anschlußkanäle bis zur Grenze des Baugrundstücks.

222 Wasserversorgung, d.h. die durch Satzung oder vom Versorgungsträger festgelegten anteiligen Kosten für die erstmalige Herstellung oder Vervollständigung der Wassergewinnungsanlagen, z.B. Wasserwerk, sowie die anteiligen Kosten der öffentlichen Hauptwasserleitung und die Kosten der Anschlußleitungen bis zur Grenze des Baugrundstücks.

223 Gasversorgung, d.h. die durch Satzung oder vom Versorgungsträger festgelegten anteiligen Kosten für die erstmalige Herstellung oder Vervollständigung des Gaswerks sowie die anteiligen Kosten der Hauptgasleitung und die Kosten der Anschlußleitung bis zur Grenze des Baugrundstücks.

224 Fernwärmeversorgung, d.h. die durch Satzung oder vom Versorgungsträger festgelegten anteiligen Kosten für die erstmalige Herstellung oder Vervollständigung der Wärmeerzeugungsanlage, z.B. Heizwerk, sowie die anteiligen Kosten der Fernwärmeleitungen und die Kosten der Anschlußleitungen bis zur Grenze des Baugrundstücks.

225 Stromversorgung, d.h. die vom Elektrizitätswerk festgelegten anteiligen Kosten für die erstmalige Herstellung oder Vervollständigung der Stromversorgungsanlagen, z.B. Elektrizitätswerk, sowie die anteiligen Kosten der Kabel oder Freileitungen und die Kosten der Anschlußleitung bis zur Grenze des Baugrundstücks.

226 Telekommunikation, d.h. vom Telekommunikationsträger geforderte einmalige Entgelte für die Bereitstellung und Änderung von Netzanschlüssen.

227 Verkehrserschließung, d.h. Erschließungsbeiträge für die Verkehrs- und Freianlagen nach § 127 BauGB einschließlich deren Entwässerung und Beleuchtung sowie etwa erforderlicher Maßnahmen gegen schädliche Umwelteinflüsse, z.B. Lärmschutzwände.

229 Sonstige Öffentliche Erschließung, d.h. die durch Satzung festgelegten anteiligen Kosten für Grunderwerb und Freimachen der Flächen für sonstige Erschließungsanlagen und die Kosten für ihre erstmalige Herstellung, z.B. Regulierung oberirdischer Gewässer.

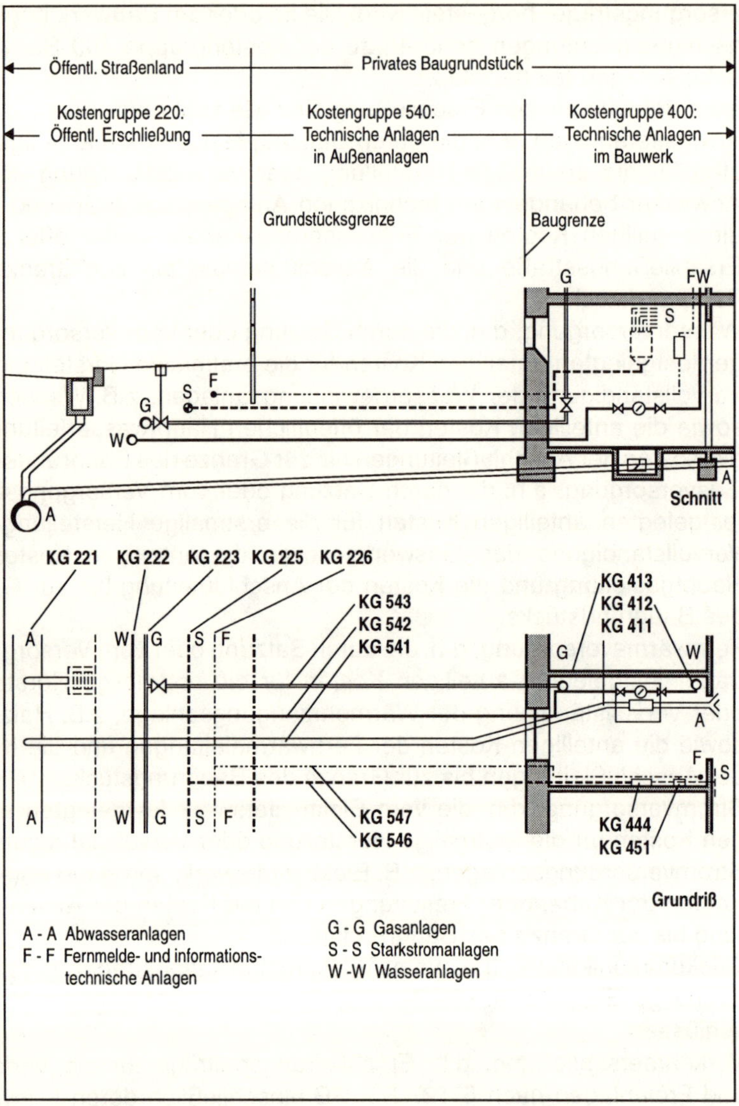

Bild 2. Öffentliche Erschließung und die Zuordnung Technischer Anlagen

Zu 230 Nichtöffentliche Erschließung:
Die Nichtöffentliche Erschließung erfordert Aufwendungen für Verkehrsflächen und technische Anlagen, die ohne öffentlich-rechtliche Verpflichtung oder Beauftragung mit dem Ziel der späteren Übertragung in den Gebrauch der Allgemeinheit hergestellt und ergänzt werden.
Bei größeren Siedlungsprojekten oder bei Bauvorhaben besonderer Art, z.B. Flughäfen, Kasernen, wird die Erschließung von Fall zu Fall von den Gemeinden durch Vertrag dem Bauherrn oder einem für den Bauherrn tätigen Treuhänder übertragen. Es entstehen dann private Erschließungsanlagen, z.B. sogenannte Unternehmerstraßen, die in der Regel erst nach fünfjähriger Unterhaltung von der öffentlichen Hand übernommen oder aber als private Anlagen mit öffentlichem Charakter (Daueranlagen) langfristig beibehalten werden. Die aufzuwendenden Selbstkosten entsprechen den Anliegerleistungen bei öffentlicher Erschließung. Besteht keine Parzellierung, so muß für die Aufteilung der Kosten auf einzelne Bauwerke jeweils ein entsprechendes Baugrundstück angenommen werden. Das ist insbesondere für Kostenvergleiche notwendig. Bei der Nichtöffentlichen Erschließung werden die Anschlußleitungen von den Hauptversorgungsleitungen bis zum Bauwerk in der ganzen Länge den Außenanlagen zugerechnet (vgl. Kostengruppe 500). Die Kostengliederung in der 3. Ebene ist die gleiche wie bei der Öffentlichen Erschließung.

Zu 240 Ausgleichsabgaben:
Ausgleichsabgaben, früher »Andere einmalige Abgaben« genannt, sind Kosten, die aufgrund landesrechtlicher Bestimmungen oder einer Ortssatzung einmalig und zusätzlich zu den Erschließungsbeiträgen entstehen, z.B. das Ablösen von der Verpflichtung, KFZ-Stellplätze anzulegen.
Durch Satzung oder andere baurechtliche Regelungen kann eine Baugenehmigung von der Entrichtung einer einmaligen Abgabe (Bauabgabe) abhängig gemacht werden, die insbesondere zur Mitfinanzierung kommunaler Folgeeinrichtungen der Erschließung verwendet wird. Erfahrungsgemäß wird im ländlichen Siedlungsraum der Vorteil des günstigen Erwerbs von Bauland durch solche Abgaben, die zusätzlich zu den Erschließungsbeiträgen erhoben werden können, in gewissem Maße wieder gemindert.
Ausgleichsabgaben können im einzelnen umfassen:
- Ansiedlungsgebühren, d.h. die Entrichtung eines anteiligen Geldbetrages oder die Erbringung von Sach- oder Arbeitsleistungen als Zuschuß für Gemeindeeinrichtungen, wie Amtsverwaltung, Feuerwehr, Kirche, Kindertagesstätte, Schule, Friedhof, Sportplatz u.a.
- Beiträge zum Bau von KFZ-Stellplätzen, d.h. Ablösungskosten für notwendige Stellplätze, die auf dem Baugrundstück nicht untergebracht werden können.

- Durch Satzung festgelegte anteilige Kosten für die erstmalige Herstellung oder Vervollständigung gemeinschaftlicher Anlagen, die für den Erschließungsbereich von Bedeutung sind, z.B. Fremdenverkehrseinrichtungen.

Zu 300 Bauwerk-Baukonstruktionen:
Die bedeutendste Veränderung in der Kostengliederung der Ausgabe 04.1981 hat die bisherige Kostengruppe »3 Bauwerk« erfahren. Mit Rücksicht auf die gestiegene Bedeutung und Komplexität der versorgungstechnischen Ausstattung wurden die Kosten für Installationen (3.2) und für Zentrale Betriebestechnik (3.3) aus dieser Gruppe herausgelöst und in einer eigenen, erststelligen Kostengruppe »400 Bauwerk – Technische Anlagen« zusammengefaßt. Weil damit die Kostengruppe 300 auf die reinen Baukonstruktionen reduziert wurde, konnten auch die zugehörigen Untergliederungen ihrer kostenmäßigen Bedeutung entsprechend »aufrücken«, wobei der Gliederung nach der raumbildenden Funktion (Wand, Decke, Dach) gegenüber der statischen Funktion (tragend, nichttragend) die Priorität eingeräumt wurde.
Konsequenterweise wurden von den Betrieblichen Einbauten (3.4) nur die »370 Baukonstruktiven Einbauten« belassen und der Rest als »470 Nutzungsspezifische Anlagen« der Kostengruppe 400 zugeordnet.
Die damit verbliebenen Besonderen Bauausführungen (3.5) wurden in Angleichung an die Sammelpositionen der anderen erststelligen Kostengruppen in »390 Sonstige Maßnahmen für Baukonstruktionen« umbenannt und umfassen alle Teilkosten, die früher mit sonstige, besondere oder zusätzliche Maßnahmen bzw. Konstruktionen bezeichnet wurden.

Zu 310 Baugrube:
Siehe Bild 3. Die Kostengruppe umfaßt alle Erdarbeiten, die zur Herstellung, zum Erhalt und zum Wiederverfüllen der Baugrube erforderlich sind, sowie die dazu erforderlichen Hilfsmaßnahmen, wie Absteifungen und Grundwasserabsenkungen. Die Kosten der Erdarbeiten zum Einbau von Gründungs- bzw. Fundamentbauteilen, z.B. Streifenfundamenten, gehören nicht zur Kostengruppe 310. Sie ist in der 3. Kostenebene wie folgt unterteilt:

311 Baugrubenherstellung, d.h. die Kosten für den Aushub, das Lagern, das Hinterfüllen sowie für die Ab- und Anfuhr des Bodens.

312 Baugrubenumschließung, d.h. die Kosten für den Baugrubenverbau, z.B. durch Schlitzwände, Pfahl- und Spundwände, Trägerbohlwände, Injektions- und Spritzbetonwände, zuzüglich der Kosten für die Verankerung und die Absteifung.

313 Wasserhaltung, d.h. die Kosten für die Absenkung und Beseitigung von Grundwasser und die Abführung von Schichtwasser.

319 Baugrube, sonstiges, z.B. Kosten für eine vorübergehende Abdeckung oder Teilabdeckung der Baugrube aus Witterungsgründen.

Zu 320 Gründungen:
Siehe Bild 3. Die für die Gründung erforderlichen Aufwendungen beziehen sich auf die Kosten der Herstellung der Fundamentbauteile einschließlich der zugehörigen Erdarbeiten. Zur Gründung im Sinne dieser Gliederung zählen auch Bodenplatten einschließlich der zu ihrer Herstellung erforderlichen Sauberkeitsschichten, die das Bauwerk nach unten abschließen, jedoch keine Lasten des Bauwerks aufnehmen. Die Kostengruppe ist wie folgt untergliedert:

321 Baugrundverbesserung, z.B. die Kosten für den Austausch ungeeigneter Bodenschichten oder für das Verdichten von nicht ausreichend tragfähigem Untergund.

322 Flachgründungen, d.h. die Kosten für Einzel- und Streifenfundamente sowie Fundamentplatten. Der Begriff »Flachgründung« bezieht sich nicht auf die Tiefe der Gründung unter der Geländeoberfläche, sondern deutet an, daß die Gründungsbauteile nur eine geringe Höhe im Vergleich zum eigentlichen Baukörper aufweisen. Siehe dagegen 323.

323 Tiefgründungen, d.h. die Kosten für pfahl- oder röhrenartige Gründungsbauteile einschließlich der Rostkonstruktion, mit der sie untereinander verbunden sind und die zur Aufnahme des Bauwerks dient. Pfahl- oder Brunnengründungen werden angewendet, wenn in der Tiefe der geplanten Bauwerkssohle kein ausreichend tragfähiger Boden angetroffen wird. Die Tiefgründungen werden entweder bis auf tragfähige Bodenschichten heruntergeführt oder sie sind durch die Mantelreibung mit dem umgebenden Erdreich selbst tragfähig. Nach der Fußnote 1) dürfen die Kostengruppen 322 und 323 zusammengefaßt werden, wobei jedoch hinzuweisen ist, daß Flach- und Tiefgründungen am gleichen Bauwerk nur höchst selten vorkommen dürften, da sie zu kaum beherrschbaren Schwierigkeiten bei der Setzung führen könnten.

324 Unterböden und Bodenplatten, d.h. die Kosten für Flächenkonstruktionen, die das Bauwerk nach unten abschließen und die lediglich die auf sie wirkenden Verkehrslasten aufnehmen müssen.

325 Bodenbeläge, d.h. die Kosten für Fußbodenkonstruktionen auf Boden- und Fundamentplatten sowie Unterböden. Dazu gehören nicht nur Platten-, Dielen- oder Teppichbeläge, sondern auch Estriche sowie Schutz- und Wärmedämmschichten. Nach Fußnote 2) können diese Kosten mit denen für die Fußbodenkonstruktionen auf den tragenden Decken der anderen Geschosse (KG 352) zusammengefaßt werden. Dies erscheint dann sinnvoll, wenn die Konstruktionen gleichartig sind.

326 Bauwerksabdichtungen, d.h. die Kosten für die Abdichtung des Bauwerks gegen das Wasser oder die Feuchte im Boden. Sie umfassen

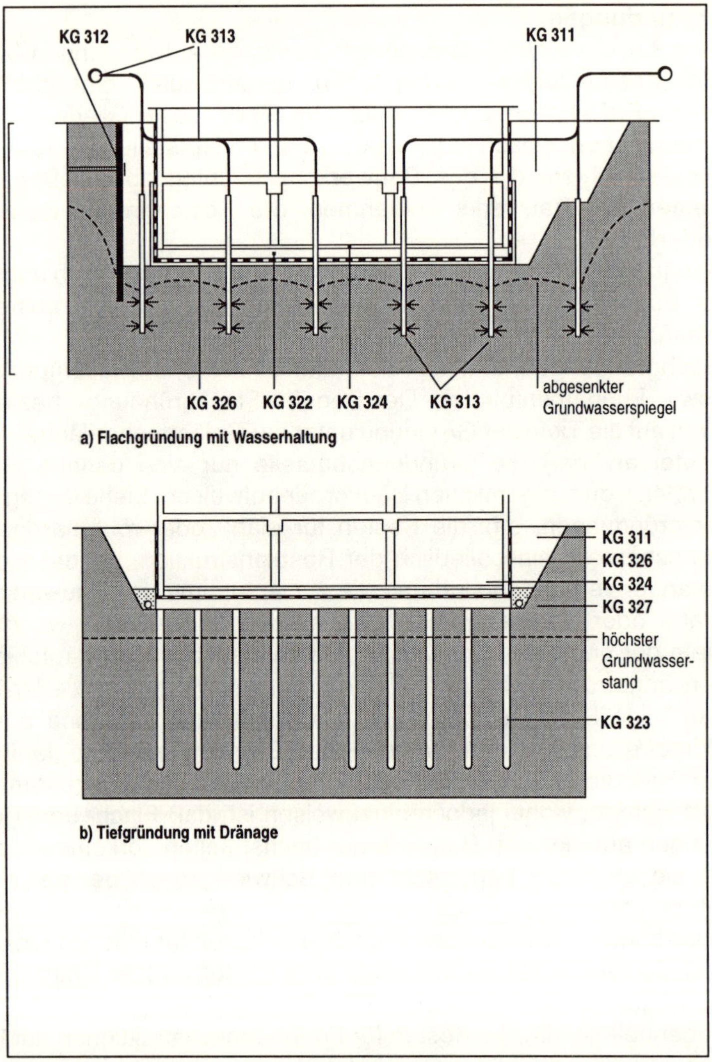

Bild 3. Beispiele für die Zuordnung in den Kostengruppen 310 Baugrube und 320 Gründung

alle dazu erforderlichen Abdichtungs-, Filter-, Trenn- und Schutzschichten.

327 Dränagen, die zum Sammeln und Fortleiten von tropfbar-flüssigem Wasser im Boden dienen. Die Kosten umfassen die Dränleitungen und ihre Ummantelung mit Filterstoffen, Drän-, Spül- und Kontrollschächte sowie gegebenenfalls Pumpenanlagen zur Einleitung des Wassers in einen Vorfluter.

329 Gründung, sonstiges, z.B. die Kosten für die Verankerung von Fundamentplatten gegen Auftrieb bei Gründungen im Grundwasser, sofern sie gesondert ausgewiesen werden sollen.

Zu 330 Außenwände:

Als Außenwände im Sinne der Gliederung werden alle flächigen Bauteile sowie Stützen bezeichnet, die das Bauwerk nach außen abschließen und die vorwiegend senkrecht oder mit leichter Neigung gegen die Senkrechte angeordnet sind. Die Grobgliederung des Bauwerks in Wände und Decken/Dächer (KG 350/360) basiert auf der Vorstellung eines Körpers, der von horizontalen und vertikalen ebenen Flächen begrenzt wird. Weisen die Flächen jedoch eine stärkere Neigung auf, kann die Abgrenzung zwische Wänden und Decken/Dächer Schwierigkeiten bereiten. Sofern der Charakter des Bauteils nicht aus seiner Funktion eindeutig hervorgeht, muß eine Grenze willkürlich festgelegt werden, z.B. bei 45° Neigung.

Die Kostengruppe gliedert sich in

331 Tragende Außenwände, d.h. die Kosten für den Kern der Außenwände, der Lasten aus dem Bauwerk aufnimmt und in die Fundamentierung weiterleitet. Aus Gründen der Vereinfachung werden hier auch die Teile der Bauwerksabdichtung eingerechnet, die das Aufsteigen von Feuchte in den Wänden verhindern soll, und die als Sperrschichten bezeichnet werden. Die übrigen Teile der Bauwerksabdichtung fallen in die Kostengruppe »Gründung« (KG 326). Eine Zusammenfassung mit den Kostengruppen 332 und 333 gemäß Fußnote 3) erscheint insbesondere bei vorgefertigten Bauteilen sinnvoll.

332 Nichttragende Außenwände, die entweder zwischen Außenstützen nach KG 333 oder vor Innenstützen nach KG 343 angeordnet sind. Sie sind ohne äußere und innere Bekleidungen in Rechnung zu stellen, wenn die Bekleidungen erst nach Herstellung der nichttragenden Außenwände ausgeführt werden (siehe KG 335 und 336). Zu den nichttragenden Außenwänden zählen jedoch auch die sogenannten vorgehängten Fassaden, die in Elementen einschließlich äußerer und innerer Bekleidung im Werk hergestellt und am Bau montiert werden. In diesen Fällen sind die Kosten in der Kostengruppe 337 auszuweisen.

333 Außenstützen, d.h. die Kosten für Stützen, Pfeiler und Säulen, die im Zuge der Außenwände entweder frei stehen oder Teil der Außenwandoberfläche bilden. Etwaige äußere und innere Bekleidungen gehören zu den KG 335 und 336.
Obwohl nirgends durch Definition bestimmt, hat sich allgemein die Auffassung durchgesetzt, Bauteile mit einem rechteckigem Querschnitt und einem Seitenverhältnis bis 1:5 als Pfeiler oder Stützen zu bezeichnen. Ist die lange Querschnittsseite länger, gelten sie als Wände. Die Gliederung geht davon aus, daß Pfeiler und Stützen immer eine tragende Funktion ausführen. Pfeilervorlagen, die lediglich aus gestalterischen Gründen angeordnet wurden, werden nicht gesondert betrachtet.

334 Außentüren und -fenster, d.h. die Kosten für die Abschlüsse aller in den Außenwänden befindlichen Öffnungen, soweit sie als gesonderte Bauteile hergestellt und eingebaut werden. Sie sind mit allen, auch zusätzlichen Zwecken dienenden Einrichtungen anzusetzen, mit Ausnahme von Sonnenschutzvorrichtungen, die in Kostengruppe 338 getrennt zu erfassen sind. Wegen der Fenster von vorgehängten Fassaden siehe KG 337.

335 Außenwandbekleidungen außen, d.h. die Kosten für die Bekleidung der nach außen weisenden Oberflächen von Außenwänden und -stützen. Dazu zählen nicht nur Bekleidungen aus groß- oder kleinformatigen Platten, die montiert oder angemörtelt werden, sondern auch Beschichtungen aus Putzen oder Anstrichmitteln. Die Bekleidung von Kelleraußenwänden zu Abdichtungszwecken einschließlich etwaiger Schutzschichten gehört jedoch nicht hier her, sondern in die Kostengruppe 326.

336 Außenwandbekleidungen innen, d.h. die Kosten für die Bekleidung der nach innen weisenden Oberflächen von Außenwänden und -stützen, im übrigen wie KG 335. Eine Zusammenfassung mit KG 345 nach den Fußnoten 4) und 5) bietet sich bei gleichartiger Ausführung an, z.B. Innenputz auf Mauerwerk.

337 Elementierte Außenwände, d.h. die Kosten für nichttragende Außenwände, die aus werkmäßig hergestellten Elementen bestehen, in die Fenster, Türen und ggf. andere Elemente integriert sind, und die eine zusätzlich Außen- und Innenbekleidung erübrigen. Siehe auch KG 332.

338 Sonnenschutz. Neben den angegebenen Vorrichtungen gehören auch die Kosten für feststehende Sonnenschutzeinrichtungen an Fassaden sowie Verunkelungsanlagen, z.B. in Hörsälen, in diese Kostengruppe.

339 Außenwände, sonstiges, z.B. Kosten für Gitter, Geländer, Stoßabweiser und Handläufe. Inwieweit Klappläden an Fenstern sowie feststehende oder bewegliche Gitter als Einbruchsschutz hierher oder zur

Kostengruppe »334 Außenfenster und -türen« zu zählen sind, wird durch die Anmerkungen zu den Kostengruppen nicht klargestellt. Eine Zuordnung zur KG 334 erscheint jedoch in jedem Fall als sinnvoller.

Zu 340 Innenwände:
Zu den Innenwänden rechnen alle Wände und Stützen eines Bauwerks, die nicht unter die Kostengruppe 330 fallen. Die Untergliederung entspricht der KG 330, nur daß die Unterscheidung der Bekleidungen nach innen und außen entfällt und keine Kosten für Sonnenschutz anfallen können:

341 Tragende Innenwände. Hier gelten sinngemäß die Angaben zu KG 331. Auch bei tragenden Innenwänden können waagerechte Sperrschichten zur Abdichtung gegen aufsteigende Feuchtigkeit vorkommen.

342 Nichttragende Innenwände sind raumtrennende Wände geringer Dicke, deren Standfestigkeit in der Regel durch Einbinden in tragende Wände, durch Einspannen zwischen Stützen oder durch Einspannen zwischen Boden und Decke sichergestellt werden muß. Nichttragende Innenwände aus vorgefertigten Elementen, die keiner Bekleidung bedürfen sind der KG 346 zuzuordnen.

343 Innenstützen, sie haben wie Außenstützen stets tragende Funktion (siehe KG 333). Eine Zusammenfassung mit den KG 341 und 342 nach Fußnote 3) erscheint wegen der unterschiedlichen Bezugsgrößen (m, m^2, ggf. m^3) nur in einem sehr frühen Planungsstadium sinnvoll.

344 Innentüren und -fenster. Die Bezeichnung und die Anmerkungen zu dieser Kostengruppe wurden sinngemäß von der KG 334 übernommen, obwohl Innenfenster, insbesondere innenliegende Schaufenster, als exotische Bauteile angesehen werden können.

345 Innenwandbekleidungen, auch hier gilt KG 336 sinngemäß.

346 Elementierte Innenwände, d.h. die Kosten für fertig einzubauende Wandelemente im Sinne der unter KG 337 erwähnten Fassadenelemente. Ob die in den Beispielen aufgeführten Falt- und Schiebewände hier untergebracht werden sollten, erscheint zweifelhaft, da ihnen keine entsprechende Grundfläche zugeordnet ist. Insofern wäre es sinnvoller ihre Kosten der KG »371 Allgemeine Einbauten« zuzuordnen.

349 Innenwände, sonstiges. Die aufgeführten Beispiele entsprechen KG 339, wobei jedoch Rolläden zusätzlich aufgenommen wurden, da eine der KG 338 entprechende Kostengruppe hier fehlt. Zur Problematik der Zuordnung von Vorrichtungen des Einbruchschutzes siehe KG 339. Ferner kollidieren die Geländer mit denen, die unter KG 359 aufgeführt sind. Innen angeordnete Geländer dienen in den überwiegenden Fällen dem Schutz vor Absturz über offene Ränder von Decken oder durch Deckenöffnungen. Die Zuordnung zur Kostengruppe »350 Decken« erscheint daher logischer.

Zu 350 Decken:
Decken sind die vorwiegend horizontal angeordneten Flächenbauteile, die ein Bauwerk nach Geschossen trennen (siehe auch die Anmerkung zu »330 Außenwände«). Ähnliche Flächenbauteile, die das Bauwerk nach außen abschließen, wie Dächer (Steil- und Flachdächer – KG 360) sowie Boden- und Fundamentplatten (KG 320) werden hier nicht erfaßt. Die Kostengruppe gliedert sich in

351 Deckenkonstruktionen, d.h. die Kosten für den tragenden Kern von Decken, zu denen auch Balkon- und Loggiaplatten sowie selbsttragende Treppen und Rampen gehören. Dazu zählen auch die Kosten von Über- und Unterzügen sowie aus statischen Gründen oder zur Gewichtsverminderung eingebaute Hohlkörper. Obwohl unter Nutzbelägen angeordnete Blindböden und Schüttungen keine tragende Teile von Deken sind, müssen auch sie hier zugerechnet werden.

352 Deckenbeläge, d.h. die Kosten für Fußbodenkonstruktionen auf Decken, wie Estriche, Abdichtungs- und Dämmschichten sowie Nutzschichten, wie Fliesen-, Dielen- oder Teppichbeläge; auch Schwing- und Installationsdoppelböden, jedoch keine Blindböden oder lose Schüttungen (siehe KG 351). Eine Zusammenfassung nach Fußnote 6) mit KG 325, die Bodenbeläge auf Boden- und Fundamentplatten erfaßt, ist nur bei gleichartiger Ausführung sinnvoll.

353 Deckenbekleidungen, d.h. die Kosten für die Bekleidung der Untersichten von Decken, die aus Mörtel oder anderen Beschichtungsstoffen direkt aufgebracht werden, wie z.B. Putz, oder die in der Regel aus Einzelteilen mit einem Abstand von der Decke montiert werden, z.B. Licht- und/oder Lüftungssdecken. Die Zusammenfassung mit KG 364 nach Fußnote 7) ist nur bei Flachdächern mit gleichartiger Bekleidung sinnvoll.

359 Decken, sonstiges. Wegen der in den Beispielen aufgeführten Geländer siehe KG 349.

Zu 360 Dächer:
Die Kostengruppe gilt für Steil- und Flachdächer. Abgesehen von einem zusätzlichen Gliederungspunkt für Dachöffnungen, weist sie die gleiche Gliederung wie die KG 350 für Decken auf. Sie ist wie folgt unterteilt:

361 Dachkonstruktionen, d.h. die Kosten für die tragenden Konstruktionen aller Arten von geneigten Dächern, z.B. Dachstühle, Raumtragwerke und Kuppeln, sowie für Flachdachkonstruktionen einschließlich etwa erforderlicher Über- und Unterzüge. Hierbei gelten die gleichen Abgrenzungen wie bei den Deckenkonstruktionen der KG 351. Massive Deckenkonstruktionen, auf denen Dachstühle errichtet sind, zählen zur KG 351, da sie das oberste Vollgeschoß vom Dachgeschoß trennen.

In diese Kostengruppe sind jedoch die eigentliche Dachdeckung oder Dachabdichtung ebensowenig einzurechnen wie etwaige unterseitige Bekleidungen (siehe KG 363 und 564).

362 Dachfenster, Dachöffnungen, d.h. die Kosten für die Abschlüsse aller nutzbaren Öffnungen in Dächern mit entsprechender Abgrenzung wie in KG 334 »Außentüren und -fenster«.

363 Dachbeläge, d.h. die Kosten für alle Schichten, die oberhalb der tragenden Dachkonstruktion vorgesehen sind, bei Dachstühlen z.B. Lattung, Schalung, Dachdeckung, bei Flachdächern, z.B. Gefälle, Wärmedämm- und Abdichtungsschichten. Bei Dachstühlen gehört auch die zwischen den Sparren eingebaute Wärmedämmung zu den Dachbelägen, bei genutzten Flachdächern auch Schutzschichten und Gehbelag bzw. eine Begrünung.
Hinsichtlich der Kosten für die Entwässerung der Dachfläche besteht Unklarheit, wo die Grenze zwischen Entwässerung und Abwasseranlagen zu ziehen ist. Bei Steildächern mit Außenentwässerung erscheint es sinnvoll, die Fallrohre an den Fassaden, soweit sie vom Auftragnehmer für die Dachrinnen mit hergestellt werden, in die Dachentwässerung einzubeziehen. Bei Flachdächern mit innenliegender Entwässerung dürften lediglich die Dacheinläufe zur Entwässerung zählen, während die Fallrohre bereits den Abwasseranlagen zuzurechnen sind.

364 Dachbekleidungen, d.h. die Kosten für die Bekleidung der Unterseiten von Flachdachkonstruktionen und von Dachstühlen bei ausgebauten Dachgeschossen. Die Abgrenzung entspricht der KG 353 für Deckenbekleidungen, eine Zusammenfassung mit dieser gemäß Fußnote 8) ist nur bei Flachdächern mit gleichartiger Bekleidung sinnvoll. Bei Steildächern gehört auch eine Wärmedämmschicht, die an der Unterseite der Dachkonstruktion angebracht ist, zur Bekleidung. Wärmedämmungen auf der Dachkonstruktion oder zwischen den Sparren sollten den Dachbelägen zugerechnet werden (siehe KG 363).

369 Dächer, sonstiges. Neben den angegebenen Beispielen ist auch auf die massiven Umwehrungen genutzter Dachflächen (Attiken) hinzuweisen, die häufig in Zusammenhang mit den Außenwänden hergestellt werden, deren Kosten jedoch hier anzugeben sind. Der Sonnenschutz bei Dachöffnungen ist dagegen in den meisten Fällen in Dachfenster oder Lichtkuppeln integriert, so daß seine Kosten eher in KG 362 erfaßt werden, da sie nur schlecht zu trennen sind.

Zu 370 Baukonstruktive Einbauten:

Unter baukonstruktiven Einbauten im Sinne dieser Kostengruppe werden Objekte verstanden, die in die Räumen des Bauwerks eingebaut, d.h. mit ihm fest verbunden sind, um eine zweckentsprechende Nutzung zu ermöglichen.

Die Objekte können individuell in einem Werk hergestellt und eingebaut werden, z.B. Einbauschränke, oder als industrielles Serienprodukt beschafft und eingebaut werden, z.B. Werkbänke, Kochgeräte.
Die in der Anmerkung zu dieser Kostengruppe angegebene Abgrenzung gegenüber der KG »610 Ausstattung« ist nicht ganz stichhaltig. Der entscheidende Unterschied besteht darin, daß Objekte, die mit dem Bauwerk fest verbunden sind, der KG 370, die übrigen jedoch der KG 610 zuzuordnen sind.
Es werden unterschieden:

371 Allgemeine Einbauten mit den angegebenen Beispielen, wobei fest mit dem Bauwerk verbundene Sitz- und Liegemöbel eher selten sein dürften,

372 Besondere Einbauten, d.h. Einbauten, die einer besonderen Zweckbestimmung dienen, mit den angegebenen Beispielen, wobei die Abgrenzung zu KG »470 Nutzungsspezifische Anlagen« nicht immer ganz eindeutig ist, z.B. bei Labortischen.

379 Baukonstruktive Einbauten, sonstiges. Eine Kostengruppe, die offenbar nur aus Gründen der Systematik aufgenommen wurde, da auch die Bearbeiter der Norm hierzu keine Beispiele angeben konnten.

Zu 390 Sonstige Maßnahmen für Baukonstruktionen:
Der Begriff »Maßnahmen« im Titel dieser Kostengruppe deutet an, daß es sich hier nicht direkt um die Kosten von Bauleistungen handelt, sondern um kostenerzeugende Hilsmaßnahmen, die zur Ausführung der Leistungen erforderlich sind, ohne daß sie selbst an dem fertigen Bauwerk nachweisbar sind. Entsprechende Maßnahmengruppen sind daher auch in KG 400 »Technische Anlagen« und KG »500 Außenanlagen« mit der gleichen Gliederung vorhanden (KG 490, KG 590). Da solche Hilfsmaßnahmen oft in gleicher Weise für mehrere Leistungen erforderlich sind, ist es häufig schwierig, die Kosten dafür sinnvoll auf die jeweiligen Kostengruppen aufzuteilen. Im Falle der Baustelleneinrichtung dürfte es kaum möglich sein, die Anteile für die Herstellung der Baukonstruktionen, der Technischen Anlagen und der Außenanlagen zu ermitteln (KG 391, KG 491, KG 591). Die »Sonstigen Maßnahmen« gliedern sich in

391 Baustelleneinrichtung,
392 Gerüste,
393 Sicherungsmaßnahmen,
394 Abbruchmaßnahmen,
395 Instandsetzungen,
396 Recycling, Zwischendeponierung und Entsorgung,
397 Schlechtwetterbau,
398 Zusätzliche Maßnahmen,
399 Sonstige Maßnahmen für Baukonstruktionen, sonstiges,

jeweils mit den angegebenen Beispielen bzw. Abgrenzungen. Die bei der KG 399 aufgeführten Beispiele entsprechen jedoch nicht der mit der Gliederung beabsichtigten Systematik, da sie keine Hilfsmaßnahmen, sondern konkrete Bauleistungen bezeichnen. Schließanlagen (von Türen) sind in KG 371, Schächte in KG 349 oder in entsprechenden nutzungsspezifischen Untergruppen der KG 400 und Schornsteine in KG 429 besser aufgehoben.

Zu 400 Bauwerk-Technische Anlagen:
Diese Kostengruppe ist durch Herauslösen der KG »3.2 Installationen« und »3.3 Zentrale Betriebstechnik« aus der bisherigen Kostengruppe »3 Bauwerk« entstanden. Sie wurden in dieser neuen, erststelligen Kostengruppe zusammengefaßt. Die Änderung entspricht damit der gestiegenen Kostenbedeutung, die die versorgungstechnische Ausrüstung der Bauwerke, auch im Hinblick auf die Einführung neuer Medien, gewonnen hat. Die frühere Trennung in Installationen und Zentrale Betriebstechnik wurde aufgegeben, weil sich die getrennte Erfassung der Kosten als unpraktikabel erwiesen hatte und die Teilkosten meist erst nach Abschluß des Bauprojektes bei der Kostenfeststellung mit hinreichender Genauigkeit zu ermitteln waren. Durch die Fußnote 9) wird dem Anwender jedoch die Möglichkeit der getrennten Angabe belassen, wenn er es für zweckmäßig hält.

Zu 410 Abwasser-, Wasser-, Gasanlagen:
Siehe Bild 4. Die Zusammenfassung von Abwasser-, Wasser- und Gasanlagen in einer Kostengruppe folgt dem Schema der VOB Teil C (DIN 18381), das sich wiederum an traditionellen Abgrenzungen des Handwerks und an berufspolitischen Gesichtspunkten orientiert. Dabei handelt es sich um vollständig getrennte technische Anlagen und ihre Zusammenlegung ist ebensowenig sinnvoll wie es die von Lüftungs- und Starkstromanlagen wäre. Die Kostengruppe gliedert sich wie folgt:

411 Abwasseranlagen, das sind die Kosten für alle Einrichtungen innerhalb des Bauwerks, die der Sammlung und Abführung von Abwasser dienen, im wesentlichen Abläufe und Abwasserleitungen. Zu dieser Kostengruppe gehören auch Sammel-, Hebe- und Behandlungsanlagen für Abwasser, soweit sie innerhalb des Bauwerks angeordnet sind. Die Sanitärobjekte, wie Wannen, Waschtische und Klosettbecken, in denen das Abwasser anfällt, gehören jedoch nach der Festlegung dieser Gliederung zu den Wasseranlagen (siehe KG 412).

412 Wasseranlagen, d.h. in der Regel die Kosten für die Verteilungsleitungen, die Entnahmestellen sowie für Sanitärobjekte und dezentrale Wassererwärmer unabhängig von der Art ihrer Beheizung. Dazu gehören auch die Kosten für alle sonstigen Geräte, wie Meßvorrichtungen,

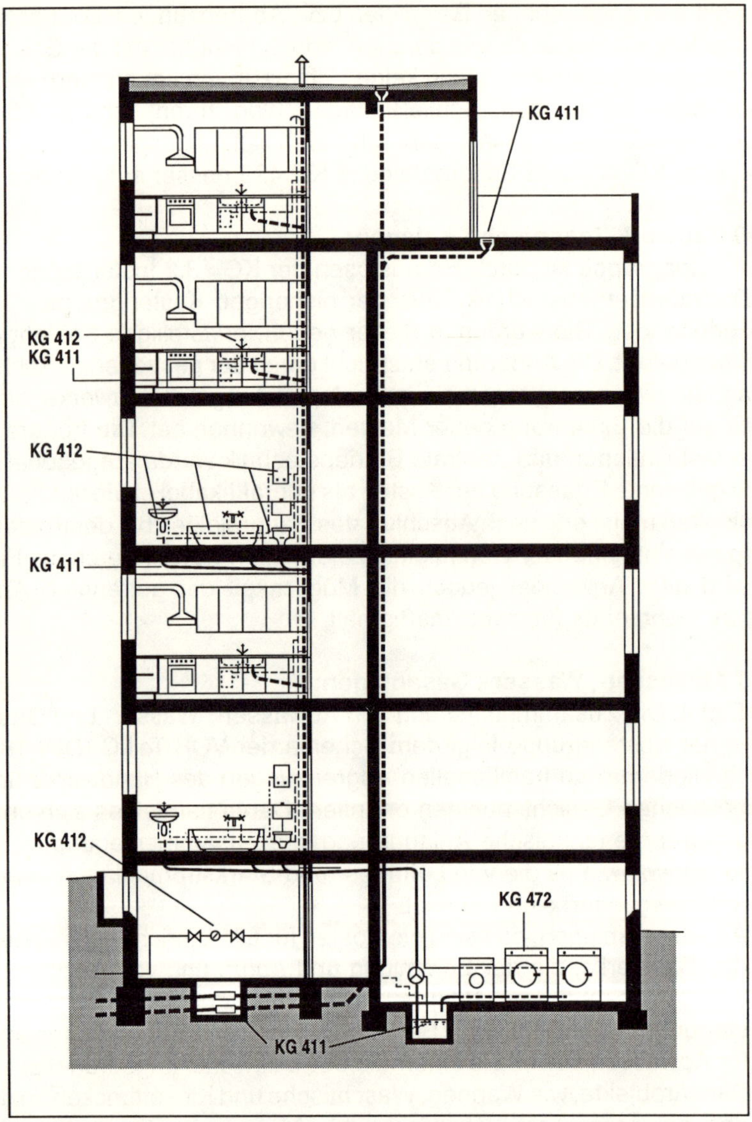

Bild 4. Beispiele für die Zuordnung in der Kostengruppe
410 Abwasser-, Wasser-, Gasanlagen

Absperrorgane, Druckregler und – falls sie im Bauwerk untergebracht sind – für Wassergewinnungs-, Aufbereitungs- und Druckregelanlagen.

413 Gasanlagen, d.h. die Kosten für Gasanlagen zur Erzeugung von Wirtschaftswärme. Sie bestehen in der Regel aus den Verteilungsleitungen für Stadt- oder Erdgas, das von einem zentralen Versorger bereitgestellt wird, einschließlich aller Meß- und Regeleinrichtungen. In Sonderfällen können zu dieser Kostengruppe auch Gaserzeugungs- und -lagerungsanlagen gehören, wenn eine zentrale Versorgung nicht gegeben ist, z.B. Propangasanlage. Gasanlagen, die zur Erzeugung von Raumwärme dienen, z.B. Etagen- oder Einzelheizungen für Gas, oder die spezifischen Nutzungen dienen, gehören jedoch zu den KG 420 oder 470.

414 Feuerlöschanlagen, d.h. die Kosten für fest eingebaute Löschanlagen, unabhängig von der Art des Löschmediums, z.B. Löschwasserleitungen, Sprinkler- und CO_2-Anlagen, Wandhydranten. Handfeuerlöschgeräte gehören jedoch zur KG 610.

419 Abwasser-, Wasser-, Gasanlagen, sonstiges. Hier wären u.U. die Kosten für Anlagen aufzunehmen, die nicht eindeutig einer der anderen Untergruppen zugeordnet werden können, z.B. Installationsblöcke, Sanitärzellen.

Zu 420 Wärmeversorgungsanlagen:
Siehe Bild 5. In diese Kostengruppe sind alle Kosten für alle Anlagen aufzunehmen, die in einem Bauwerk zur Erzeugung und Verteilung von Raumwärme sowie zur zentralen Wassererwärmung dienen. Dazu gehört auuch die erforderliche Wärmedämmung von Anlagenteilen, z.B. Rohrleitungen (Leistungen nach VOB DIN 18421). Die Kostengruppe gliedert sich in

421 Wärmeerzeugungsanlagen, d.h. die Kosten für die für Brennstoffbevorratung im Bauwerk, z.B. Öltanks, für die Wärmeerzeugung, z.B. Heizkessel bis zum Schornsteinanschluß, für die Wärmeübergabestationen bei Fernwärmeanschlüssen, für Kollektoren zur Nutzung von Sonnenenergie sowie für zentrale Wassererwärmungsanlagen, auch wenn sie keine Funktionseinheit mit den Raumheizkesseln bilden. Zu dieser Kostengruppe gehören auch dezentrale oder halbzentrale Wärmeerzeugungsanlagen, wie Etagenanlagen oder Einzelgeräte für Gas- oder Elektroheizung, jedoch keine dezentralen Wassererwärmer (siehe KG 412).

422 Wärmeverteilnetze, d.h. die Kosten aller Leitungen von den Wärmeerzeugungsanlagen bis zu den Raumheizflächen, zu raumlufttechnischen Anlagen oder andere Wärmeverbraucher, einschließlich Pumpen, Ausdehnungsgefäßen und Rückleitungen.

423 Raumheizflächen, d.h. die Kosten für Rippen- und Plattenheizkörper sowie für Rohr- oder Schlauchleitungssysteme von Fußboden- oder Wandflächenheizungen einschließlich der Regel-, Meß- und Absperreinrichtungen.

429 Wärmeversorgungsanlagen, sonstiges, z.B. die Kosten für Schornsteine, soweit sie nicht in anderen Kostengruppen erfaßt sind.

Zu 430 Lufttechnische Anlagen:

Der Titel der früher mit »Raumlufttechnik (RLT)« bezeichneten Kostengruppe wurde umbenannt, um auch die Kosten für prozeßlufttechnische Anlagen hier erfassen zu können, da sie häufig von den Kosten für Raumlufttechnik schwer zu trennen sind. Sie umfassen auch die etwa erforderliche Wärme- und Kältedämmung an Anlagenteilen, z.B. Kanälen. Die Kostengruppe gliedert sich in

431 Lüftungsanlagen, d.h. die Kosten für Anlagen zur maschinellen Zuleitung und Verteilung von Frischluft (Außenluft) sowie zur Ableitung von Abluft (Fortluft) ohne oder mit einer thermodynamischen Luftbehandlungsfunktion. Unter thermodynamischer Luftbehandlung werden Erwärmung, Kühlung, Befeuchtung und Trocknung des Luftstromes verstanden. Zu den Lüftungsanlagen zählen auch mechanische Entrauchungsanlagen, nicht jedoch Einrichtungen für die freie Lüftung, bei denen der Luftaustausch durch Auftrieb, Temperaturunterschiede oder Winddruck erzeugt wird, z.B. Zu- und Abluftkanäle und -schächte für Heizkeller.

432 Teilklimaanlagen, d.h. die Kosten für Anlagen im Sinne von 431, jedoch mit zwei oder drei thermodynamischen Luftbehandlungsfunktionen.

433 Klimaanlagen, d.h. die Kosten für Anlagen im Sinne von 431, jedoch mit vier thermodynamischen Luftbehandlungsfunktionen.

434 Prozeßlufttechnische Anlagen, z.B. die Kosten für Farbnebelabscheideanlagen, Fortluftsysteme oder Absauganlagen bei technischen Prozessen.

435 Kälteanlagen, d.h. die Kosten für Anlagen zur Kälteerzeugung im Rahmen lufttechnischer Anlagen sowie für Rückkühlanlagen einschließlich Pumpen, Verteiler und Rohrleitungen. Nicht zu dieser Kostengruppe gehören Anlagen zur Erzeugung von Kälte für spezifische Nutzungen, z.B. Für Kühlräume oder Eissportflächen (siehe KG 470).

439 Lufttechnische Anlagen, sonstiges. Die angegebenen Beispiele überzeugen nicht, da diese Einrichtungen, wenn sie Bestandteile von Lüftungs- oder Klimaanlagen sind, jeweils in die oben aufgeführten Gruppen eingerechnet werden können. Fenster und Installationsdoppelböden, die mehreren Zwecken dienen, sollten jedoch den KG 334 bzw. 352 zugeordnet werden.

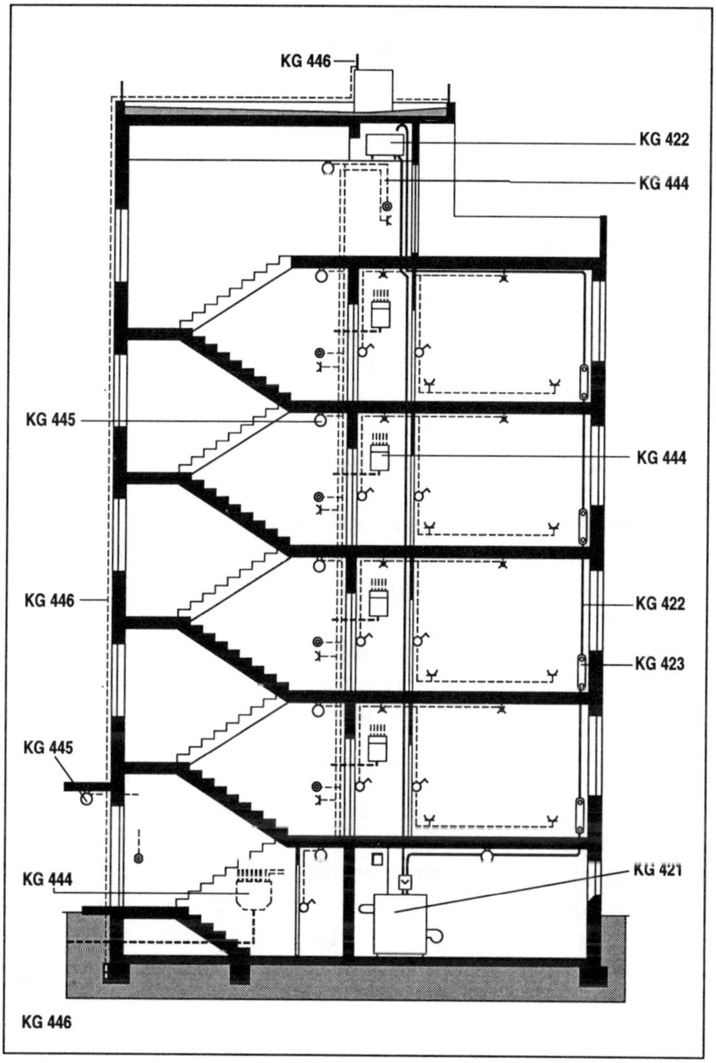

Bild 5. Beispiele für die Zuordnung in den Kostengruppen
420 Wärmeversorgungsanlagen und
440 Starkstromanlagen

Zu 440 Starkstromanlagen:
Siehe Bild 5. Elektrische Energie wird in Abhängigkeit von der Nennspannung unterschieden in

- Hochspannung über 36 kV,
- Mittelspannung über 1000 V bis 36 kV und
- Niederspannung bis 1000 V.

Während Hochspannung vorwiegend zum Transport der elektrischen Energie über große Entfernungen eingesetzt wird und Mittelspannung als Energieträger für Industrie und Gewerbe dient, wird in Haushalten fast ausnahmslos Niederspannung als Energieträger zu Heiz-, Koch- und Beleuchtungszwecken sowie für mechanische Antriebe verwendet. In Abgrenzung zu den Fernmelde- und informationstechnischen Anlagen (siehe KG 450) werden elektrische Anlagen in Gebäuden mit der Sammelbegriff »Starkstromanlagen« bezeichnet. Starkstrom wird in der Regel von einem zentralen Verorger bereitgestellt (Elektrizitätsversorgungsunternehmen – EVU). Die Kostengruppe gliedert sich in

441 Hoch- und Mittelspannungsanlagen, d.h. die Kosten für Schaltanlagen und Transformatoren, sofern die elektrische Energie in Ausnahmefällen erst im Bauwerk auf Niederspanung umgeformt wird.

442 Eigenstromversorgungsanlagen, z.B die Kosten für Stromerzeugungsaggregate einschließlich Kühlung, Abgasanlagen und Brennstoffversorgung, als eigenständige Anlagen oder parallel zur Netzversorgung (Notstromaggregate), für zentrale Batterieanlagen oder netzgekoppelte Photovoltaik-Anlagen.

443 Niederspannungsschaltanlagen, d.h. die Kosten für Niederspannungshauptverteiler, Blindstromkompensationsanlagen, Maximumüberwachungsanlagen.

444 Niederspannungsinstallationsanlagen, d.h. die Kosten für alle Installationen zur Versorgung des Bauwerks mit Starkstrom bis 1000 V ab Hausanschlußkasten, z.B. Kabel, Leitungen, Unterverteiler, Verlegesysteme und Betriebsmittel wie Schalter, Steckdosen und andere Einbaugeräte.

445 Beleuchtungsanlagen, d.h. die Kosten für ortsfeste Leuchten einschließlich Leuchtmittel, z.B. in Treppenräumen und anderen gemeinschaftlich genutzten Räumen von Mehrfamilienhäusern sowie bauaufsichtlich vorgeschriebene Notbeleuchtungen.

446 Blitzschutz- und Erdungsanlagen, d.h. die Kosten für Auffangeinrichtungen, Ableitungen sowie Erdungen. Ist für das Bauwerk ein Fundamenterder nach DIN 18015-1 vorgesehen, an den die Blitzschutzanlage über die Potentialausgleichschiene angeschlossen wird, gehören dessen Kosten zur KG 444, da er im wesentlichen dem Hauptpotentialausgleich im Bauwerk dient.

449 Starkstromanlagen, sonstiges, z.B. die Kosten für Frequenzumformer.

Zu 450 Fernmelde- und informationstechnische Anlagen:
Siehe Bild 6. Fernmelde- und informationstechnische Anlagen werden in Abgrenzung zu den Anlagen der KG 440 auch als Schwachstromanlagen bezeichnet, da sie mit elektrischem Strom bis max. 24 V betrieben werden. Zu dieser Gruppe gehören die Kosten von

451 Telekommunikationsanlagen, d.h. Fernsprech-, Fernschreib- und Fernkopiereinrichtungen.

452 Such- und Signalanlagen, d.h. Personenruf-, Lichtruf- und Klingelanlagen mit Türsprech-, Türfernseh- und Türöffnerfunktionen.

453 Zeitdienstanlagen, z.B. funkgesteuerte Uhrenanlagen und Zeiterfassungsgeräte.

454 Elektroakustische Anlagen, z.B. Beschallungsanlagen, Dolmetschanlagen für Simultan- und Konsekutivbetrieb sowie Gegen- und Wechselsprechanlagen, die nicht zur KG 452 gehören.

455 Fernseh- und Antennenanlagen, z.B. Fernsehanlagen zum Empfang öffentlich-rechtlicher und kommerzieller Programme einschließlich terrestrischer Antennen, Satellitenantennen und Anschlüsse an Breitband-Kabelnetze. Interne Videoanlagen zur Überwachung und Kontrolle gehören jedoch zur KG 456 bzw. 452.

456 Gefahrenmelde- und Alarmanlagen, z.B. Brand-, Überfall- und Einbruchmeldeanlagen, Wächterkontrollanlagen, Zugangskontrollanlagen und Raumbeobachtungsanlagen einschließlich der Notstromversorgung, die ausschließlich diesen Zwecken dient.

457 Übertragungsnetzen, z.B. Kabelnetze zur Übertragung von Daten, Sprache, Text und Bild, soweit nicht in anderen Kostengruppen erfaßt.

459 Fernmelde- und informationstechnische Anlagen, sonstiges, z.B. Leerrohrnetze, soweit nicht in anderen Kostengruppen erfaßt, sowie Fernwirkanlagen und Leitsysteme in Parkhäusern.

Zu 460 Förderanlagen:
Förderanlagen sind nach der Definition von VOB DIN 18385 ortsfeste Anlagen zur Beförderung von Personen oder Gütern zwischen festgelegten Zugangs- oder Haltestellen. Im Sinne dieser Gliederung zählen hierzu jedoch auch Förderanlagen ohne Haltestellen (Stetigförderer) und Hebeanlagen wie fest eingebaute Kräne und Hubbühnen. Die Kosten schließen alle zum Betrieb erforderlichen Vorrichtungen und Bauteile, wie Steuer-, Schaltvorrichtungen und Schachtgerüste ein. Hauptstromzuleitungen sind in KG 444 zu erfassen. Die Kostengruppe gliedert sich in die Kosten für

461 Aufzugsanlagen, d.h. Anlagen zur kraftbetriebenen Beförderung von Personen und Gütern in senkrechter oder nicht mehr als 15° gegen die

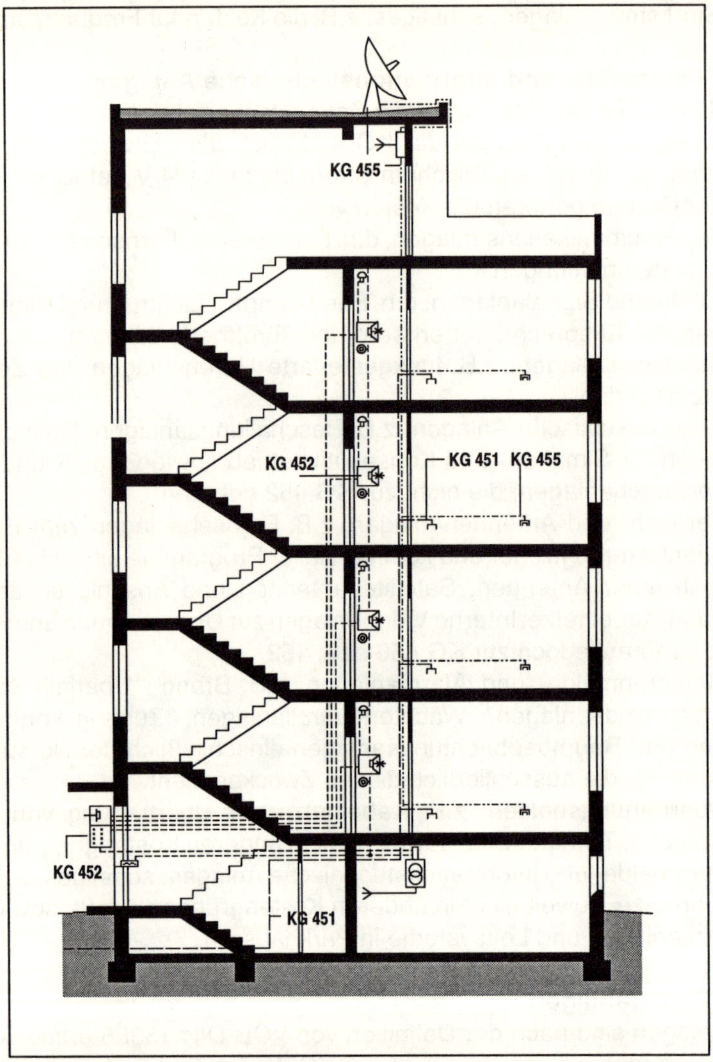

Bild 6. Beispiele für die Zuordnung in der Kostengruppe
450 Fernmelde- und informationstechnische Anlagen

Senkrechte geneigter Richtung. Massive Schächte für Aufzugsanlagen werden in der Regel in der Kostengruppe 340 erfaßt.

462 Fahrtreppen, Fahrsteige, d.h. kraftbetriebene Anlagen mit umlaufenden Bändern oder Stufenbändern zur Beförderung von Personen zwischen Ebenen, die in gleicher oder unterschiedlicher Höhe liegen.

463 Befahranlagen, z.B. Anlagen zur Wartung und Reinigung von Fassaden oder zur Nutzung von Hochregallagern.

464 Transportanlagen, z.B. automatische Güter- oder Aktentransportanlagen, wie Kasten- oder Becherwerke, sowie Rohrpostanlagen.

465 Krananlagen, z.B. ortsfeste Hebeanlagen und Hebezeuge, wie Brückenkräne in Werkhallen.

469 Förderanlagen, sonstiges, z.B. Hebebühnen an Verladerampen.

Zu 470 Nutzungsspezifische Anlagen:

Nutzungsspezifische Anlagen sind Einrichtungen, die der besonderen Zweckbestimmung des Bauwerks dienen und mit dem Bauwerk fest verbunden sind. Sie unterscheiden sich dadurch von den besonderen Ausstattungsgegenständen der KG 612, die jederzeit ohne besondere Bau- oder Montagemaßnahmen aus dem Bauwerk entfernt werden können. Die Abgrenzung zu den besonderen Einbauten der KG 372 ist allerdings nicht eindeutig. Eine Zuordnung von nutzungsspezifischen Anlagen oder Einbauten zur KG 372 sollte nur erfolgen, wenn für den Nutzungszweck in KG 470 keine Untergruppe vorgesehen ist. Die Kostengruppe gliedert sich in die Kosten für

471 Küchentechnische Anlagen, d.h. Einrichtungen für die Zubereitung, Lagerung und Ausgabe von Speisen und Getränken einschließlich zugehöriger Kühlanlagen sowie von Vorrichtungen zur Rücknahme, Reinigung und Lagerung von Geschirr.

472 Wäscherei- und Reinigungsanlagen, einschließlich etwaiger Anlagen zur Wasseraufbereitung, Desinfektion und Sterilisation und Schadstoffentsorgung.

473 Medienversorgungsanlagen, d.h. Einrichtungen für die Bereitstellung von zentral hergestellten oder gelagerten physikalischen Medien durch Leitungssysteme an die Verbrauchsstellen, z.B. medizinische und technische Gase, Vakuum, Flüssigchemikalien, Lösungsmittel, vollentsalztes Wasser, einschließlich Erzeugungsanlagen, Lagerung, Übergabestationen, Druckregelanlagen, Leitungen und Entnahmearmaturen.

474 Medizintechnische Anlagen, z.B. ortsfeste Anlagen für die physikalische Therapie, wie Wasserbecken oder fest eingebaute Gymnastikgeräte, soweit nicht in KG 372 erfaßt.

475 Labortechnische Anlagen, z.B. fest eingebaute Labortische und Einrichtungen zur Abführung schädlicher Gase (siehe jedoch KG 372).

476 Badetechnische Anlagen, z.B. Schimmbecken, Aufbereitungsanlagen für Beckenwasser einschließlich der Desinfektionseinrichtungen (Chloranlagen).

477 Kälteanlagen, z.B. Kältemaschinen und Flächen für den Eissport. Einrichtungen zur Erzeugung von Kälte für die Verwendung in Klimaanlagen oder Kühlräumen gehören jedoch zu KG 435 und KG 471.

478 Entsorgungsanlagen für Abfall und Schadstoffe, z.B. Müllsammel- und -komprimierungsanlagen, mit Vakuum betriebene, ortsfeste Staubsaugeinrichtungen.

479 Nutzungsspezifische Anlagen, sonstiges, z.B. bühnentechnische Anlagen, soweit nicht in KG 372 erfaßt, Tankstellen- und KFZ-Waschanlagen, soweit sie in Sonderfällen innerhalb des Brutto-Rauminhalts des Bauwerks liegen.

Zu 480 Gebäudeautomation:

Gebäudeautomation ist ein System zur automatischen Steuerung, Regelung und Überwachung der durch dieses System miteinander vernetzten technischen Anlagen eines Bauwerkes. Innerhalb des Systems werden Informationen und Befehle durch elektronische Datenverarbeitung übertragen. Die Kostengruppe gilt jedoch nicht für funktional eigenständige Automationseinrichtungen an einzelnen technischen Anlagen, z.B. einer Heizungsanlage. Die Kosten solcher Einrichtungen zählen zu der jeweiligen technischen Anlage. KG 480 gliedert sich in

481 Automationssysteme, d.h. Stationen, Bedien- und Beobachtungseinrichtungen, Programmiereinrichtungen, Sensoren, Aktoren, Kommunikationsschnittstellen sowie Software zur Automation der einzelnen technischen Anlagen

482 Leistungsteile, wie Schaltschränke mit Leistungs-, Steuerungs- und Sicherungsbaugruppen sowie Leitungsnetze für die Regelung und Steuerung der einzelnen Funktionen.

483 Zentrale Einrichtungen, d.h. Leitstationen mit Peripherie-Einrichtungen sowie Einrichtungen für Systemkommunikation zu den Automationsstationen.

489 Gebäudeautomation, sonstiges. Eine Kostengruppe, die offenbar nur aus Gründen der Systematik aufgenommen wurde, da auch die Bearbeiter der Norm hierzu keine Beispiele angeben konnten.

Zu 490 Sonstige Maßnahmen für Technische Anlagen:

Diese Kostengruppe hat ebenso wie die KG 390 und 590 den Zweck, Kosten, die nicht in unmittelbarem Zusamenhang mit der Herstellung bestimmter Bauteile oder Einrichtungen stehen, in den Gesamtkosten unterzubringen.

Es wird daher auf die Bemerkungen zu KG 390 verwiesen. Die Untergliederung der drei Kostengruppen ist identisch:
491 Baustelleneinrichtung,
492 Gerüste,
493 Sicherungsmaßnahmen,
494 Abbruchmaßnahmen,
495 Instandsetzungen,
496 Recycling, Zwischendeponierung und Entsorgung,
497 Schlechtwetterbau,
498 Zusätzliche Maßnahmen,
499 Sonstige Maßnahmen für Technische Anlagen, sonstiges,
jeweils mit den angegebenen Beispielen bzw. Abgrenzungen.

Zu 500 Außenanlagen:
Siehe Bild 7. Die Kosten der Außenanlagen enthalten alle Baukosten, die auf dem Baugrundstück, jedoch außerhalb des Bauwerks im Rahmen der Baumaßnahme erforderlich sind. Die Abgrenzung dieser Kostengruppe hat sich gegenüber der Ausgabe 04.1981 kaum verändert, lediglich die Kunstwerke im Freien (KG 5.5) wurden in die neue KG »600 Ausstattung und Kunstwerke« verschoben. Innerhalb der Kostengruppe wurden jedoch erhebliche Umstellungen vorgenommen, um sie soweit als möglich an die beiden anderen Kostengruppen für die eigentlichen Bauleistungen, KG 300 und 400, anzugleichen. Demnach besteht die Kostengruppe in der 2. Gliederungsebene aus den Kosten für die Herstellung von Geländeflächen, befestigten Flächen, Baukonstruktionen, Technischen Anlagen, Einbauten und der in den meisten Fällen entbehrlichen Kostengruppe für »Sonstige Maßnahmen«

Zu 510 Geländeflächen:
Zu den Geländeflächen zählen alle durch Garten- oder Landschaftsbau gestalteten Grundstücksflächen, soweit sie nicht durch Verkehr oder zu anderen Zwecken genutzt werden. Die Kostengruppe umfaßt auch die begrünten Flächen auf unterirdischen Bauwerken, z.B. Tiefgaragen. Sie gliedert sich in die Kosten für
511 Geländebearbeitung, d.h. Säubern von störenden Stoffen, Auf- und Abtrag von Boden und Oberboden (Mutterboden) einschließlich aller Transporte und erforderlicher Zwischenlagerungen, erforderlichenfalls Ebenen und Verdichten.
512 Vegetationstechnische Bodenbearbeitung, z.B. Bodenlockerung, Bodenverbesserung durch Einbringen von Düngung und Bodenhilfsstoffen.
513 Sicherungsbauweisen, z.B. Deckbauweisen des Lebendverbaus, Herstellen von Filter- und Dränschichten, Sicherungsmaßnahmen gegen Erosionen oder Rutschungen.

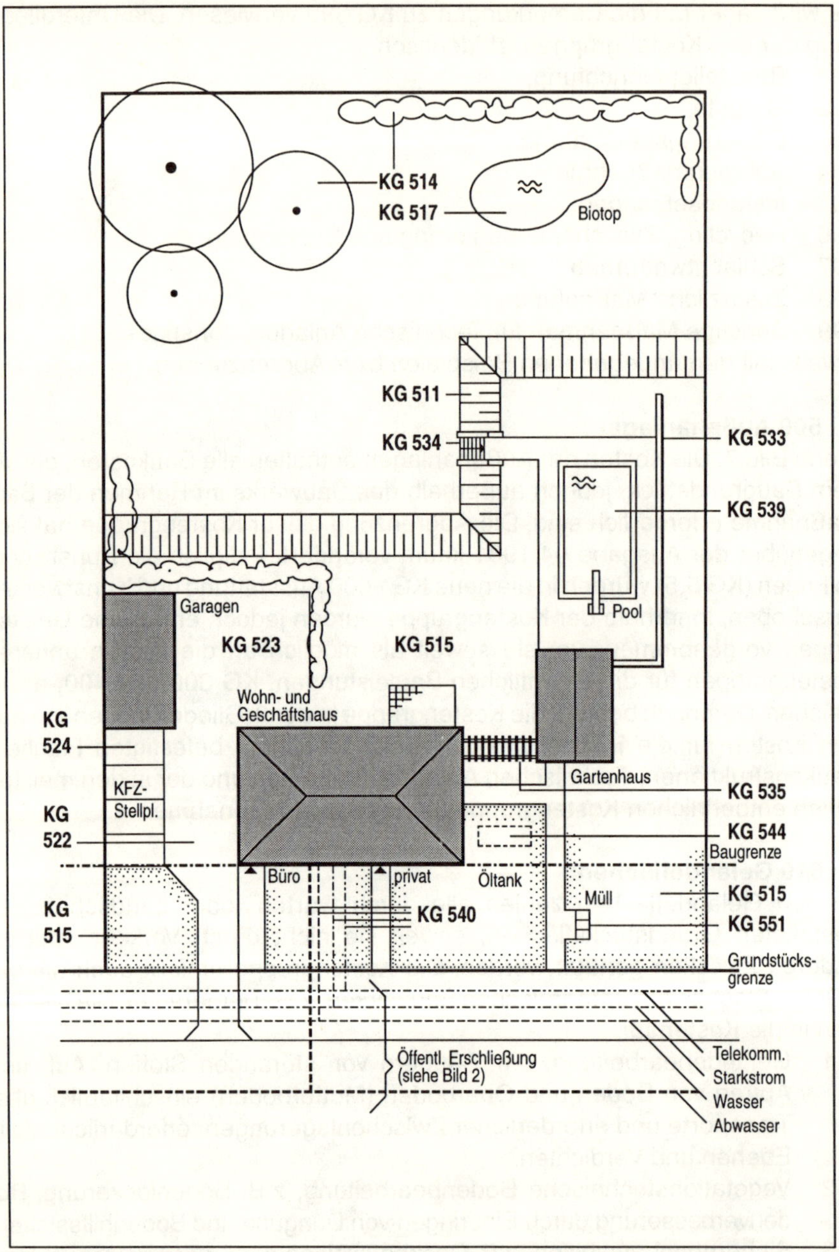

Bild 7. Beispiele für die Zuordnung in der Kostengruppe 500 Außenanlagen

514 Pflanzen, d.h. die Lieferung von Stauden und Gehölzen aus Anzucht- oder Wildbeständen, das Anpflanzen einschließlich aller Hilfsstoffe wie Befestigungen, Pflanzenschutzmittel und Mulchstoffe, sowie einschließlich der Fertigstellungspflege nach DIN 18916, jedoch ohne die Begrünung auf unterirdischen Bauwerken (siehe KG 516).

515 Rasen, d.h. die Herstellung von Zier-, Strapazier- und Landschaftsrasenflächen, einschließlich der Lieferung von Samen oder von Rollrasen, sowie einschließlich der Fetigstellungspflege nach DIN 18917, jedoch ohne die Begrünung auf unterirdischen Bauwerken (siehe KG 516).

516 Begrünung unterbauter Flächen, d.h. Flächen über unterirdischen Bauwerken, z.B. Tiefgaragen, mit den Leistungen wie KG 514 und 515.

517 Wasserflächen, d.h. naturnahe Wasserflächen wie Teiche oder Bäche.

519 Geländeflächen, sonstiges. Entwicklungs- und auch Unterhaltungspflege von Grünflächen sind Maßnahmen, die nach der Fertigstellungspflege und der Abnahme der Bauleistung erforderlich werden, und deren Kosten nicht, wie die Anmerkung vermuten läßt, zu den Baukosten gehören. Ein besseres Beispiel für die KG 519 wäre der Schutz von Vegetationsflächen gegen Wild und Weidevieh.

Zu 520 Befestigte Flächen:

Befestigte Flächen des Baugrundstücks sind alle Flächen, die zur Nutzung durch Verkehr oder für sonstige Zwecke mit Pflaster oder einer Oberbauschicht versehen sind, die aus verdichteten Meineralstoffen mit oder ohne hydraulische Bindemittel oder aus Asphalt bestehen kann. Die Kostengruppe gliedert sich in die Kosten für

521 Wege, d.h. Flächen für den Fußgänger- und Fahrradverkehr. Eine Zusammenfassung mit den KG 522, 523 und 524 gemäß Fußnote 10) ist nur dann sinnvoll, wenn die Flächenkonstruktionen gleichartig sind. Eine Zusammenfassung mit KG 526 bietet sich in der Regel eher an.

522 Straßen, d.h. Flächen für regelmäßigen oder gelegentlichen KFZ-Verkehr. Wegen Fußnote 10) siehe KG 521.

523 Plätze, Höfe. Diese Kostengruppe dürfte in den wenigsten Fällen zum Tragen kommen, da ihre Kosten auf üblichen Baugrundstücken den KG 515, 516, 521 oder 522 zugeordnet werden. Bei Höfen, d.h. von Bauwerksteilen umstellten Flächen, die außerdem unterbaut sind, z.B. durch einen Keller, ist darüber hinaus zu klären, ob sie nicht zur KG »363 Dachbeläge« gehören.

524 Stellplätze für KFZ, d.h. Flächen für den ruhenden Verkehr und ihre Zufahrtsbereiche werden in der Regel in leichterer Bauweise als die Flächen der KG 522 ausgeführt. Eine Zusammenfassung mit dieser

Kostengruppe erscheint zweckmäßig, wenn beide Flächenarten im Zusammenhang erstellt werden.

525 Sportplatzflächen, die als Rasen-, Tennen-, Kunststoff- oder Kunststoffrasenflächen hergestellt werden können. Auch die Kosten von Sportplatzrasenflächen sind hier, und nicht unter KG 515 auszuweisen.

526 Spielplatzflächen. Ein separates Ausweisen der Kosten für die Flächen von Spielplätzen ist nur bei großen Anlagen zweckmäßig, normalerweise werden sie in der KG 521 erfaßt. Die Ausstattung von Spielplätzen mit Geräten ist nicht hier, sondern in KG 552 unterzubringen.

527 Gleisanlagen, d.h. Flächen für den Schienenverkehr kommen in der Regel nur bei den Außenanlagen von Gewerbe- und Industriebauten vor und sind dann meist in Flächenbefestigungen der KG 522 eingebettet.

529 Befestigte Flächen, sonstiges.

Zu 530 Baukonstruktionen in Außenanlagen:

Zu dieser Kostengruppe gehören alle Konstruktionen auf dem Baugrundstück, die nicht in den Brutto-Rauminhalt des Bauwerks fallen, die jedoch mit Bauleistungen entsprechend den KG 320 bis 360 hergestellt werden. Die Untergliederung ist für die Kostenerfassung bei üblichen Baumaßnahmen etwas weitgehend, so daß die Zuordnung in bestimmten Fällen zweifelhaft sein kann, z.B. bei den KG 531, 532 und 533. Im einzelnen sind die Kosten zu erfassen für

531 Einfriedungen, z.B. Zäune, Mauern, Türen, Tore sowie Schrankenanlagen.

532 Schutzkonstruktionen, z.B. Lärmschutzwände, Sichtschutzwände, Schutzgitter.

533 Mauern, Wände, z.B. Stütz- und Schwergewichtsmauern.

534 Rampen, Treppen, Tribünen, z.B. Kinderwagen- und Behindertenrampen, Block- und Stellstufen, Zuschauertribünen von Sportplätzen. Rampen können jedoch auch als befestigte Flächen nach KG 520 hergestellt werden und sind dann dort unterzubringen.

535 Überdachungen, z.B. für Wetterschutz, Unterstände sowie Pergolen.

536 Brücken, Stege, soweit sie dem Verkehr über oder an grundstückseigenen Gewässern oder Ufern dienen und Teil einer Hochbaumaßnahme sind.

537 Kanal- und Schachtbauanlagen, soweit sie nicht zu den Technischen Anlagen der KG 540 zählen und Teil einer Hochbaumaßnahme sind.

538 Wasserbauliche Anlagen, zu denen im gebräuchlichen Wortsinn nur Baumaßnahmen an Gewässern zählen, die an das Baugrundstück grenzen oder es durchqueren. Solche Gewässer stehen in der Regel in öffentlichem Eigentum und die Baumaßnahmen, z.B. Uferregulierun-

gen oder -befestigungen können nur auf Verlangen oder im Einvernehmen mit den zuständigen Behörden vorgenommen werden.
Brunnen, die der Trinkwasserversorgung dienen, zählen zur KG 542, Zierbrunnen und Wasserbecken, soweit sie im Rahmen von Hochbaumaßnahmen errichtet werden, sollten, da sie nicht dem »Wasserbau« zuzurechnen sind, unter KG 539 aufgeführt werden.

539 Baukonstruktionen in Außenanlagen, sonstiges, z.B. Schwimmbecken.

Zu 540 Technische Anlagen in Außenanlagen:
Zu den Technischen Anlagen in Außenanlagen gehören alle Einrichtungen, die auf dem Grundstück, jedoch außerhalb des Bauwerkes zur Versorgung und Abwasserbeseitigung dienen, oder die die Verbindung des Bauwerkes mit den entsprechenden öffentlichen Netzen herstellen.
Die Verbindungen aus Kanälen, Leitungen und/oder Kabeln schließen an der Grundstücksgrenze an die öffentlichen Netze bzw., soweit sie noch nicht vorhanden sind, an die Maßnahmen zur öffentlichen Erschließung (KG 220) und auf der Bauwerksseite an die Technischen Anlagen des Bauwerkes (KG 400) an. Diese theoretischen Trennlinien (Grundstücksgrenze bzw. Bauwerksaußenfläche) müssen jedoch in der Praxis durch die tatsächlichen Anschluß- oder Verbindungsstellen, z.B. Anschlußstutzen, Absperrventile, ersetzt werden, die meist nicht direkt auf den Trennlinien liegen. Die Kostengruppe gliedert sich in Anlehnung an KG 400 in

541 Abwasseranlagen, d.h. die Kosten für Kläranlagen, Sammelgruben, Abscheider und Hebeanlagen außerhalb des Bauwerks, Einläufe und Leitungen zur Entwässerung befestigter Flächen, Abwasserleitungen für Baukonstruktionen in Außenanlagen sowie die Verbindungsleitungen vom Bauwerk zum öffentlichen Abwassersammelsystem, vom Revisionsschacht im Bauwerk bis zum Anschluß an den Straßenkanal.

542 Wasseranlagen, d.h. die Kosten für Wassergewinnungsanlagen auf dem Baugrundstück, Anlagen zur Bewässerung und zur Bereitstellung von Löschwasser auf dem Grundstücks, wie Beregnungs- und Hydrantenanlagen sowie die Verbindungsleitungen vom Bauwerk zum öffentlichen Wasserverteilnetz, vom Mengenmeßgerät im Bauwerk bis zum Anschluß an die öffentliche Versorgungsleitung.

543 Gasanlagen, z.B. die Kosten für die Lagerung von Flüssiggas einschließlich der Verbindungsleitungen zum Bauwerk oder die Verbindungsleitungen vom Bauwerk zum öffentlichen Stadt- oder Erdgasnetz, vom Absperrventil im Bauwerk bis zum Anschluß an die öffentliche Versorgungsleitung.

544 Wärmeversorgungsanlagen, d.h. die Kosten für Wärmeerzeugungsanlagen einschließlich Brennstofflagerung und der Verbindungsleitungen zum Bauwerk, soweit die Einrichtungen außerhalb des Brutto-Raum-

inhalts des Bauwerkes angeordnet sind, oder die Verbindungsleitungen zur Fernwärmeversorgung vom öffentlichen Netz des Betreibers bis zur Wärmeübergabestation im Bauwerk, ferner Freiflächenheizungen z.B. für Rasenflächen oder Rampen, einschließlich der Verbindungsleitungen zum Bauwerk.

545 Lufttechnische Anlagen, d.h. die Kosten für Bauteile, die außerhalb des Brutto-Rauminhalts des Bauwerkes angeordnet sind, z.B. Außenluftansaugung, Fortluftausblasung einschließlich der Verbindungskanäle zum Bauwerk, auch Anlagen zur Kälteerzeugung im Freien, z.B. für Eissportflächen.

546 Starkstromanlagen, d.h. die Kosten für Eigenstromerzeugungsanlagen und Freilufttrafostationen auf dem Baugrundstück, z.B. Notstromaggregate, ferner interne Stromverteilnetze auf dem Grundstück und Beleuchtungsgeräte für Außenbeleuchtungen, z.B. Mastleuchten einschließlich Fundamentierung, sowie die Verbindungsleitung vom Netz des Elektrizitätsversorgungsunternehmens bis zum Hausanschlußkasten im Bauwerk.

547 Fernmelde- und informationstechnische Anlagen, d.h. die Kosten für Einrichtungen nach den Angaben der KG 450, soweit sie auf dem Grundstück, jedoch außerhalb des Brutto-Rauminhalts des Bauwerkes vorgesehen sind, sowie der zugehörigen internen Verteilnetze.

548 Nutzungsspezifische Anlagen, z.B. die Kosten für Tankstellen auf dem Grundstück oder Anlagen, die zur spezifischen Nutzung des Bauwerkes gehören, jedoch im Freien vorgesehen sind, z.B. medizinische Badeanlagen.

549 Technische Anlagen in Außenanlagen, sonstiges.

Zu 550 Einbauten in Außenanlagen:

Unter Einbauten in Außenanlagen werden Objekte verstanden, die mit dem Baugrundstück fest verbunden sind, die jedoch nicht durch Baumaßnahmen oder im Rahmen der Technischen Anlagen hergestellt werden. Sie werden in der Regel als industrielles Serienprodukt beschafft und durch Eingraben oder örtliche Fundamente mit dem Grundstück verbunden. In Ausnahmefällen können sie auch lediglich auf einer ebenen Fläche aufgestellt werden und gelten durch ihr hohes Eigengewicht als »eingebaut«. Die Kostengruppe gliedert sich in

551 Allgemeine Einbauten,
552 Besondere Einbauten, und
559 Einbauten in Außenanlagen, sonstiges,

jeweils mit den angegebenen Beispielen, die jedoch bei KG 551 nicht ganz zutreffend sind, da mit »Möbeln« bewegliche Gegenstände bezeichnet werden, die nicht fest eingebaut sein können.

Zu 590 Sonstige Maßnahmen für Außenanlagen:
Diese Kostengruppe hat ebenso wie die KG 390 und 590 den Zweck, Kosten, die nicht in unmittelbarem Zusamenhang mit der Herstellung bestimmter Außenanlagen stehen, in den Gesamtkosten unterzubringen. Es wird daher auf die Bemerkungen zu KG 390 verwiesen. Die Untergliederung der drei Kostengruppen ist identisch:
491 Baustelleneinrichtung,
492 Gerüste,
493 Sicherungsmaßnahmen,
494 Abbruchmaßnahmen,
495 Instandsetzungen,
496 Recycling, Zwischendeponierung und Entsorgung,
497 Schlechtwetterbau,
498 Zusätzliche Maßnahmen,
499 Sonstige Maßnahmen für Außenanlagen, sonstiges,
jeweils mit den angegebenen Beispielen bzw. Abgrenzungen.

Zu 600 Ausstattung und Kunstwerke:
Die in der Ausgabe 04.1981 vorhandene Kostengruppe »4 Gerät« wurde in der neuen Ausgabe sinnvollerweise durch die Kunstwerke ergänzt, die früher auf die Kostengruppen für das Bauwerk und die Außenanlagen (3.5.5 und 5.5) verteilt waren. Im Zuge der allgemeinen Umstellung erhielt sie die Kennziffer 600. In der 2. Gliederungsebene der Kostengruppe wird nach Ausstattungsgegenständen und Kunstwerken unterschieden. Damit und durch die Entscheidung, allgemein auf die Darstellung einer 4. Gliederungsebene zu verzichten, entfiel auch die unnötig kleinteilige Differenzierung bei den Ausstattungsgegenständen, z.B. Sitz- und Liegemöbel oder Fenster- und Wandbehänge.

Zu 610 Ausstattung:
Die früher mit »Gerät« benannte Kostengruppe hat nunmehr diese, besser zutreffende Bezeichnung, da hier auch leicht mit dem Bauwerk verbundene Objekte, wie Wegweiser oder Orientierungstafeln, Berücksichtigung finden sollen und nicht nur Geräte, die mit dem Bau in keiner Weise verbunden sind, wie z.B. Eimer und Besen. Die Abgrenzung zwischen leicht befestigten Objekten und den mit dem Bau fest verbundenen Einbauten der KG 370 oder bestimmten Objekten der KG 470 ist jedoch fließend. Im allgemeinen kann gesagt werden, daß Gegenstände, die lediglich mit Schrauben und Dübel am Bauwerk befestigt werden, zur Ausstattung gehören, während jedoch Gegenstände, zu deren Ausbau Stemmarbeiten oder die Demontage von Leitungen erforderlich sind, als Einbauten oder als Teile von Anlagen gelten können. Die Kostengruppe gliedert sich in

611 Allgemeine Ausstattung,
612 Besondere Ausstattung,
619 Ausstattung, sonstiges,
jeweils mit den angegebenen Beipielen, wobei die unter KG 619 angegebenen mit gleicher Berechtigung auch in den ersten beiden Kostengruppen untergebracht werden können.

Zu 620 Kunstwerke:
Die bisherige Untergliederung in selbstständige Kunstwerke (jetzt »Kunstobjekte«) und künstlerisch gestaltete Bauteile wurde beibehalten:
621 Kunstobjekte, d.h. Werke der bildenden Kunst zur Gestaltung der Außenanlagen oder zur Ausgestaltung des Bauwerks, die jedoch mit diesem jedoch nicht fest verbunden sind, z.B. Skulpturen einschließlich Tragkonstruktionen, Gemälde; in Gebäuden auch antiquarische Möbel, die nicht zur Benutzung bestimmt sind, sowie künstlerisch gestaltete Objekte besonderer Zweckbestimmung, z.B. Altäre, Taufbecken.
622 Künstlerisch gestaltete Bauteile des Bauwerks, z.B. Wandmalereien, Reliefs, Mosaiken, Glas-, Schmiede- und Steinmetzarbeiten im Gebäude oder an seinen Außenflächen, die über eine rein dekorative Behandlung der Bauteile hinausgehen. Entscheidend für die Beurteilung als Kunstobjekt, ist die Frage ob für den Entwurf, unabhängig von der Ausführung, ein Honorar zu zahlen ist (siehe KG 752).
623 Künstlerisch gestaltete Bauteile der Außenanlagen, d.h. Leistungen wie in KG 622, jedoch an Mauern, Wänden und anderen Bauteilen im Freien.
629 Kunstwerke, sonstiges.

Zu 700 Baunebenkosten:
Gegenüber der Ausgabe 04.1981 hat sich der Inhalt dieser Kostengruppe nicht verändert, jedoch wurden die Untergruppen unter Berücksichtigung der Erfahrungen bei der Anwendung weitgehend umgestellt. Während sich die Grobgliederung früher an den Phasen des Baufortschritts orientierte (Vorbereitung/Planung/Durchführung), liegt ihr jetzt die Einteilung nach Kostenverursacher zugrunde (Bauherr/Planer/Gutachter), weil sie sich auf diese Weise besser trennen lassen. Die Kostengruppe enthält alle Kosten, die durch die Planung und Durchführung der Baumaßnahme auf Grund von Verträgen (außer Bauleistungsverträgen), Gebührenordnungen und auch durch den notwendigen Betrieb von Teilen des Bauwerks vor der Abnahme, z.B. Heizungsanlage, Aufzüge, entstehen.

Zu 710 Bauherrenaufgaben:
Hierzu zählen alle Kosten, die der Bauherr aufwendet, um das Bauprojekt zu realisieren, ohne daß sie direkt den Planungs- und Gutachterkosten nach den KG 720 bis 740 zugerechnet werden können, nämlich
711 Projektleitung,
712 Projektsteuerung,
713 Betriebs- und Organisationsberatung,
719 Bauherrenaufgaben, sonstiges,
mit den jeweils angegebenen Beispielen.

Zu 720 Vorbereitung der Objektplanung:
Zu den Vorbereitungen der Objektplanung gehören alle Maßnahmen zur Ermittlung des oder der verantwortlichen Planer sowie zur Feststellung der Verhältnisse der engeren und weiteren Umgebung des beabsichtigten Bauwerks, die die Planung beeinflussen können. Sie unterscheiden sich damit von den Untersuchungen und Ermittlungen im Rahmen der Kostengruppe »120 Grundstücksnebenkosten«, wo sie lediglich der Beurteilung des Grundstückswertes dienen. Die Vorbereitungen werden gegliedert in
721 Untersuchungen,
722 Wertermittlungen,
723 Städtebauliche Leistungen,
724 Landschaftsplanerische Leistungen,
725 Wettbewerbe,
729 Vorbereitung der Objektplanung, sonstiges,
mit den jeweils angegebenen Beispielen.

Zu 730 Architekten- und Ingenieurleistungen:
Diese Kostengruppe umfaßt alle Kosten für Leistungen nach der Honorarordnung für Architekten und Ingenieure (HOAI) oder die auf der Basis anderer vertraglicher Grundlagen für Planungsleistungen von Architekten, Bauingenieuren und Sonderfachleuten vereinbart wurden. Dazu gehören nicht nur die Planungen für das Bauwerk selbst, sondern auch für die Außenanlagen. Sofern erforderlich und zutreffend, sind die Kosten zu unterteilen in die Planungskosten für
731 Gebäude,
732 Freianlagen (Außenanlagen nach den KG 510 bis 530 sowie 550),
733 Raumbildende Ausbauten,
734 Ingenieurbauwerke und Verkehrsanlagen,
735 Tragwerksplanung (Bauwerkteile, für die nach den behördlichen Bestimmungen ein Standsicherheitsnachweis erforderlich ist),
736 Technische Ausrüstung (Technische Anlagen nach den KG 410 bis 490 sowie 540),

739 Architekten- und Ingenieurleistungen, sonstiges.

Zu 740 Gutachten und Beratung:
Hierzu gehören Leistungen, die sinngemäß wie in KG 730 zu honorieren sind, die jedoch keine direkte Planungsleistungen darstellen, sondern ähnlich wie die Leistungen der KG 720 Entscheidungshilfen für die Planung liefern. Sie gliedern sich in

741 Thermische Bauphysik,
742 Schallschutz und Raumakustik,
743 Bodenmechanik, Erd- und Grundbau,
744 Vermessung,
745 Lichttechnik, Tageslichttechnik,
749 Gutachten und Beratung, sonstiges.

Die der KG 744 beigefügten Anmerkungen erläutern den Inhalt nur schlecht. Vermessungstechnische Leistungen rechnen nicht zu den Gutachten oder Beratungen. Die Gebühren einschließlich der Pläne für die Vermessung des Grundstücks sind in KG 121 zu erfassen, andere amtliche Vermessungsleistungen im Zusammenhang mit dem Bauvorhaben in KG 771. Als vermessungstechnische Aufgabe verbleibt daher nur noch das Einmessen des Bauwerks auf dem Grundstück, was jedoch nicht als Gutachten oder Beratung angesehen werden kann, und deshalb besser in der KG 739 aufgehoben wäre, da es sich um eine Ingenieurleistung handelt.

Zu 750 Kunst:
Zu den Baunebenkosten, die bei »Kunst am Bau« anfallen, gehören

751 Kunstwettbewerbe, d.h. die Kosten für die Organisation von Wettbewerben zur Erarbeitung eines Konzepts für Kunstwerke oder künstlerisch gestaltete Bauteile, sowie etwaige Preisgelder.
752 Honorare, d.h. die Kosten für die geistig-schöpferische Leistung von Kunstwerken oder künstlerisch gestalteten Bauteilen.
759 Kunst, sonstiges.

Insbesondere bei Kunstobjekten nach KG 621 können die Kosten für die Ausführung kaum von denen für die geistig-schöpferische Leistung getrennt werden. In solchen Fällen sind sie der KG 620 zuzuordnen.

Zu 760 Finanzierung:
Als Finanzierung gelten alle Kosten, die bei der Beschaffung der Geldmittel (Fremdkapital) anfallen, die neben dem Eigenkapital des Bauheren für die Durchführung der Baumaßnahme erforderlich sind. Sie gliedern sich in

761 Finanzierungskosten, d.h. die Kosten für die Beschaffung und Bereitstellung von Fremdkapital, z.B. Provisionen, und

762 Zinsen vor Nutzungsbeginn, d.h. die Kosten der Zinsen, die auf das Fremdkapital bis zum Beginn der Nutzung des Bauwerkes aufzuwenden sind. Zinsen, die nach der Fertigstellung aufzuwenden sind, zählen zu den Baunutzungskosten (siehe Kapitel F).
769 Finanzierung, sonstiges.

Zu 770 Allgemeine Baunebenkosten:
Zu den Allgemeinen Baunebenkosten zählen alle Kosten, die durch das Mitwirken der Behörden entstehen, und solche Aufwendungen, die nicht in andere Kostengruppen eingeordnet werden können. Dazu rechnen im einzelnen
771 Prüfungen, Genehmigungen, Abnahmen,
772 Bewirtschaftungskosten,
773 Bemusterungskosten,
774 Betriebskosten während der Bauzeit,
779 Allgemeine Baunebenkosten, sonstiges,
mit den jeils angegebenen Beispielen.

Zu 790 Sonstige Baunebenkosten:
Diese Kostengruppe wurde ebenso wie einige andere Kostengruppen mit der letztstelligen Kennziffer 9 aus systematischen Gründen in die Gliederung aufgenommen und repräsentieren keine konkreten Kosten. Alle möglichen Baunebenkosten, die nicht in die Kostengruppen 710 bis 774 einzuordnen sind, können unbedenklich in die KG 779 aufgenommen werden, so daß KG 790 in jedem Fall entbehrlich ist.

Zu Abschnitt 4.4 Gliederung in Leistungsbereiche:
Als Beispiel für eine ausführungsorientierte Gliederung der Baukosten, die allerdings nur die Kostengruppen 200 bis 500 erfassen kann, sind in Tabelle 2 die zum Zeitpunkt der Veröffentlichung der Norm vorliegenden Leistungsbereiche des Standardleistungsbuches (StLB) aufgelistet.
Das Standardleistungsbuch besteht aus einer Reihe von vorgefertigten und standardisierten Ausschreibungstexten für nahezu alle Bauleistungen, die nach gewerkeartigen Bereichen auf Datenträger und in Buchform veröffentlicht sind. Mit Hilfe der auf ein Ziffernsystem codierten Einzelangaben zu den Bauleistungen können mit dem entsprechenden EDV-Programm alle üblichen Leistungspositionen von Bauarbeiten in Ausschreibungstexten zusammengestellt und ausgedruckt werden.
Das Standardleistungsbuch wird vom »Gemeinsamen Ausschuß Elektronik im Bauwesen (GAEB)« erarbeitet, dessen Geschäftsstelle im Bundesbauministerium angesiedelt ist. Sie erteilt auch Auskünfte über den jeweiligen Umfang und den Stand der Fortschreibung des StLB.

Für den Bereich des Tiefbaus wird darüber hinaus vom Bundesverkehrsministerium ein Standardleistungskatalog (StLK) herausgegeben, der im Prinzip wie das StLB aufgebaut, jedoch kürzer gefaßt ist. Auskünfte erteilt das BVM.
Die Gliederung der Baukosten kann auch, wie es bis zur Ausgabe 04.1981 der DIN 276 empfohlen wurde, nach der Einteilung des Teiles C der »Verdingungsordnung für Bauleistungen (VOB)« vorgenommen werden, die in großem Maße mit der des StLB übereinstimmt, jedoch aufgrund der historischen Entwicklung besonders in den technischen Bereichen nicht so differenziert ist (ATV DIN 18300 bis ATV DIN 18451).

Zu »Erläuterungen« – Tabelle 3:
Die Angaben, wie sich die gültigen aus Teilen der bisherigen Kostengruppen zusammensetzen, machen die weitgehende Umstellung innerhalb der Gliederungssystematik deutlich. Alle Kostengruppen, abgesehen von KG 100 und 200, sind weitgehend gestrafft und durch Fortfall der 4. Gliederungsebene vereinfacht worden. Allerdings ergibt sich aus der Tabelle auch, daß KG 790 lediglich aus systematischen Gründen aufgenommen wurde, ohne daß sie durch Übernahmen aus der Fassung 04.1981 mit Inhalt erfüllt werden konnte.

Als Arbeitshilfe für Kostenermittlungen sind nachstehend die folgenden Formulare abgedruckt:
- *Muster Kostenschätzung (1 Blatt)*
- *Muster Kostenberechnung (3 Blätter)*
- *Muster Kostenanschlag/Kostenfeststellung (15 Blätter)*

Sinngemäße Muster enthielt die frühere Ausgabe der DIN 276 vom April 1981. Sie wurden bei der jetzt gültigen Fassung gestrichen, um den Umfang der Norm zu reduzieren.

Kostenschätzung DIN 276		
Bauvorhaben:		
Zweckbestimmung:		
Grundstück, Lage:	Größe:	
Bauherr:		
Planverfasser:		
Gebäudeform:	Bauart:	
Brutto-Grundfläche:	Brutto-Rauminhalt:	
Vorgesehene Ausführungszeit:		
Verwendete Unterlagen (Pläne, Berechnungen, Erläuterungen, Grundlagen der Kostenermittlung und Finanzierung):		

Kostengruppe		Betrag DM
Alle Beträge einschließlich Mehrwertsteuer!		
100	Grundstück	
200	Herrichten und Erschließen	
300	Bauwerk – Baukonstruktionen	
400	Bauwerk – Technische Anlagen	
500	Außenanlagen	
600	Ausstattung und Kunstwerke	
700	Baunebenkosten	
	Zur Abrundung	
	Gesamtkosten	

Bearbeiter, Ort, Datum:	
Prüfvermerke:	

Muster Kostenberechnung – Blatt 1

Kostenberechnung DIN 276			
Bauvorhaben:			
Zweckbestimmung:			
Grundstück, Lage:		Größe:	
Bauherr:			
Planverfasser:			
Gebäudeform:	Bauart:		
Brutto-Grundfläche:	Brutto-Rauminhalt:		
Vorgesehene Ausführungszeit:			
Verwendete Unterlagen (Pläne, Berechnungen, Erläuterungen, Grundlagen der Kostenermittlung und Finanzierung):			

Kostengruppe		Teilbetrag DM	Gesamtbetrag DM
Alle Beträge einschließlich Mehrwertsteuer!			
100	**Grundstückswert**		
120	Grundstücksnebenkosten		
130	Freimachen		
	Gesamtbetrag Kostengruppe 100		
200	**Herrichten und Erschließen**		
210	Herrichten		
220	Öffentliche Erschließung		
230	Nichtöffentliche Erschließung		
240	Ausgleichsabgaben		
	Gesamtbetrag Kostengruppe 200		

Fortsetzung Blatt 2

Muster Kostenberechnung – Blatt 2

Kostengruppe		Teilbetrag DM	Gesamtbetrag DM
300	**Bauwerk – Baukonstruktionen**		
310	Baugrube		
320	Gründung		
330	Außenwände		
340	Innenwände		
350	Decken		
360	Dächer		
370	Baukonstruktive Einbauten		
390	Bauwerk – Baukonstruktionen, sonstiges		
	Gesamtbetrag Kostengruppe 300		
400	**Bauwerk – Technische Anlagen**		
410	Abwasser-, Wasser-, Gasanlagen		
420	Wärmeversorgungsanlagen		
430	Lufttechnische Anlagen		
440	Starkstromanlagen		
450	Fernmelde- und informationstechnische Anlagen		
460	Förderanlagen		
470	Nutzungsspezifische Anlagen		
480	Gebäudeautomation		
490	Sonstige Maßnahmen für Technische Anlagen		
	Gesamtbetrag Kostengruppe 400		
500	**Außenanlagen**		
510	Geländeflächen		
520	Befestigte Flächen		
530	Baukonstruktionen in Außenanlagen		
540	Technische Anlagen in Außenanlagen		
550	Einbauten in Außenanlagen		
590	Sonstige Maßnahmen für Außenanlagen		
	Gesamtbetrag Kostengruppe 500		

Fortsetzung Blatt 3

Muster Kostenberechnung – Blatt 3

Kostengruppe		Teilbetrag DM	Gesamtbetrag DM
600	**Ausstattung und Kunstwerke**		
610	Ausstattung		
620	Kunstwerke		
	Gesamtbetrag Kostengruppe 600		
700	**Baunebenkosten**		
710	Bauherrenaufgaben		
720	Vorbereitung der Objektplanung		
730	Architekten- und Ingenieurleistungen		
740	Gutachten und Beratung		
750	Kunst		
760	Finanzierung		
770	Allgemeine Baunebenkosten		
790	Sonstige Baunebenkosten		
	Gesamtbetrag Kostengruppe 700		

Zusammenstellung

Kostengruppe		Gesamtbetrag DM
100	Grundstück – Blatt 1	
200	Herrichten und Erschließen – Blatt 1	
300	Bauwerk – Baukonstruktionen – Blatt 2	
400	Bauwerk – Technische Anlagen – Blatt 2	
500	Außenanlagen – Blatt 2	
600	Ausstattung und Kunstwerke – Blatt 3	
700	Baunebenkosten – Blatt 3	
	Zur Abrundung	
	Gesamtkosten	

Bearbeiter, Ort, Datum:

Prüfvermerke:

Muster Kostenanschlag – Blatt 1

Kostenanschlag DIN 276			
Bauvorhaben:			
Zweckbestimmung:			
Grundstück, Lage: Größe:			
Bauherr:			
Planverfasser:			
Gebäudeform: Bauart:			
Brutto-Grundfläche: Brutto-Rauminhalt:			
Netto-Grundfläche: Nutzfläche:			
Vorgesehene Ausführungszeit:			
Verwendete Unterlagen (Pläne, Berechnungen, Erläuterungen, Grundlagen der Kostenermittlung und Finanzierung):			

Kostengruppe		Teilbetrag DM	Gesamtbetrag DM
Alle Beträge einschließlich Mehrwertsteuer!			
100	**Grundstück**		
110	**Grundstückswert** – Gesamtbetrag Kostengruppe 110		
120	**Grundstücksnebenkosten**		
121	Vermessungsgebühren		
122	Gerichtsgebühren		
123	Notariatsgebühren		
124	Maklerprovisionen		
125	Grunderwerbsteuer		
126	Wertermittlungen, Untersuchungen		
127	Genehmigungsgebühren		
	Übertrag		

Fortsetzung Blatt 2

Muster Kostenanschlag – Blatt 2

Kostengruppe		Teilbetrag DM	Gesamtbetrag DM
	Übertrag Kostengruppe 120		
128	Bodenordnung, Grenzregulierung		
129	Grundstücksnebenkosten, sonstiges		
	Gesamtbetrag Kostengruppe 120		
130	**Freimachen**		
131	Abfindungen		
132	Ablösen dinglicher Rechte		
139	Freimachen, sonstiges		
	Gesamtbetrag Kostengruppe 130		
200	**Herrichten und Erschließen**		
210	**Herrichten**		
211	Sicherungsmaßnahmen		
212	Abbruchmaßnahmen		
213	Altlastenbeseitigung		
214	Herrichten der Geländeoberfläche		
219	Herrichten, sonstiges		
	Gesamtbetrag Kostengruppe 210		
220	**Öffentliche Erschließung**		
221	Abwasserentsorgung		
222	Wasserversorgung		
223	Gasversorgung		
224	Fernwärmeversorgung		
225	Stromversorgung		
226	Telekommunikation		
227	Verkehrserschließung		
229	Öffentliche Erschließung, sonstiges		
	Gesamtbetrag Kostengruppe 220		

Fortsetzung Blatt 3

Muster Kostenanschlag – Blatt 3

Kostengruppe		Teilbetrag DM	Gesamtbetrag DM
230	**Nichtöffentliche Erschließung**		
231	Abwasserentsorgung		
232	Wasserversorgung		
233	Gasversorgung		
234	Fernwärmeversorgung		
235	Stromversorgung		
236	Telekommunikation		
237	Verkehrserschließung		
239	Nichtöffentliche Erschließung, sonstiges		
	Gesamtbetrag Kostengruppe 230		
240	**Ausgleichsabgaben** – Gesamtbetrag Kostengruppe 240		
300	**Bauwerk – Baukonstruktionen**		
310	**Baugrube**		
311	Baugrubenherstellung		
312	Baugrubenumschließung		
313	Wasserhaltung		
319	Baugrube, sonstiges		
	Gesamtbetrag Kostengruppe 310		
320	**Gründung**		
321	Baugrundverbesserung		
322	Flachgründungen		
323	Tiefgründungen		
324	Unterböden und Bodenplatten		
325	Bodenbeläge		
326	Bauwerksabdichtungen		
327	Dränagen		
329	Gründung, sonstiges		
	Gesamtbetrag Kostengruppe 320		

Fortsetzung Blatt 4

Muster Kostenanschlag – Blatt 4

Kostengruppe		Teilbetrag DM	Gesamtbetrag DM
330	**Außenwände**		
331	Tragende Außenwände		
332	Nichttragende Außenwände		
333	Außenstützen		
335	Außenwandbekleidungen, außen		
336	Außenwandbekleidungen, innen		
337	Elementierte Außenwände		
338	Sonnenschutz		
339	Außenwände, sonstiges		
	Gesamtbetrag Kostengruppe 340		
340	**Innenwände**		
341	Tragende Innenwände		
342	Nichttragende Innenwände		
343	Innenstützen		
344	Innentüren und -fenster		
345	Innenwandbekleidungen		
346	Elementierte Innenwände		
349	Innenwände, sonstiges		
	Gesamtbetrag Kostengruppe 340		
350	**Decken**		
351	Deckenkonstruktionen		
352	Deckenbeläge		
353	Deckenbekleidungen		
359	Decken, sonstiges		
	Gesamtbetrag Kostengruppe 350		
360	**Dächer**		
361	Dachkonstruktionen		
362	Dachfenster, Dachöffnungen		
	Übertrag		

Fortsetzung Blatt 5

Muster Kostenanschlag – Blatt 5

Kostengruppe		Teilbetrag DM	Gesamtbetrag DM
	Übertrag Kostengruppe 360		
363	Dachbeläge		
364	Dachbekleidungen		
369	Dächer, sonstiges		
	Gesamtbetrag Kostengruppe 360		
370	**Baukonstruktive Einbauten**		
371	Allgemeine Einbauten		
372	Besondere Einbauten		
373	Baukonstruktive Einbauten, sonstiges		
	Gesamtbetrag Kostengruppe 370		
390	**Sonstige Maßnahmen für Baukonstruktionen**		
391	Baustelleneinrichtung		
392	Gerüste		
393	Sicherungsmaßnahmen		
394	Abbruchmaßnahmen		
395	Instandsetzungen		
396	Recycling, Zwischendeponierung, Entsorgung		
397	Schlechtwetterbau		
398	Zusätzliche Maßnahmen		
399	Sonst. Maßnahmen für Baukonstr., sonstiges		
	Gesamtbetrag Kostengruppe 390		
400	**Bauwerk – Technische Anlagen**		
410	**Abwasser-, Wasser-, Gasanlagen**		
411	Abwasseranlagen		
412	Wasseranlagen		
413	Gasanlagen		
	Übertrag		

Fortsetzung Blatt 6

Muster Kostenanschlag – Blatt 6

Kostengruppe		Teilbetrag DM	Gesamtbetrag DM
	Übertrag Kostengruppe 410		
414	Feuerlöschanlagen		
419	Abwasser-, Wasser-, Gasanlagen, sonstiges		
	Gesamtbetrag Kostengruppe 410		
420	**Wärmeversorgungsanlagen**		
421	Wärmeerzeugungsanlagen		
422	Wärmeverteilnetze		
423	Raumheizflächen		
429	Wärmeversorgungsanl., sonstiges		
	Gesamtbetrag Kostengruppe 420		
430	**Lufttechnische Anlagen**		
431	Lüftungsanlagen		
432	Teilklimaanlagen		
433	Klimaanlagen		
434	Prozeßlufttechnische Anlagen		
435	Kälteanlagen		
439	Lufttechnische Anlagen, sonstiges		
	Gesamtbetrag Kostengruppe 430		
440	**Starkstromanlagen**		
441	Hoch- und Mittelspannungsanlagen		
442	Eigenstromversorgungsanlagen		
443	Niederspannungsschaltanlagen		
444	Niederspannungsinstallationsanlagen		
445	Beleuchtungsanlagen		
446	Blitzschutz- und Erdungsanlagen		
449	Starkstromanlagen, sonstiges		
	Gesamtbetrag Kostengruppe 440		

Fortsetzung Blatt 7

Muster Kostenanschlag – Blatt 7

Kostengruppe		Teilbetrag DM	Gesamtbetrag DM
450	**Fernmelde- und informationstechnische Anlagen**		
451	Telekommunikationsanlagen		
452	Such- und Signalanlagen		
453	Zeitdienstanlagen		
454	Elektroakustische Anlagen		
455	Fernseh- und Antennenanlagen		
456	Gefahrenmelde- und Alarmanlagen		
457	Übertragungsnetze		
459	Fernmelde- und informationstechn. Anl., sonstiges		
	Gesamtbetrag Kostengruppe 450		
460	**Förderanlagen**		
461	Aufzugsanlagen		
462	Fahrtreppen, Fahrsteige		
463	Befahranlagen		
464	Transportanlagen		
465	Krananlagen		
469	Förderanlagen, sonstiges		
	Gesamtbetrag Kostengruppe 460		
470	**Nutzungsspezifische Anlagen**		
471	Küchentechnische Anlagen		
472	Wäscherei- und Reinigungsanlagen		
473	Medienversorgungsanlagen		
474	Medizintechnische Anlagen		
475	Labortechnische Anlagen		
476	Badetechnische Anlagen		
477	Kälteanlagen		
478	Entsorgungsanlagen		
479	Nutzungspezifische Anlagen, sonstiges		
	Gesamtbetrag Kostengruppe 470		

Fortsetzung Blatt 8

Muster Kostenanschlag – Blatt 8

Kostengruppe		Teilbetrag DM	Gesamtbetrag DM
480	**Gebäudeautomation**		
481	Automationssysteme		
482	Leistungsteile		
483	Zentrale Einrichtungen		
489	Gebäudeautomation, sonstiges		
	Gesamtbetrag Kostengruppe 480		
490	**Sonstige Maßnahmen für Technische Anlagen**		
491	Baustelleneinrichtung		
492	Gerüste		
493	Sicherungsmaßnahmen		
494	Abbruchmaßnahmen		
495	Instandsetzungen		
496	Recycling, Zwischendeponierung, Entsorgung		
497	Schlechtwetterbau		
498	Zusätzliche Maßnahmen		
499	Sonstige Maßnahmen für Techn. Anlagen, sonst.		
	Gesamtbetrag Kostengruppe 490		
500	**Außenanlagen**		
510	**Geländeflächen**		
511	Geländebearbeitung		
512	Vegetationstechnische Bodenbearbeitung		
513	Sicherungsbauweisen		
514	Pflanzen		
515	Rasen		
516	Begrünung unterbauter Flächen		
517	Wasserflächen		
519	Geländeflächen, sonstiges		
	Gesamtbetrag Kostengruppe 510		

Fortsetzung Blatt 9

Muster Kostenanschlag – Blatt 9

Kostengruppe		Teilbetrag DM	Gesamtbetrag DM
520	**Befestigte Flächen**		
521	Wege		
522	Straßen		
523	Plätze, Höfe		
524	Stellplätze		
525	Sportplatzflächen		
526	Spielplatzflächen		
527	Gleisanlagen		
529	Befestigte Flächen, sonstiges		
	Gesamtbetrag Kostengruppe 520		
530	**Baukonstruktionen in Außenanlagen**		
531	Einfriedungen		
532	Schutzkonstruktionen		
533	Mauern, Wände		
534	Rampen, Treppen, Tribünen		
535	Überdachungen		
536	Brücken, Stege		
537	Kanal- und Schachtbauanlagen		
538	Wasserbauliche Anlagen		
539	Baukonstruktionen in Außenanlagen, sonstiges		
	Gesamtbetrag Kostengruppe 530		
540	**Technische Anlagen in Außenanlagen**		
541	Abwasseranlagen		
542	Wasseranlagen		
543	Gasanlagen		
544	Wärmeversorgungsanlagen		
545	Lufttechnische Anlagen		
546	Starkstromanlagen		
	Übertrag		

Fortsetzung Blatt 10

Muster Kostenanschlag – Blatt 10

Kostengruppe		Teilbetrag DM	Gesamtbetrag DM
	Übertrag Kostengruppe 540		
547	Fernmelde- und informationstechnische Anlagen		
548	Nutzungsspezifische Anlagen		
549	Technische Anlagen in Außenanlagen, sonstiges		
	Gesamtbetrag Kostengruppe 540		
550	**Einbauten in Außenanlagen**		
551	Allgemeine Einbauten		
552	Besondere Einbauten		
559	Einbauten in Außenanlagen, sonstiges		
	Gesamtbetrag Kostengruppe 550		
590	**Sonstige Maßnahmen für Außenanlagen**		
591	Baustelleneinrichtung		
592	Gerüste		
593	Sicherungsmaßnahmen		
594	Abbruchmaßnahmen		
595	Instandsetzungen		
596	Recycling, Zwischendeponierung, Entsorgung		
597	Schlechtwetterbau		
598	Zusätzliche Maßnahmen		
599	Sonstige Maßnahmen für Außenanl., sonst.		
	Gesamtbetrag Kostengruppe 590		
600	**Ausstattung und Kunstwerke**		
610	**Ausstattung**		
611	Allgemeine Ausstattung		
612	Besondere Ausstattung		
619	Ausstattung, sonstiges		
	Gesamtbetrag Kostengruppe 610		

Fortsetzung Blatt 11

Muster Kostenanschlag – Blatt 11

Kostengruppe		Teilbetrag DM	Gesamtbetrag DM
620	**Kunstwerke**		
621	Kunstobjekte		
622	Künstlerisch gestaltete Bauteile des Bauwerks		
623	Künstlerisch gestaltete Bauteile der Außenanlagen		
629	Kunstwerke, sonstiges		
	Gesamtbetrag Kostengruppe 620		
700	**Baunebenkosten**		
710	**Bauherrenaufgaben**		
711	Projektleitung		
712	Projektsteuerung		
713	Betriebs- und Organisationsberatung		
719	Bauherrenaufgaben, sonstiges		
	Gesamtbetrag Kostengruppe 710		
720	**Vorbereitung der Objektplanung**		
721	Untersuchungen		
722	Wertermittlungen		
723	Städtebauliche Leistungen		
724	Landschaftsplanerische Leistungen		
725	Wettbewerbe		
729	Vorbereitung der Objektplanung, sonstiges		
	Gesamtbetrag Kostengruppe 720		
730	**Architekten- und Ingenieurleistungen**		
731	Gebäude		
732	Freianlagen		
733	Raumbildende Ausbauten		
734	Ingenieurbauwerke und Verkehrsanlagen		
735	Tragwerksplanung		
736	Technische Ausrüstung		
739	Architekten- und Ingenieurleistungen, sonstiges		
	Gesamtbetrag Kostengruppe 730		

Fortsetzung Blatt 12

Muster Kostenanschlag – Blatt 12

Kostengruppe		Teilbetrag DM	Gesamtbetrag DM
740	**Gutachten und Beratung**		
741	Thermische Bauphysik		
742	Schallschutz und Raumakustik		
743	Bodenmechanik, Erd- und Grundbau		
744	Vermessung		
745	Lichttechnik, Tageslichttechnik		
749	Gutachten und Beratung, sonstiges		
	Gesamtbetrag Kostengruppe 740		
750	**Kunst**		
751	Kunstwettbewerbe		
752	Honorare		
759	Kunst, sonstiges		
	Gesamtbetrag Kostengruppe 750		
760	**Finanzierung**		
761	Finanzierungskosten		
762	Zinsen vor Nutzungsbeginn		
769	Finanzierung, sonstiges		
	Gesamtbetrag Kostengruppe 760		
770	**Allgemeine Baunebenkosten**		
771	Prüfungen, Genehmigungen, Abnahmen		
772	Bewirtschaftungskosten		
773	Bemusterungskosten		
774	Betriebskosten während der Bauzeit		
779	Allgemeine Baunebenkosten, sonstiges		
	Gesamtbetrag Kostengruppe 770		
790	**Sonstige Baunebenkosten** – Gesamtbetrag Kostengruppe 790		

Fortsetzung Blatt 13

Muster Kostenanschlag – Blatt 13

Zusammenstellung			
Kostengruppe		Gesamtbetrag 2. Ebene DM	Gesamtbetrag 1. Ebene DM
100	**Grundstück**		
110	Grundstückswert – Blatt 1		
120	Grundstücksnebenkosten – Blatt 2		
130	Freimachen – Blatt 2		
	Gesamtbetrag Kostengruppe 100		
200	**Herrichten und Erschließen**		
210	Herrichten – Blatt 2		
220	Öffentliche Erschließung – Blatt 2		
230	Nichtöffentliche Erschließung – Blatt 3		
240	Ausgleichsabgaben – Blatt 3		
	Gesamtbetrag Kostengruppe 200		
300	**Bauwerk – Baukonstruktionen**		
310	Baugrube – Blatt 3		
320	Gründung – Blatt 3		
330	Außenwände – Blatt 4		
340	Innenwände – Blatt 4		
350	Decken – Blatt 4		
360	Dächer – Blatt 5		
370	Baukonstruktive Einbauten – Blatt 5		
390	Bauwerk – Baukonstruktionen, sonstiges – Blatt 5		
	Gesamtbetrag Kostengruppe 300		
400	**Bauwerk – Technische Anlagen**		
410	Abwasser-, Wasser-, Gasanlagen – Blatt 6		
420	Wärmeversorgung – Blatt 6		
430	Lufttechnische Anlagen – Blatt 6		
	Übertrag Kostengruppe 400		
Übertrag Gesamtkosten			

Fortsetzung Blatt 14

Muster Kostenanschlag – Blatt 14

Zusammenstellung (Forts.)			
Kostengruppe		Gesamtbetrag 2. Ebene DM	Gesamtbetrag 1. Ebene DM
	Übertrag Gesamtkosten		
	Übertrag Kostengruppe 400		
440	Starkstromanlagen – Blatt 6		
450	Fernmelde- und informationstechn. Anl. – Blatt 7		
460	Förderanlagen – Blatt 7		
470	Nutzungsspezifische Anlagen – Blatt 7		
480	Gebäudeautomation – Blatt 8		
490	Sonstige Maßnahmen für Technische Anl. – Blatt 8		
	Gesamtbetrag Kostengruppe 400		
500	**Außenanlagen**		
510	Geländeflächen – Blatt 8		
520	Befestigte Flächen – Blatt 9		
530	Baukonstruktionen in Außenanlagen – Blatt 9		
540	Technische Anlagen in Außenanlagen – Blatt 10		
550	Einbauten in Außenanlagen – Blatt 10		
590	Sonstige Maßnahmen für Außenanlagen – Blatt 10		
	Gesamtbetrag Kostengruppe 500		
600	**Ausstattung und Kunstwerke**		
610	Ausstattung – Blatt 10		
620	Kunstwerke – Blatt 11		
	Gesamtbetrag Kostengruppe 600		
700	**Baunebenkosten**		
710	Bauherrenaufgaben – Blatt 11		
720	Vorbereitung der Objektplanung – Blatt 11		
730	Architekten- und Ingenieurleistungen – Blatt 11		
740	Gutachten und Beratung – Blatt 12		
	Übertrag Kostengruppe 700		
	Übertrag Gesamtkosten		
Fortsetzung Blatt 15			

Muster Kostenanschlag – Blatt 15

Zusammenstellung (Ende)			
Kostengruppe		Gesamtbetrag 2. Ebene DM	Gesamtbetrag 1. Ebene DM
	Übertrag Gesamtkosten		
	Übertrag Kostengruppe 700		
750	Kunst – Blatt 12		
760	Finanzierung – Blatt 12		
770	Allgemeine Baunebenkosten – Blatt 12		
790	Sonstige Baunebenkosten – Blatt 12		
	Gesamtbetrag Kostengruppe 700		
	Zur Abrundung		
	Gesamtkosten		

Bearbeiter, Ort, Datum:

Prüfvermerke:

Kapitel D

DIN 277 Grundflächen und Rauminhalte von Bauwerken im Hochbau

DK 721.011.24.05:624.9:001.4 DEUTSCHE NORM Juni 1987

Grundflächen und Rauminhalte von Bauwerken im Hochbau

Begriffe, Berechnungsgrundlagen

DIN 277 Teil 1

Areas and volumes of buildings; terminology, bases of calculation
Aires et volumes de bâtiment; terminologie, principes de calcul

Ersatz für Ausgabe 05.73

1 Anwendungsbereich

Diese Norm gilt für die Berechnung der Grundflächen und Rauminhalte von Bauwerken oder von Teilen von Bauwerken.

Grundflächen und Rauminhalte sind unter anderem maßgebend für die Ermittlung der Kosten von Hochbauten (Kostengruppen 3.1 bis 3.4 nach DIN 276 Teil 2) und bei dem Vergleich von Bauwerken.

Anmerkung: Eine weiterführende Untergliederung von Grundflächen nach Nutzungsarten als in dieser Norm ist in DIN 277 Teil 2 festgelegt.

2 Begriffe

2.1 Brutto-Grundfläche (BGF)

Die Brutto-Grundfläche ist die Summe der Grundflächen aller Grundrißebenen eines Bauwerkes.

Nicht dazu gehören die Grundflächen von nicht nutzbaren Dachflächen und von konstruktiv bedingten Hohlräumen, z.B. in belüfteten Dächern oder über abgehängten Decken.

Die Brutto-Grundfläche gliedert sich in Konstruktions-Grundfläche und Netto-Grundfläche.

2.2 Konstruktions-Grundfläche (KGF)

Die Konstruktions-Grundfläche ist die Summe der Grundflächen der aufgehenden Bauteile aller Grundrißebenen eines Bauwerkes, z.B. von Wänden, Stützen und Pfeilern. Zur Konstruktions-Grundfläche gehören auch die Grundflächen von Schornsteinen, nicht begehbaren Schächten, Türöffnungen, Nischen sowie von Schlitzen.

2.3 Netto-Grundfläche (NGF)

Die Netto-Grundfläche ist die Summe der nutzbaren, zwischen den aufgehenden Bauteilen befindlichen Grundflächen aller Grundrißebenen eines Bauwerkes. Zur Netto-Grundfläche gehören auch die Grundflächen von freiliegenden Installationen und von fest eingebauten Gegenständen, z.B. von Öfen, Heizkörpern oder Tischplatten.

Die Netto-Grundfläche gliedert sich in Nutzfläche, Funktionsfläche und Verkehrsfläche.

2.4 Nutzfläche (NF)

Die Nutzfläche ist derjenige Teil der Netto-Grundfläche, der der Nutzung des Bauwerkes aufgrund seiner Zweckbestimmung dient.

Die Nutzfläche gliedert sich in Hauptnutzfläche (HNF) und Nebennutzfläche (NNF).

2.5 Funktionsfläche (FF)

Die Funktionsfläche ist derjenige Teil der Netto-Grundfläche der der Unterbringung zentraler betriebstechnischer Anlagen in einem Bauwerk dient.

Sofern es die Zweckbestimmung eines Bauwerkes ist, eine oder mehrere betriebstechnische Anlagen unterzubringen, die der Ver- oder Entsorgung anderer Bauwerke dienen, z.B. bei einem Heizhaus, sind die dafür erforderlichen Grundflächen jedoch Nutzflächen nach Abschnitt 2.4.

2.6 Verkehrsfläche (VF)

Die Verkehrsfläche ist derjenige Teil der Netto-Grundfläche, der dem Zugang zu den Räumen, dem Verkehr innerhalb des Bauwerkes und auch dem Verlassen im Notfall dient. Bewegungsflächen innerhalb von Räumen, die zur Nutz- oder Funktionsfläche gehören, z.B. Gänge zwischen Einrichtungsgegenständen, zählen nicht zur Verkehrsfläche.

2.7 Brutto-Rauminhalt (BRI)

Der Brutto-Rauminhalt ist der Rauminhalt des Baukörpers der nach unten von der Unterfläche der konstruktiven Bauwerkssohle und im übrigen von den äußeren Begrenzungsflächen des Bauwerks umschlossen wird.

Nicht zum Brutto-Rauminhalt gehören die Rauminhalte von

- Fundamenten;
- Bauteilen, soweit sie für den Brutto-Rauminhalt von untergeordneter Bedeutung sind, z.B. Kellerlichtschächte, Außentreppen, Außenrampen, Eingangsüberdachungen und Dachgauben;
- untergeordneten Bauteilen, wie z.B. konstruktive und gestalterische Vor- und Rücksprünge an den Außenflächen, auskragende Sonnenschutzanlagen, Lichtkuppeln, Schornsteinköpfe, Dachüberstände, soweit sie nicht Überdeckungen für Bereich b nach Abschnitt 3.1.1 sind.

2.8 Netto-Rauminhalt (NRI)

Der Netto-Rauminhalt ist die Summe der Rauminhalte aller Räume, deren Grundflächen zur Netto-Grundfläche gehören.

3 Berechnungsgrundlagen

3.1 Allgemeines

3.1.1 Grundflächen und Rauminhalte sind nach ihrer Zugehörigkeit zu folgenden Bereichen getrennt zu ermitteln:

- Bereich a:
  überdeckt und allseitig in voller Höhe umschlossen,
- Bereich b:
  überdeckt, jedoch nicht allseitig in voller Höhe umschlossen,
- Bereich c:
  nicht überdeckt.

Sie sind ferner getrennt nach Grundrißebenen, z.B. Geschossen, und getrennt nach unterschiedlichen Höhen zu ermitteln.

Fortsetzung Seite 2 und 3

Normenausschuß Bauwesen (NABau) im DIN Deutsches Institut für Normung e.V.

3.1.2 Waagerechte Flächen sind aus ihren tatsächlichen Maßen, schrägliegende Flächen aus ihrer senkrechten Projektion auf eine waagerechte Ebene zu berechnen.

3.1.3 Grundflächen sind in m^2, Rauminhalte im m^3 anzugeben.

3.2 Berechnung von Grundflächen

3.2.1 Brutto-Grundfläche

Für die Berechnung der Brutto-Grundfläche sind die äußeren Maße der Bauteile einschließlich Bekleidung, z.B. Putz, in Fußbodenhöhe anzusetzen. Konstruktive und gestalterische Vor- und Rücksprünge in den Außenflächen bleiben dabei unberücksichtigt.

Brutto-Grundflächen des Bereichs b sind an den Stellen, an denen sie nicht umschlossen sind, bis zur senkrechten Projektion ihrer Überdeckungen zu rechnen.

Brutto-Grundflächen von Bauteilen (Konstruktions-Grundflächen), die zwischen den Bereichen a und b liegen, sind zum Bereich a zu rechnen.

3.2.2 Konstruktions-Grundfläche

Die Konstruktions-Grundfläche ist aus den Grundflächen der aufgehenden Bauteile zu berechnen. Dabei sind die Fertigmaße der Bauteile in Fußbodenhöhe einschließlich Putz oder Bekleidung anzusetzen. Konstruktive und gestalterische Vor- und Rücksprünge an den Außenflächen, soweit sie die Netto-Grundfläche nicht beeinflussen, Fuß-, Sockelleisten, Schrammborde sowie vorstehende Teile von Fenster- und Türbekleidungen bleiben unberücksichtigt.

Die Konstruktions-Grundfläche darf auch als Differenz aus Brutto- und Netto-Grundfläche ermittelt werden.

3.2.3 Netto-Grundfläche, Nutz-, Funktions- und Verkehrsfläche

Bei der Berechnung der Netto-Grundfläche sind die Grundflächen von Räumen oder Raumteilen unter Schrägen mit lichten Raumhöhen

- von 1,5 m und mehr, sowie
- unter 1,5 m

stets getrennt zu ermitteln.

Für die Ermittlung der Netto-Grundfläche bzw. der Nutz-, Funktions- oder Verkehrsfläche im einzelnen sind die lichten Maße der Räume in Fußbodenhöhe ohne Berücksichtigung von Fuß-, Sockelleisten oder Schrammborden anzusetzen.

Für Netto-Grundflächen des Bereichs b gilt Abschnitt 3.2.1, zweiter Absatz, sinngemäß.

Die Grundflächen von Treppenräumen und Rampen sind als Projektion auf die darüberliegende Grundrißebene zu berechnen, soweit sie sich nicht mit anderen Grundflächen überschneiden.

Grundflächen unter der jeweils ersten Treppe oder unter der ersten Rampe werden derjenigen Grundrißebene zu gerechnet, auf der die Treppe oder Rampe beginnt. Sie werden ihrer Nutzung entsprechend zugeordnet.

Die Grundflächen von Aufzugsschächten und von begehbaren Installationsschächten werden in jeder Grundrißebene, durch die sie führen, berechnet.

3.3 Berechung von Rauminhalten

3.3.1 Brutto-Rauminhalt

Der Brutto-Rauminhalt ist aus den nach Abschnitt 3.2.1 berechneten Brutto-Grundflächen und den dazugehörigen Höhen zu errechnen. Als Höhen für die Ermittlung des Brutto-Rauminhaltes gelten die senkrechten Abstände zwischen den Oberflächen des Bodenbelages der jeweilgen Geschosse bzw. bei Dächern des Dachbelages.

Bei Luftgeschossen gilt als Höhe der Abstand von der Oberfläche des Bodenbelages bis zur Unterfläche der darüberliegenden Deckenkonstruktion.

Bei untersten Geschossen gilt als Höhe der Abstand von der Unterfläche der konstruktiven Bauwerkssohle bis zur Oberfläche des Bodenbelages des darüberliegenden Geschosses.

Für die Höhen des Bereichs c sind die Oberkanten der diesem Bereich zugeordneten Bauteile, z.B. Brüstungen, Attiken, Geländer, maßgebend.

Bei Bauwerken oder Bauwerksteilen, die nicht von senkrechten und/oder nicht waagerechten Flächen begrenzt werden, ist der Rauminhalt nach entsprechenden Formeln zu berechnen.

3.3.2 Netto-Rauminhalt

Der Netto-Rauminhalt ist aus den Netto-Grundflächen nach Abschnitt 3.2.3 und den lichten Raumhöhen sinngemäß nach Abschnitt 3.3.1 zu berechnen.

Zitierte Normen

DIN 276 Teil 2	Kosten von Hochbauten; Kostengliederung
DIN 277 Teil 2	Grundflächen und Rauminhalte von Bauwerken im Hochbau; Gliederung der Nutzflächen, Funktionsflächen und Verkehrsflächen (Netto-Grundfläche)

Weitere Normen

DIN 276 Teil 1	Kosten von Hochbauten; Begriffe
DIN 276 Teil 3	Kosten von Hochbauten; Kostenermittlungen
DIN 276 Teil 3 Auswahl 1	Kosten von Hochbauten; Kostenermittlungen, Auswahl für den Wohnungsbau

Frühere Ausgaben

DIN 277: 08.34, 01.36, 10.40x, 11.50x
DIN 277 Teil 1: 05.73

Änderungen

Gegenüber der Ausgabe Mai 1973 wurden folgende Änderungen vorgenommen:

a) Angaben zur Ermittlung von Grundstücksflächen wurden gestrichen, da sie durch Titel und Anwendungsbereich der Norm nicht erfaßt werden.
b) Zur Berechnung der Netto-Grundflächen unter Schrägen wurde eine Höhenunterteilung vorgenommen.
c) Der Text wurde redaktionell überarbeitet, gekürzt und neu gegliedert. Dabei wurde der Begriff »Grundrißfläche« in »Grundfläche« geändert.

Internationale Patentklassifikation

E 04 B 1/00

DIN 277 Teil 1
Grundflächen und Rauminhalte von Bauwerken im Hochbau – Begriffe, Berechnungsgrundlagen
Ausgabe Juni 1987

Kommentierung

Allgemeines:
Die Ausgaben 1934, 1936, 1940 und 1950 der Norm DIN 277 trugen den Titel »Hochbauten; Umbauter Raum, Raummeterpreis« und waren mit dem Ziel erarbeitet und weiterentwickelt worden, eine einheitliche Grundlage für die Berechnung des Rauminhalts (»umbauter Raum«) von Hochbauten vorzuschreiben. Zunächst bewährte sich die Norm, da die Hochbauten überschaubare Formen hatten und die überwiegende Zahl der nach dem Kriege errichteten Gebäude, insbesondere die Wohnungsbauten, nur wenig gegliedert waren. Doch schon bei der Überarbeitung der Norm im Jahr 1950 wurde erkannt, daß die Berechnung der Kosten des umbauten Raumes mit einheitlicher m^3-Bewertung bei unterschiedlichen Bauformen, Bauwerksgrößen und Konstruktionsarten zu unrealistischen Ergebnissen führen muß. Es wurde deshalb vorgeschrieben, daß für Kostenermittlungen, bei denen die Gebäudekosten auf der Basis des Raummeterpreises ermittelt werden, nur Preise tatsächlich vergleichbarer Bauwerke herangezogen werden dürfen. Außerdem wurde festgelegt, daß für die Beurteilung der Wirtschaftlichkeit auch die Angabe des Preises je m^2 Nutzfläche (Wohnfläche) erforderlich ist.
Inzwischen hatte sich die Struktur der Hochbauten stark verändert. Der moderne Städtebau erlöste die Planer weitgehend von der Traufhöhenbindung. Die Baumassen lockerten sich. Bauten aller Nutzungsarten wurden in zunehmendem Maße horizontal und vertikal gegliedert und gestaffelt. Für die Kostenermittlung bedeutete dies, daß sogar das Kostengefüge ein und desselben Bauwerks nicht mehr einheitlich war, d.h. daß eine Kostenermittlung nach DIN 277 alter Art nicht mehr zu eindeutigen und verläßlichen Ergebnissen führte. Auf der Suche nach neuen Berechnungsgrundlagen griff man auf die zu Unrecht in den Hintergrund gedrängte Erkenntnis zurück, daß auch die Bauwerksflächen für Kostenermittlungen eine bedeutende Aussagekraft besitzen, ja sogar wesentlich genauere Eingrenzungen bei der Kostenermittlung zulassen. Während der Kubikmeter des umbauten Raumes fast nur nach

Merkmalen der Form und der Konstruktion bewertet wird – nach DIN 276 alter Art mußten die Kosten der Gebäude (die reinen Baukosten) getrennt von den Kosten der besonderen Betriebseinrichtungen ermittelt werden –, ermöglichte die Kostenermittlung aufgrund von m^2-Preisen der Grundflächen eine der Nutzung entsprechende Bewertung, eine Methode, die erheblich näher an die Kostenquellen heranführt und eine weit besser differenzierte Kostenanalyse gestattete. Mit DIN 276, Ausgabe September 1971, geändert durch die Ausgabe April 1981, wurde zudem für die Heranziehung der Bauwerksflächen zur Kostenermittlung eine neue Grundlage geschaffen. Zu den Bauwerkskosten gehörten jetzt außer den Kosten der Baukonstruktionen und der besonderen Bauausführungen auch die Kosten der Installationen, der Zentralen Betriebstechnik und der Betrieblichen Einbauten. Entsprechend der Gebäudeart und Gebäudenutzung ließen sich daher jetzt die Kosten der Bauwerksflächen nach den ihnen zugehörigen Verhältniswerten der Baukonstruktionen zu den Installationen, den Betriebstechnischen Anlagen und den Betrieblichen Einbauten wirklichkeitsnah bemessen.
Diese Gedankengänge führten dazu, daß in die Neufassung von DIN 277, Ausgabe Mai 1973, auch Definitionen und Berechnungsgrundlagen von Grundflächen aufgenommen wurden. Sie stehen nicht nur gleichberechtigt neben den Berechnungsgrundlagen für die Rauminhalte, sondern sie haben auch die Aufgabe, diese zu ergänzen, so daß die Bewertung der Baukörpervolumina erheblich genauer möglich ist als bisher. Bewertungsvorschriften selbst werden in der Norm nicht behandelt. Da die Bewertung in hohem Maße von der Nutzungsart einer Fläche bestimmt wird, wurde die in DIN 277 Teil 1, Ausgabe Mai 1973, festgelegte Gliederung der Netto-Grundrißfläche in Nutzflächen (Haupt- und Nebennutzflächen) sowie in Funktions- und in Verkehrsflächen durch DIN 277 Teil 2, Ausgabe März 1981, im einzelnen festgelegt und die Zuordnung von Räumen und Flächen durch Beispiele erläutert.
Der ursprüngliche Gedanke, die Nutzfläche nach Gebäudearten zu untergliedern, wurde verlassen, weil es sich herausstellte, daß es richtiger ist, sie nach Nutzungsarten zu unterteilen, denn in den meisten Bauwerken sind Nutzflächen verschiedener Nutzungsart sowie unterschiedliche Funktionsflächen und Verkehrsflächen enthalten. Mit Hilfe von DIN 277 Teil 2 ist es möglich, sehr genaue Flächen- und Kostenvergleiche zur Beurteilung der Wirtschaftlichkeit eines Bauwerkes vorzunehmen. Es wird außerdem notwendig werden, den Begriff der Nutzeinheit, z.B. Arbeitsplatz, Wohnplatz, Bettplatz, genau zu definieren, damit die Bildung von Erfahrungswerten bezogen auf Nutzeinheiten ermöglicht wird, mit denen Kostenschätzungen zu besseren Ergebnissen führen.
Mit der Ausgabe vom Juni 1987 erhielt DIN 277 Teil 1 und Teil 2 eine Neufassung, die jedoch für die Regeln der Norm keine wesentlichen Änderungen zur Folge hatte. Die in der früheren Ausgabe von DIN 277 Teil 1

enthaltenen Angaben zur Ermittlung von Grundstücksflächen wurden gestrichen, weil sie durch den Titel der Norm nicht abgedeckt waren und in ihrem Anwendungsbereich nicht vorkamen. Dadurch wurde eine Neugliederung notwendig. Außerdem wurde der Normentext redaktionell überarbeitet und an einigen Stellen gekürzt. Als inhaltliche Ergänzung wurde mit Rücksicht auf Berechnungen im Wohnungsbau unter Schrägen von Netto-Grundflächen eine Höhenunterteilung eingefügt.
Aus Anlaß der Neufassung von DIN 277 Teil 1 war es auch erforderlich, DIN 277 Teil 2 an die neue Textfassung anzupassen. Dabei wurde im Normtitel der ungenaue Begriff »Hochbauten« durch »Bauwerke im Hochbau« ersetzt. Ferner wurde der Begriff »Grundrißfläche« in »Grundfläche« geändert, da dieser Begriff in einfacherer Form die gleiche Information vermittelt.
Die zum besseren Verständnis der Norm diesem Buch beigefügten farbigen Bilderläuterungen sind besonders geeignet, die Prinzipien der Flächen- und Raumberechnungen deutlich zu machen und Grenzfälle aufzuzeigen.

Zum Titel:
In der bisherigen Fassung des Titels »Grundflächen und Rauminhalte von Hochbauten« ist der Begriff »Hochbauten« durch »Bauwerke im Hochbau« ersetzt worden. Die Änderung erfolgte, weil in den Abschnitten des Normtextes der genauere Begriff »Bauwerk« eingeführt worden ist. Die in der Norm festgelegten Definitionen und Berechnungsgrundlagen beziehen sich speziell auf Grundflächen und Rauminhalte von Bauwerken oder von Teilen von Bauwerken des Hochbaus. Der geänderte Titel trägt dem Rechnung.

Zu 1 Anwendungsbereich:
Grundflächen und Rauminhalte sind Mengen- und Qualitätsmaßstäbe für Kostenermittlung, Kostenvergleich und Kostenbeurteilung von Bauwerken im Hochbau. Die einheitliche und eindeutige Bestimmung der Begriffe und die Festlegung allgemeingültiger Grundlagen für ihre Bezeichnung sind Voraussetzung für die Güte und die Verständlichkeit dieser Maßstäbe. Ihre Charakteristika gehören zu den Einflußgrößen, die bei der Bildung von Erfahrungswerten zu beachten sind.
In den verschiedenen Stufen der Bauvorbereitung und der Baudurchführung stehen Berechnungsunterlagen unterschiedlicher Art und Genauigkeit zur Verfügung, so z.B.

- während der Vorplanung das Bau-, Raum- und Funktionsprogramm mit Vorskizzen,
- während der Bauplanung der Vorentwurf mit Erläuterung, der Entwurf mit Baubeschreibung, die Ausschreibungsunterlagen,
- während der Bauausführung die Ausführungszeichnungen mit Raumbuch, die Angebote, die Anrechnungsunterlagen.

Der Zweck der Berechnung, z.B. Kostenschätzung für Finanzierungsüberlegungen, Kostenberechnung zur Ausschreibungskontrolle, Kostenanschlag zur Preisfestlegung des Bieters, aber auch Flächenvergleich und Bildung von Verhältniswerten, kann nur erreicht werden, wenn die jeweils erforderlichen Unterlagen vorhanden sind. Unvollständige Unterlagen müssen deshalb so vervollständigt werden, daß sie für den Zweck der Berechnung geeignet sind und ausreichen.

DIN 277 Teil 1 enthält grundsätzliche Regelungen. Die Regelung von Einzelheiten ist mit DIN 277 Teil 2 erfolgt. Sie ergänzt die Gliederung und Ordnung der Nutz-, Funktions- und Verkehrsflächen.

Sehr wichtig ist die Bestimmung, daß sich Berechnungen nach DIN 277 Teil 1, die für Kostenermittlungen verwendet werden, nur auf die Kostengruppen 3.1 Baukonstruktionen, 3.2 Installationen, 3.3 Zentrale Betriebstechnik und 3.4 Betriebliche Einbauten von DIN 276 beziehen dürfen. Die Kosten für die Kostengruppe 3.5 Besondere Bauausführungen sind gesondert zu ermitteln. Diese Kostengruppen entsprechen den Kostengruppen 300 Bauwerk-Baukonstruktionen und 400 Bauwerk – Technische Anlagen, wie sie in der Neufassung von DIN 276, Ausgabe Juni 1993, formuliert worden sind. Diese Regelung dient in erster Linie der Bildung klarer Einflußgrößen für die Entwicklung von Erfahrungswerten. Die Kosten für Baukonstruktionen, Installationen, Zentrale Betriebstechnik und Betriebliche Einbauten, die durch besondere Bedingungen des Geländes, des Baugrundes, der Umgebung oder durch Forderungen außerhalb der Zweckbestimmung des Bauwerks verursacht werden, würden die Erfahrungswerte verfälschen. Das gilt auch für die in Kostengruppe 3.5 enthaltenen Kosten für Kunstwerke und künstlerisch gestaltete Bauteile.

Diese Bestimmung ähnelt zwar den in DIN 277 alter Art (Nov. 1960) unter Abschnitt 1.4 stehenden Vorschriften über die besonders zu veranschlagenden Bauausführungen und Bauteile. Sie unterscheidet sich von diesen jedoch in zwei wesentlichen Punkten. Zum einen sind nur die Kosten der Besonderen Bauausführungen nach Kostengruppe 3.5 gesondert zu ermitteln, während zum anderen die besondere Berechnung von Bauteilen, wie in der alten DIN unter 1.42 bis 1.47 vorgeschrieben, entfällt. Die unter 1.41 in DIN 277 alter Art beschriebenen Bauteile (geschlossene Anbauten in leichter Bauart und mit geringwertigem Ausbau und offene Anbauten, wie Hallen, Überdachungen von Lichthöfen, Unterfahrten auf Stützen, Veranden) sind in der Neufassung nach den gegebenen Berechnungsgrundlagen zu behandeln, d.h. ihre Grundflächen und Rauminhalte unterliegen keiner Sonderberechnung.

Bei der Berechnung des Brutto-Rauminhalts bleiben konstruktive und gestalterische Vor- und Rücksprünge unberücksichtigt. Das bedeutet nicht, daß Art und Umfang der Ausstattung eines Bauwerks mit solchen Gestaltungselementen und Bauteilen sich kostenmäßig nicht auswirken dürfen. Sie sind zwar auf die Flächengröße und die Rauminhaltsmenge ohne Einfluß, müssen jedoch bei der Bewertung der Kosten je m^2 bzw. je m^3 ihre Beachtung finden. Angaben zur Ermittlung von Grundstücksflächen sind in der neuen Norm nicht mehr enthalten, da in der Titelbezeichnung nur Grundflächen von Bauwerken im Hochbau angezeigt sind. Die bisherigen Definitionen der Begriffe »Fläche des Baugrundstücks«, »Bebaute Fläche« und »Unbebaute Fläche« sind damit entfallen.

Zu 2 Begriffe:
In der Reihenfolge der Abschnitte, die sich auf die Grundflächen beziehen, wird zunächst die Brutto-Grundfläche behandelt. Sie gliedert sich in die Konstruktions-Grundfläche und die Netto-Grundfläche. Die Netto-Grundfläche wiederum ist unterteilt in Nutzfläche, Funktionsfläche und Verkehrsfläche. Bei der Nutzfläche ist zwischen Hauptnutzfläche und Nebennutzfläche zu unterscheiden. Danach folgt die Definition der Begriffe des Brutto-Rauminhalts und des Netto-Rauminhalts.
Siehe Bilderläuterung »Zuordnung der Begriffe«.

Zu 2.1 Brutto-Grundfläche (BGF):
Der in § 20 BauNVO definierte Begriff der Geschoßfläche ließ sich in der Norm nicht verwenden, weil sich die Geschoßfläche im Gegensatz zur Brutto-Grundfläche nur auf Vollgeschosse und auf die Flächen von Aufenthaltsräumen in anderen Geschossen einschließlich der zu ihnen gehörenden Treppenräume bezieht. Die in der BauNVO vorgeschriebene Einschränkung soll die Geschoßfläche aus planungspolitischen Gründen niedrig halten, damit eine angemessene bauliche Nutzung erzielt werden kann. Die in DIN 277 Teil 1 enthaltenen Bestimmungen sind demgegenüber reine Berechnungsgrundlagen, die sich auf alle Grundrißebenen, also auch auf die Nichtvollgeschosse beziehen.
Unter Grundrißebenen sind alle nutzbaren Tiefgeschosse, Kellergeschosse, Erdgeschosse, Obergeschosse, Zwischengeschosse, Dachgeschosse und Dachflächen eines Bauwerks zu verstehen, wie sie üblicherweise im Bauentwurf in den Grundrißzeichnungen dargestellt werden. Nutzbare Dachflächen sind Dachterrassen, Dachgärten, Zwischengeschosse, z.B. Installationsgeschosse, wenn sie begehbar sind, Emporen, Galerien und Lagerböden.
Die Grundflächen nicht nutzbarer Dachflächen sowie von Hohlräumen, die sich aus der Konstruktion ergeben, zählen nicht zu den Grundrißebenen, so z.B. die Zwischenräume bei belüfteten Dächern oder über abgehängten Decken.
Siehe Bilderläuterung 1.

Zu 2.2 Konstruktions-Grundfläche (KGF):
Da sich die Brutto-Grundfläche in die Konstruktions-Grundfläche und die Netto-Grundfläche gliedert, ergibt sich die Konstruktions-Grundfläche aus der Differenz zwischen Brutto-Grundfläche und Netto-Grundfläche. Sie besteht aus der Grundfläche der Wände, Bauelemente und Bauteile, z.B. Mauern, Fertigteilwände, sowie von Tragelementen, wie Stützen, Pfeilern, Säulen, ferner aus der Grundfläche von Schornsteinen, Türöffnungen, Nischen, Schlitzen, nicht besteigbaren Schächten, z.B. Lüftungsschächte, Lichtschächten und dergleichen, wenn sie sich innerhalb der Brutto-Grundfläche befinden. Unter Lichtschächten sind nach oben verglaste lichtführende Schächte zu verstehen, die innerhalb der Bauwerksfläche liegen.
Siehe Bilderläuterung 2.

Zu 2.3 Netto-Grundfläche (NGF):
Die Netto-Grundfläche ist die Differenz aus Brutto-Grundfläche und Konstruktions-Grundfläche. Sie setzt sich aus der Summe der nutzbaren Grundflächen aller Grundrißebenen eines Bauwerks zusammen, die von Wänden und Bauteilen begrenzt sind, deren Grundfläche die Konstruktionsfläche bildet. Der Netto-Grundfläche sind die Grundflächen von freiliegenden Installationen, z.B. Rohre, sowie von fest mit dem Bauwerk verbundenen Objekten, z.B. Badewannen, Öfen, Heizkörper, Arbeitsplatten, zuzuordnen. Bedeutsam ist, daß der Begriff "versetzbare Bauteile" mit der Fußnote 2) aus Ausgabe 1973 nicht mehr verwendet wird. Der Ausdruck »versetzbare Trennwand« war mißverständlich, da jede Trennwand beim Ein- und Ausbau Beschädigungen der angrenzenden Bauteile hinterläßt und ihre Grundfläche daher nicht zur NGF oder NF zählt. Als versetzbare Trennwände im Sinne der Ausgabe von 1973 können nur sogenannte Stellwände im Großraumbüro rechnen, die ohnehin nicht von der DIN 277 erfaßt werden, da sie der Nutzer wie Möbel mitbringt.
Siehe Bilderläuterungen 3, 4, 5.

Zu 2.4 Nutzfläche (NF):
Unter Nutzfläche ist der Teil der Netto-Grundfläche zu verstehen, der nach der Art seiner Zweckbestimmung der Nutzung eines Bauwerks dient, z.B. bei Verwaltungsgebäuden die Flächen der Büroräume, Schreibräume, Sitzungssäle, Aktenräume, Vervielfältigungsräume, Kantinen, Kaffeeküchen, Reinigungsräume, Sanitärräume, Pförtnerräume.
Entsprechend DIN 277 Teil 2 besteht die Nutzfläche aus den Grundflächen, die nach den in der dortigen Tabelle 1 Nummer 1 bis 7 beschriebenen Arten genutzt werden. Bei der Gliederung in Hauptnutzfläche und Nebennutzfläche

kommen für die Hauptnutzfläche in Tabelle 1 die Nummern 1 bis 6 und für die Nebennutzfläche die Nummer 7 zur Anwendung.
Siehe Bilderläuterung 6.

Zu 2.5 Funktionsfläche (FF):
Unter Funktionsfläche ist der Anteil an der Netto-Grundfläche zu verstehen, der für zentrale betriebstechnische Anlagen dient, soweit diese das Bauwerk versorgen, in dem sie untergebracht sind. Außer der Funktionsfläche gehören noch die Nutzfläche und die Verkehrsfläche zur Netto-Grundfläche.
In DIN 277 Teil 2 sind unter Nummer 8 der Tabelle 2 die in Betracht kommenden zentralen betriebstechnischen Anlagen aufgeführt.
Ist es die Zweckbestimmung eines Bauwerks, zentrale betriebstechnische Anlagen aufzunehmen, die der Ver- und Entsorgung anderer Bauwerke dienen (z.B. Kesselhaus, Umspannstation), so sind die dafür bestehenden Grundflächen keine Funktionsflächen, sondern Hauptnutzflächen und Nebennutzflächen entsprechend Abschnitt 2.4.
Installationsgeschosse dienen der zusammengefaßten Unterbringung zentraler betriebstechnischer Anlagen und horizontaler Verteilungssysteme der Rohre und Leitungen. Voraussetzung für die Zuordnung eines Installationsgeschosses zur Funktionsfläche ist ihre Begehbarkeit und ihr Charakter als Grundrißebene.
Siehe Bilderläuterung 7.

Zu 2.6 Verkehrsfläche (VF):
Unter Verkehrsfläche ist der Anteil an der Netto-Grundfläche zu verstehen, der dem Eingang zu den Räumen des Bauwerks, z.B. Eingangshalle, Warteraum, dem inneren Verkehr, z.B. Flächen von Treppenräumen, Gänge, Flure, innenliegende Rampen, sowie der Verkehrs- und Feuersicherheit des Bauwerks, z.B. Fläche von Fluchtbalkonen, Feuerschleusen, dient. Nicht zur Verkehrsfläche zählen Flächen in Räumen der Nutz- oder Funktionsfläche, die lediglich dazu dienen, sich in diesen Räumen zu bewegen, z.B. Bewegungsflächen in Gasträumen, Gänge zwischen den Sitzen in Filmtheatern. Neben der Verkehrsfläche gehören noch die Nutzfläche und die Funktionsfläche zur Netto-Grundfläche.
In DIN 277 Teil 2 sind unter Nummer 9 der Tabelle 2 einige typische Nutzungsfälle für Verkehrserschließung und Verkehrssicherung aufgeführt.
Siehe Bilderläuterung 8.

Zu 2.7 Brutto-Rauminhalt (BRI):
Analog zu den Begriffen Brutto-Grundfläche und Netto-Grundfläche bestehen die Begriffe Brutto-Rauminhalt und Netto-Rauminhalt. Auf den Begriff eines Konstruktions-Rauminhalts wird in der Norm verzichtet, da die Berech-

nung des Rauminhalts der Bauwerkskonstruktion, d.h. der Hülle des Bauwerks und seiner Stützen, nicht üblich ist und zu keinen anwendbaren Ergebnissen führt. Es bestehen jedoch keine Bedenken, die Bezeichnung Konstruktions-Rauminhalt zu verwenden, da eine Berechnung des Konstruktions-Rauminhalts nicht ausgeschlossen werden darf und seine Ermittlung verhältnismäßig leicht aus der Differenzbildung zwischen Brutto-Rauminhalt und Netto-Rauminhalt möglich ist.

Die Bezeichnung Brutto-Rauminhalt ersetzt den früher dafür verwendeten Ausdruck »Umbauter Raum«, bei dessen Anwendung es unsicher war, ob es sich um den Rauminhalt ohne Mitrechnung der begrenzenden Bauteile handelt, das wäre dann der Netto-Rauminhalt, oder ob das Baukörpervolumen, also der Rauminhalt einschließlich der Umschließungsobjekte, also der Brutto-Rauminhalt, gemeint ist. Die bloße Verwendung des Wortes Rauminhalt ist jedoch genauso irreführend wie die der Bezeichnung Umbauter Raum, da erst durch die Beifügungen »Brutto« und »Netto« eine Präzisierung erreicht wird.

Unter Brutto-Rauminhalt ist der Rauminhalt eines Bauwerks zu verstehen, das unten von der Unterseite der konstruktiven Bauwerkssohle, z.B. Betondecke auf verdichtetem Erdreich, sowie seitlich und oben von den äußeren Umschließungsflächen begrenzt wird.

Zur Verdeutlichung sind in der Norm die Rauminhalte aufgezählt, die nicht zum Brutto-Rauminhalt gehören. Es sind dies:

- die Fundamente,
- Bauteile, soweit sie für den Brutto-Rauminhalt von untergeordneter Bedeutung sind, z.B. Kellerlichtschächte, Kriechkeller, Außenrampen, Außentreppen, Eingangsstufen mit Geländer, Eingangsüberdachungen mit Regenfang, Dachgauben,
- untergeordnete Bauteile (z.B. konstruktive und gestalterische Vor- und Rücksprünge an den Außenflächen, auskragende Sonnenschutzanlagen, Lichtkuppeln, Schornsteinköpfe, Dachüberstände, sofern sie nicht als Überdeckungen für den Bereich b nach Abschnitt 3.1.1 anzusehen sind).

Siehe Bilderläuterungen 9, 10.

Zu 2.8 Netto-Rauminhalt (NRI):

Unter Netto-Rauminhalt ist die Summe der Rauminhalte aller Räume zu verstehen, die sich aus den Grundflächen der Netto-Grundfläche ergeben. Der NRI dient im wesentlichen zur Ermittlung von Wärme-, Lüftungs- oder Klimatisierungsbedarf.

Zu 3 Berechnungsgrundlagen:

Mit der Neufassung dieser Norm wurden entsprechend ihrer Titelaussage die Begriffe im Abschnitt 2 getrennt behandelt.

Grundflächen und Rauminhalte sind Bewertungsmaßstäbe für die Ermittlung und den Vergleich der Kosten von Hochbauten (siehe DIN 276 Teil 1 bis 3, Ausgabe April 1981) sowie für die Beurteilung der Wirtschaftlichkeit von Planungen. Art, Umfang und Genauigkeit der nach dieser Norm aufzustellenden Berechnungen sind abhängig von den verfügbaren Unterlagen und von dem Zweck, dem das Berechnungsergebnis dienen soll.

Zu 3.1 Allgemeines:
Die folgenden Bestimmungen gelten sowohl für die Berechnung von Grundflächen als auch von Rauminhalten.

Zu 3.1.1:
Nach den Merkmalen der Umschließung und Überdeckung sind in der Norm drei Bereiche festgelegt, nach denen bei der Berechnung der Bauwerksflächen und der Rauminhalte zu unterscheiden ist. Die getrennte Berechnung ist notwendig, damit bei ihrer Verwendung zur Kostenermittlung die erforderliche differenzierte Bewertung vorgenommen werden kann. Die Reihenfolge in der Gruppierung entspricht dem Grad der Vollständigkeit der Umschließung.
Bereich a:

Unter diesen Bereich fallen Bauwerke bzw. Bauwerksteile, die überdeckt und allseitig in voller Höhe umschlossen und deren Öffnungen durch Fenster, Türen u.ä. verschließbar sind (z.B. Bauwerke ohne Balkone, ohne Loggien, ohne nutzbare Dachflächen, ohne Luftgeschosse und ohne Durchfahrten.

Bereich b:

Unter diesen Bereich fallen Bauwerke bzw. Bauwerksteile, die überdeckt, jedoch nicht in voller Höhe umschlossen sind. Das sind Bauwerke und Bauwerksteile, deren Wände ganz oder teilweise fehlen oder unverschließbare Öffnungen aufweisen (z.B. Pausenhallen, überbaute offene Eingangshallen, Luftgeschosse, Durchfahrten, Loggien, Laubengänge).

Bereich c:

Unter diesen Bereich fallen Bauwerke bzw. Bauwerksteile, die nicht überdeckt, jedoch ganz oder teilweise durch Bauelemente begrenzt sind (z.B. Dachgärten, offene Geschosse von Parkhäusern, nicht überdeckte Balkone).

Außer der Trennung nach diesen drei Bereichen sind Grundflächen und Rauminhalte auch nach ihren Grundrißebenen, z.B. Geschosse, zu trennen. Die Rauminhalte sind ferner nach den unterschiedlichen Höhen getrennt zu berechnen.
Wesentlich ist, daß es sich bei der Berechnung nach den drei Bereichen um nutzbare Brutto-Grundflächen von Bauwerken handeln muß. Innenhöfe zäh-

len nicht zur nutzbaren Brutto-Grundfläche, da ihnen die umschließenden Bauteile nicht zugehören. Sie sind Flächen der Außenanlagen (siehe DIN 276 Kostengruppe 500).
Siehe Bilderläuterungen 11 bis 14.

Zu 3.1.2:
Daß schrägliegende Flächen, z.B. Rampen im Bauwerksinneren, aus ihrer senkrechten Projektion auf eine waagerechte Ebene zu berechnen sind, dient bei der Ermittlung von Grundflächengrößen der Vereinfachung. Die Maße dafür lassen sich aus den Grundrißzeichnungen der Bauplanungsunterlagen leicht entnehmen. Kommen schrägliegende Flächen bei der Berechnung von Rauminhalten zum Ansatz, so ist der Raumkörper durch entsprechende Formeln in seiner Menge zu ermitteln.

Zu 3.1.3:
Die Vorschrift, daß Grundflächen nur in m^2 und Rauminhalte nur in m^3 angegeben werden dürfen, dient ausschließlich der Einheitlichkeit und der Vergleichbarkeit. Die Anwendung von Rastereinheiten, Moduleinheiten, Systemflächeneinheiten ist ausgeschlossen.
In der vorangegangenen Ausgabe von DIN 277 Teil 1 hatte diese Bestimmung eine weitergreifende Bedeutung, da sie auch für Flächen des Baugrundstücks galt und somit Bezeichnungen wie Morgen, Tagwerk, Hektar und Ar nicht anzuwenden waren.

Zu 3.2 Berechnung von Grundflächen:
Außer den in diesem Abschnitt festgelegten Berechnungsvorschriften, die sich nur auf die Brutto-Grundfläche, die Konstruktions-Grundfläche und auf die Netto-Grundfläche einschließlich Nutz-, Funktions- und Verkehrsfläche beziehen, gelten für die Berechnung auch die Bestimmungen aus Abschnitt 3.1 Allgemeines.

Zu 3.2.1 Brutto-Grundfläche:
Gemäß Abschnitt 2.1 ist die Brutto-Grundfläche aus der Summe der Grundflächen aller Grundrißebenen eines Bauwerks zu errechnen. Während in § 20 BauNVO lediglich vorgeschrieben ist, daß die Geschoßfläche nach den Außenmaßen der Gebäude zu ermitteln ist, bestehen für die Berechnung der Brutto-Grundfläche erheblich feinere Messungsbestimmungen. Maßgebend sind die äußeren Abmessungen der begrenzenden Bauteile, und zwar deren fertige Außenflächen (z.B. die Außenfläche der Putzhaut, der Wandbekleidungen, der Brüstungen, der Gitter). Die Messung ist in Fußbodenhöhe, d.h. in der Ebene der Fußbodenoberfläche vorzunehmen.

Um das Messen und Berechnen zu vereinfachen, bleiben Vor- und Rücksprünge der Grundrißflächen sowie Profilierungen unberücksichtigt. Gemeint sind damit konstruktive Elemente, wie tragende Pfeiler, Mauerverstärkungen oder gestalterische Maßnahmen zur Belebung der Fassadenstruktur, wie Zierrisalite, Mauereinziehungen, ferner Profile der Bekleidungselemente u.ä., sofern die Netto-Grundfläche der dadurch verursachten Bewegung der Außenbegrenzungslinien nicht folgt und keine Vergrößerung oder Verkleinerung der Netto-Grundfläche damit verbunden ist.
Bei der Entscheidung, ob bei konstruktiven oder gestalterischen Vor- und Rücksprüngen die äußere Begrenzung der Vorsprünge oder die der Rücksprünge maßgebend ist, kommt es darauf an festzustellen, ob die äußere Ebene der Fassade durch die Vorsprünge oder durch die Rücksprünge bestimmt wird.
Die Begrenzung überdeckter Brutto-Grundflächen, die nicht oder nur teilweise allseitig in voller Höhe umschlossen sind, z.B. Luftgeschosse, Tankstellen, Bahnsteige, erfolgt für die Teile, die keine äußere Begrenzung haben, durch die lotrechte Projektion der äußeren Begrenzung des überdeckten Bauteils, z.B. durch das darüberliegende Geschoß oder Dach. Dabei ist darauf zu achten, daß bei der lotrechten Projektion ggf. Dachüberstände nicht zu berücksichtigen sind.
Nicht zur Brutto-Grundfläche gehören alle Flächen, die keine nutzbaren Grundrißebenen von Geschossen, Zwischengeschossen, Dachgeschossen oder Dachflächen sind. Nicht anzurechnen sind also z.B.:

- Flächen von Hohlräumen zwischen Gelände und Unterfläche des Bauwerks, wie etwa bei Hangbebauungen oder bei Pfahlbauten.
- Flächen von Kriechkellern; für Kriechkeller gibt es zwar keine allgemeingültige Definition, aus dem Wort geht jedoch hervor, daß es sich um Unterkellerungen handelt, die nur in kriechender Haltung zugänglich sind, damit z.B. Rohre und Leitungen überwacht und instand gesetzt werden können,
- Flächen und Zwischenräume bei Kaltdächern, d.h. die mitunter nicht einmal bekriechbaren Flächen von Zwischenräumen zweischaliger belüfteter Massivdecken,
- Flächen nicht begehbarer Dächer, d.h. Dachflächen, die nur in Ausnahmefällen (z.B. bei Instandsetzungen der Dachhaut, bei der Schornsteinreinigung, beim Antennenbau) betreten werden. Das gilt auch für den Fall, daß diese Flächen mit einer ausreichend hohen Brüstung umgeben sind.
- Flächen zwischen Brettbindern, die zwar begangen werden können, bei denen jedoch die Binderabstände keine Nutzung erlauben.

Die Vorschrift, daß Brutto-Grundflächen von Bauteilen, also Konstruktions-Grundflächen, die zwischen den Bereichen a und b liegen (siehe Abschnitt

3.1.1), dem Bereich a zuzurechnen sind, gehört eigentlich zu den Bestimmungen des Abschnitts 3.2.2.
Auch für Abschnitt 3.2.1 gelten die Vorschriften des Abschnitts 3.1 Allgemeines.
Siehe Bilderläuterungen 15 bis 20.

Zu 3.2.2 Konstruktions-Grundfläche:
Gemäß Abschnitt 2.2 ist die Konstruktions-Grundfläche aus der Summe der Grundflächen der aufgehenden Bauteile aller Grundrißebenen eines Bauwerks zu errechnen. Dabei sind die Bestimmungen in Abschnitt 3.1 Allgemeines zu beachten.
Für die Bemessung sind die Fertigmaße in Fußbodenhöhe maßgebend; Putz, Bekleidungen usw. sind also in das Maß einzuschließen. Nicht zu berücksichtigen sind:

- konstruktive und gestalterische Vor- und Rücksprünge an den Außenflächen, soweit sie sich auf die Netto-Grundfläche nicht auswirken (z.B. tragende Pfeiler, Mauerverstärkungen oder gestalterische Maßnahmen zur Belebung der Fassadenstruktur wie Zierrisalite, Mauereinziehungen, Profile der Bekleidungselemente u.ä.),
- Fuß- und Sockelleisten, Schrammborde,
- vorstehende Teile von Fenster- und Türbekleidungen.

Gemäß Abschnitt 2.2 sind der Konstruktionsfläche hinzuzurechnen die Grundflächen von:

- Schornsteinen,
- nicht begehbaren Schächten,
- Türöffnungen,
- Nischen und Schlitzen, die in Fußbodenhöhe beginnen.

Es ist auch zulässig, die Konstruktions-Grundfläche aus der Differenz zwischen Brutto-Grundfläche und Netto-Grundfläche zu ermitteln.
Siehe Bilderläuterung 2.

Zu 3.2.3 Netto-Grundfläche, Nutz-, Funktions- und Verkehrsfläche:
Gemäß Abschnitt 2.3 ist die Netto-Grundfläche aus der Summe der nutzbaren, zwischen den aufgehenden Bauteilen befindlichen Grundflächen aller Grundrißebenen eines Bauwerks zu berechnen. Dabei sind die Bestimmungen des Abschnitts 3.1 Allgemeines zu beachten.
Nach der ersatzlosen Zurückziehung von DIN 283 über die Ermittlung von Wohnflächen wurde es als zweckmäßig erachtet, eine dort vorhandene Differenzierung der Grundflächen nach der Raumhöhe sinngemäß in die neue DIN 277 zu übernehmen, um auf diese Weise dem geminderten Nutzungswert von Flächen ohne ausreichende Kopfhöhe Rechnung zu tragen. Die in DIN 283 enthaltene Unterscheidung der Höhen ab 2 m, zwischen

1 und 2 m sowie unter 1 m wurde jedoch vereinfacht, so daß nunmehr die Flächen mit Raumhöhen

- von 1,5 m und mehr sowie
- unter 1,5 m

getrennt zu ermitteln sind.

Für die Bemessung der Netto-Grundfläche sind die lichten Fertigmaße in Fußbodenhöhe, d.h. in der Ebene des fertigen Fußbodens, maßgebend, wobei Fußleisten, Sockel, Schrammborde, Ausrundungen u.ä. unberücksichtigt bleiben. Die Bemessung nach lichten Fertigmaßen beruht auf der Zweckbestimmung der Netto-Grundfläche, deren tatsächliche nutzbare Größe zu ermitteln ist. Das bedeutet zwar eine gewisse Erschwernis, weil weder im Vorentwurf noch im Entwurf noch in den Ausführungsunterlagen Fertigmaße enthalten sind, es sei denn, daß das Konstruktionsmaß, z.B. bei Fertigteilen, gleichzeitig das Fertigmaß ist. Lediglich Detailzeichnungen großen Maßstabs enthalten Fertigmaße. Die Erschwernis muß jedoch in Kauf genommen werden.

Die Begrenzung überdeckter Netto-Grundflächen, die nicht oder nur teilweise allseitig in voller Höhe umschlossen sind, z.B. Durchfahrten, Loggien, überdeckte Dachterrassen, erfolgt für die Teile, die keine äußere Begrenzung haben, durch die lotrechte Projektion der äußeren Begrenzung des überdeckenden Bauteils, z.B. darüberliegendes Geschoß, Dach. Dabei ist darauf zu achten, daß bei der lotrechten Projektion von Dachlinien ggf. Dachüberstände nicht zu berücksichtigen sind.

Als Grundfläche von Treppenräumen und Rampen gilt die lotrechte Projektion auf die darüberliegende Grundrißebene, sofern sich dabei keine Überschneidungen mit anderen Grundflächen ergeben, z.B. bei einer Verkleinerung des Treppenhauses.

Grundflächen, die sich unter dem ersten Treppenlauf bzw. unter der ersten ansteigenden Rampe befinden, sind der Grundrißebene zuzurechnen, auf der der Treppenlauf bzw. die Rampe beginnt. Bei der Zuordnung ist die entsprechende Nutzung zu beachten.

Um die Messung zu vereinfachen, werden die Grundflächen von Aufzugsschächten und von begehbaren Installationsschächten in jeder Grundrißebene, durch die sie führen, berechnet. Diese Vorschrift ist deshalb besonders zu beachten, weil derartige Schächte in den einzelnen Grundrißebenen keine realen Grundflächen besitzen.

Siehe Bilderläuterungen 21, 22.

Zu 3.3 Berechnung von Rauminhalten:

Außer den in den folgenden Abschnitten festgelegten Berechnungsvorschriften, die sich nur auf die Rauminhalte beziehen, gelten auch noch die allgemeinen Vorschriften des Abschnitts 3.1.

Zu 3.3.1 Brutto-Rauminhalt:
Gemäß Abschnitt 2.7 ist der Brutto-Rauminhalt der Rauminhalt des Baukörpers, der nach unten von der Unterfläche der konstruktiven Bauwerkssohle und im übrigen von den äußeren Begrenzungsflächen des Bauwerks umschlossen wird. Er errechnet sich aus den nach Abschnitt 3.2.1 ermittelten Brutto-Grundflächen, die mit den zugehörigen Höhenmaßen zu vervielfältigen sind.
Für die Berechnung des Brutto-Rauminhalts gelten als Höhenmaße die lotrechten Abstände zwischen den Oberflächen des fertigen Bodenbelages der einzelnen Geschosse bzw. bei Dächern der lotrechte Abstand zwischen Oberfläche des fertigen Fußbodens und der Oberfläche des fertigen Dachbelages.
Abweichend hiervon gilt bei Luftgeschossen als Höhenmaß der lotrechte Abstand von der Oberfläche des fertigen Bodenbelages bis zur fertigen Unterfläche der darüberliegenden Deckenkonstruktion.
Für unterste Geschosse, z.B. Kellergeschosse, nichtunterkellerte Erdgeschosse, gilt als Höhenmaß der Abstand von der Unterfläche der konstruktiven Bauwerkssohle, z.B. Betonsohle auf verdichtetem Erdreich, bis zur Oberfläche des fertigen Bodenbelages des darüberliegenden Geschosses.
Für die Berechnung des Brutto-Rauminhalts im Bereich c (nicht überdeckt) gelten als Höhenmaße die Oberkanten der begrenzenden Bauteile, z.B. Wand, Brüstung, Geländer, Gitter, gemessen ab dem fertigen Bodenbelag.
Gehört die der Berechnung zugrunde zu legende Brutto-Grundfläche zu einem auskragenden Bauwerksteil, z.B. oberster Balkon, oberster Fluchtbalkon, auskragende Dachterrasse, so gilt als Höhenmaß der lotrechte Abstand von der fertigen Unterfläche des auskragenden Bauwerksteils bis zur Oberkante der umschließenden Bauteile, z.B. Wand, Brüstung, Geländer, Gitter.
Im Falle ungleich hoher begrenzender Bauteile ist das Höhenmaß zu mitteln.
Sind Bauwerke bzw. Bauwerksteile von nicht senkrechten oder in ihrer Höhe nicht waagerechten Flächen begrenzt (wobei Geländer und Gitter als Flächen gelten), so ist der Brutto-Rauminhalt nach entsprechenden Formeln zu berechnen.
Siehe Bilderläuterungen 23 bis 28.

Zu 3.3.2 Netto-Rauminhalt:
Für die Berechnung des Netto-Rauminhalts aus den Netto-Grundflächen und den zugehörigen Höhen gelten die Vorschriften der Abschnitte 3.1, 3.2.3 und 3.3.1 sinngemäß.

Als Arbeitshilfe für die Ermittlung von Grundflächen sind nachstehend die Muster der Formblätter A und B abgedruckt.
Nachdem die einzelnen Teilflächen der unterschiedlichen Flächenarten formlos errechnet worden sind, werden sie für jede Grundrißebene getrennt in jeweils ein Formblatt A eingetragen. Die Werte aus den doppelt umrahmten Feldern werden dann in das Formblatt B übernommen und zu den Werten für das gesamte Bauwerk aufaddiert. Besteht ein Gebäude aus mehr Grundrißebenen als das Formblatt B über Tabellenzeilen verfügt, sind mehrere Formblätter B zu verwenden, deren Endsummen erneut zusammengefaßt werden müssen.

Grundflächen nach DIN 277

Formblatt

A

Bauwerk/Bauvorhaben: ______________________________

Grundrißebene: ______________________________ **Nr** ________

z.B. Keller, 1. OG, Dachgeschoß

Verwendete Unterlagen: ______________________________

____

Alle Angaben auf volle m^2 gerundet!

Flächenart	Bereich a			Bereich b		Bereich c
	Höhe unter 1,5 m	Höhe von 1,5 m bis Regelhöhe[1] ____m	Sonderhöhe[2] ____m	Regelhöhe[1] ____m	Sonderhöhe[2] ____m	Brüstungshöhe ____m
Nutzfläche NF[3] (Übertrag auf Formblatt B)						
Verkehrsfläche VF						
Funktionsfläche FF						
NF + VF + FF						
	▽		◁		◁	▽
	→					
			◁ (Bereich b)			
			◁ (Bereich c)			
Netto-Grundfläche insges. (Übertrag auf Formblatt B)						

	Brutto-Grundfläche[4] BGF	Konstruktions-Grundfläche[5] KGF	
Bereich a			
Bereich b			
Bereich c			
Brutto-Grundfläche insges.[4] (Übertrag auf Formblatt B)			Konstruktions-Grundfläche insgesamt[5]

1) Standard-Raumhöhe der jeweiligen Grundrißebene eintragen.
2) Raumhöhe von besonderen Bauwerksteilen eintragen, z.B. von Hallen über mehrere Geschosse.
3) Wird eine Untergliederung in Haupt- und Nebennutzflächen gefordert, sind diese getrennt zu ermitteln.
4) Brutto-Grundflächen werden in der Regel aus den äußeren Abmessungen des Bauwerks errechnet.
5) Angaben nur in Sonderfällen erforderlich.

Grundflächen nach DIN 277

Formblatt

B

Zusammenstellung

Bauvorhaben/Liegenschaft: ______________________ **Nr** ________

Übertrag aus Formblatt A: Nr	Übertrag aus Formblatt A: Grundrißebene	**Nutzfläche NF**[1] **Bereich a** Höhe < 1,5 m	**Bereich a** Höhe von 1,5 m bis Regelhöhe	**Bereich a** Sonderhöhe	**Bereich b** Regelhöhe	**Bereich b** Sonderhöhe	**Bereich c**	**Netto-Grundfläche NGF**	**Brutto-Grundfläche BGF**
1) Das Formblatt kann sinngemäß auch zur Aufsummierung der Verkehrs- oder Funktionsfläche verwendet werden.		▽ ▽		◁		◁	▽ ▽	▽ ▽	▽ ▽
Σ **Nutzfläche Bereich a**		h < 1,5 m	h ≥ 1,5 m		Σ **Nutzfläche Bereich b**		**Nutzfläche Bereich c**	Σ **Netto-Grundfläche**	Σ **Brutto-Grundfläche**

Farbige Bilderläuterungen zu DIN 277 Teil 1

Diese Bilderläuterungen sind nicht Bestandteil der Norm.

Zuordnung der Begriffe

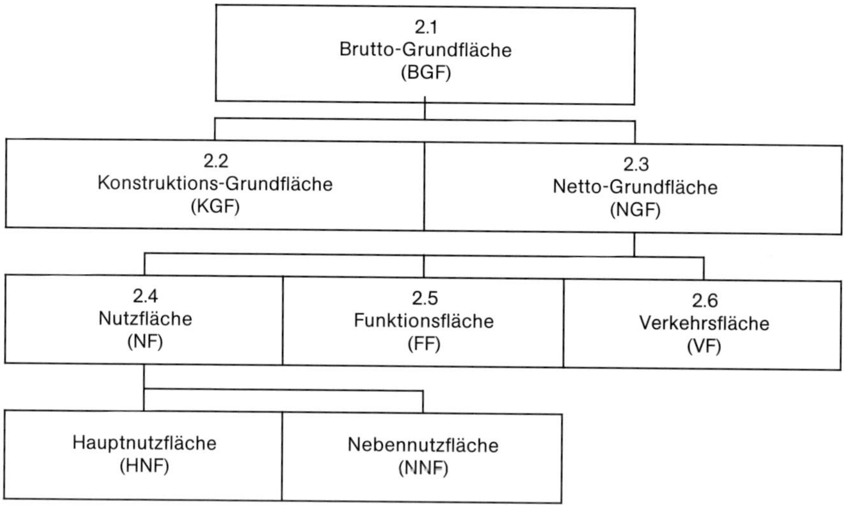

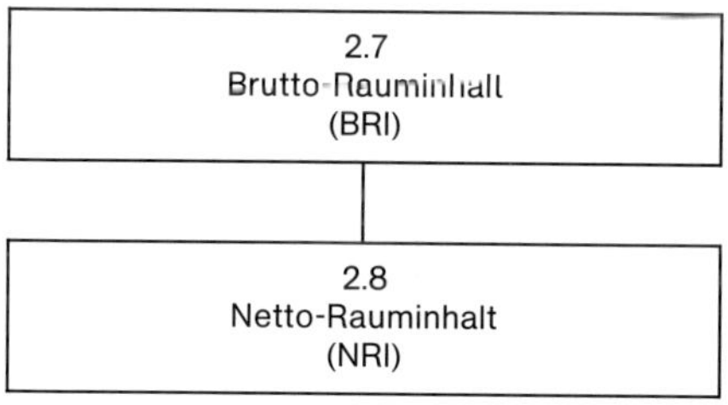

Bilderläuterung 1

Grundflächen und Rauminhalte von Bauwerken im Hochbau; Begriffe und Berechnungsgrundlagen

Brutto-Grundfläche (BGF)

Beispiel zu 2.1: **Wohnhaus mit 3 Grundrißebenen**

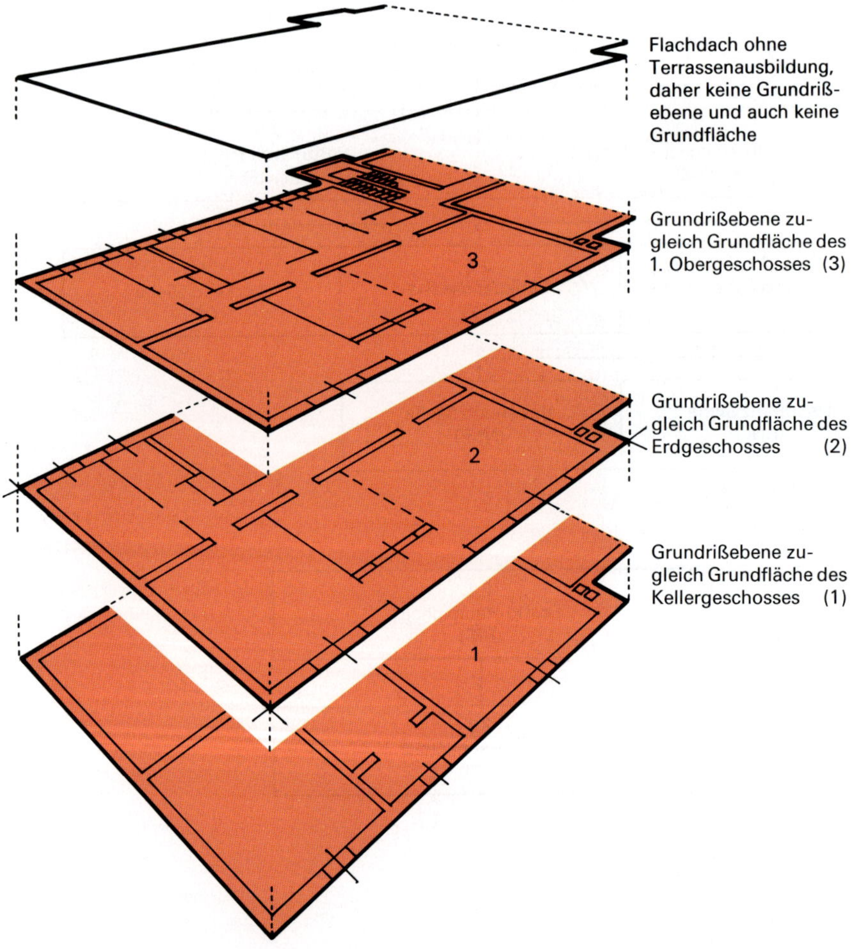

Die Bruttogrundfläche (BGF) ist gleich Summe der Grundflächen der Grundrißebenen des Kellergeschosses (1), des Ergeschosses (2) und des 1. Obergeschosses (3).

Bilderläuterung 2

Konstruktions-Grundfläche (KGF)

Beispiel zu 2.2: **Teilgrundrißebene eines Geschäftshauses mit vorgehängter Fassade**

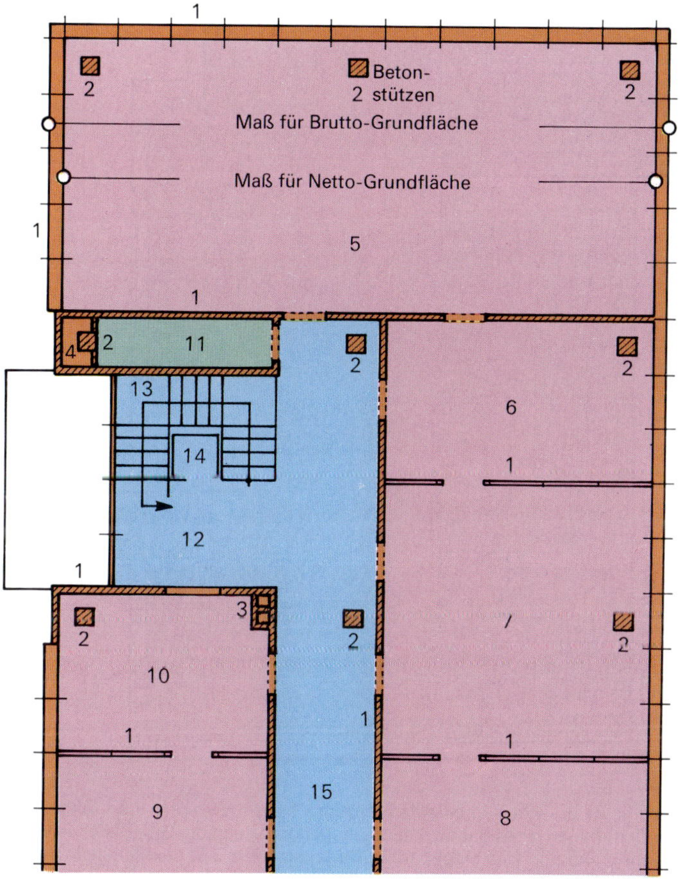

= Konstruktions-Grundfläche (KGF), bestehend aus den Grundflächen der aufgehenden Bauteile aller Grundrißebenen eines Bauwerks, im Beispiel der aufgehenden Wände (1), der Stützen (2), des Schornsteins (3) und des nicht besteigbaren Schachtes (4).

= Nutzfläche (NF), bestehend aus den Grundflächen der Büroräume (5 bis 10)

= Funktionsfläche (FF), bestehend aus der Grundfläche der Fernsprechzentrale (11)

= Verkehrsfläche (VF), bestehend aus den Grundflächen des Treppenhauses (12), der lotrechten Projektion der Treppenläufe (13), des Aufzugs (14) sowie des Flurs (15)

Bilderläuterung 3

Netto-Grundfläche (NGF)

Beispiel zu 2.3: **Grundrißebene eines Wohngebäudes**

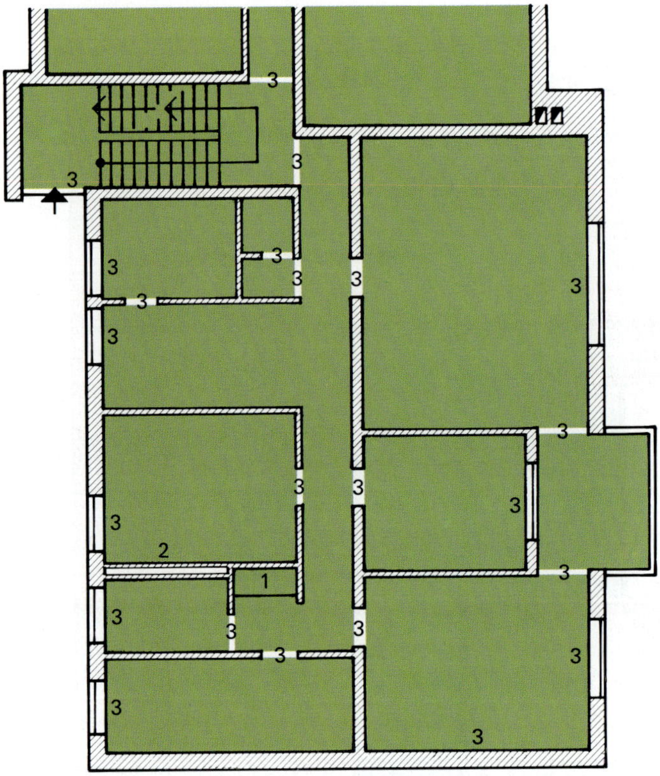

Die Netto-Grundfläche ist die (grün angelegte) nutzbare Fläche zwischen den aufgehenden Bauteilen aller Grundrißebenen eines Bauwerkes. Zu ihr gehören auch die Grundflächen von freiliegenden Installationen und von fest eingebauten Gegenständen, z.B. des Einbauschranks(1). Nicht zur NGF gehört die nicht begehbare Grundfläche(2) zwischen den Installationswänden. Die Grundflächen von Tür- und Fensteröffnungen sowie von Aussparungen und Nischen(3) in aufgehenden Bauteilen werden nicht zur NGF hinzugerechnet.
Für die Ermittlung der Netto-Grundfläche sind die lichten Maße der Räume in Fußbodenhöhe ohne Berücksichtigung von Fuß-, Sockelleisten oder Schrammborden anzusetzen.

Bilderläuterung 4

Netto-Grundfläche (NGF)

Beispiel zu 2.3; **Teilgrundrißebene eines Wohnraums**

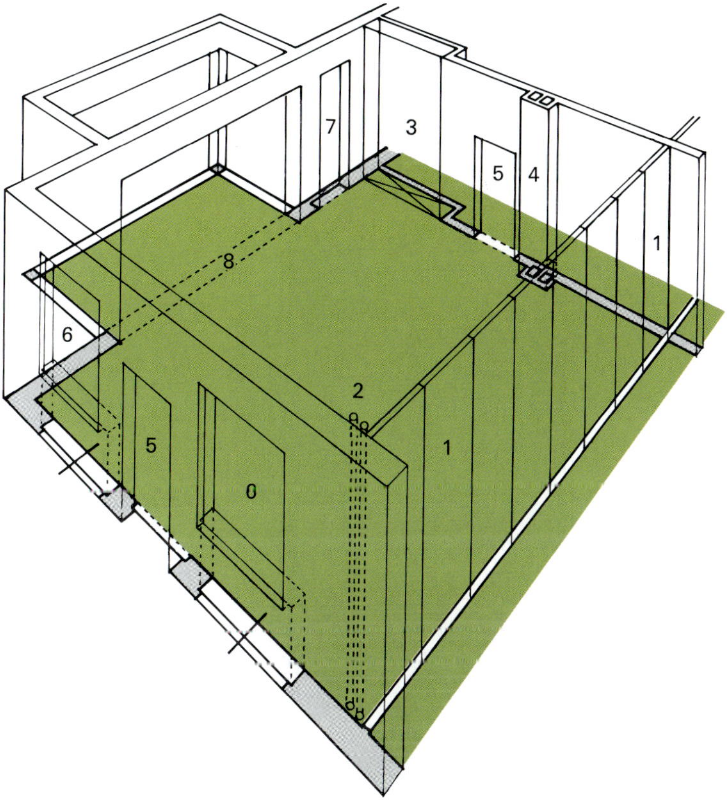

Nicht zur (grün angelegten) NGF gehören die Grundflächen der Trennwand (1), da diese zu den aufgehenden Bauteilen rechnet. Dagegen rechnen zur NGF die Grundflächen der freiliegenden Installationen (2) sowie des Einbauschranks (3).
Nicht zur NGF gehören ferner die Grundflächen des einspringenden Schornsteins (4), der zu den aufgehenden Bauteilen zählt, der Türöffnungen (5), der Fensteröffnungen (6) und der Nische (7), die innerhalb der aufgehenden Bauteile liegen, während die Grundfläche der von einem in den Raum greifenden Sturz überdeckten Wandöffnung (8) zur NGF rechnet.

Bilderläuterung 5

Netto-Grundfläche (NGF)

Beispiel zu 2.3: **Grundrißebene mit Aufteilung der Netto-Grundfläche in Nutzfläche (NF), Funktionsfläche (FF) und Verkehrsfläche (VF)**

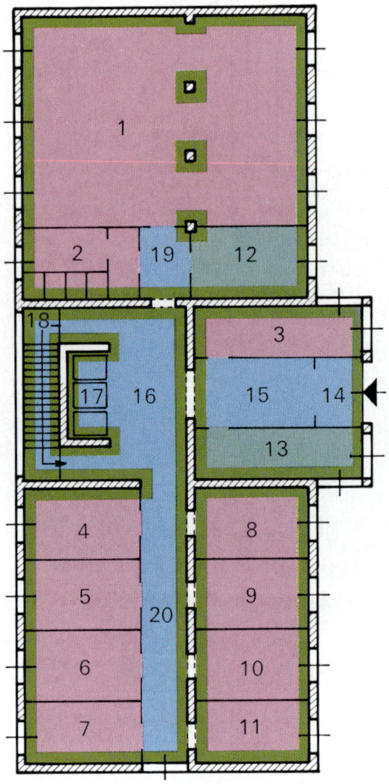

Die grün umrandete Fläche entspricht der Netto-Grundfläche (NGF), wenn davon die Grundflächen der leichten Trennwände, die jeweils nur mit einer Linie dargestellt sind, abgezogen werden. Die NGF gliedert sich in:

- (rosa) = Nutzfläche (NF), bestehend aus den Flächen des Großraumbüros (1), der Toilette (2), des Pförtner- und Garderobenraums (3) sowie der Einzelbüroräume (4 bis 11)
- (grün) = Funktionsfläche (FF), bestehend aus den Flächen des Raums für die Notstromanlage (12) sowie für Gase und Flüssigkeiten (13)
- (blau) = Verkehrsfläche (VF), bestehend aus den Flächen des Windfangs (14), der Eingangshalle (15), des Treppenraums (16), der Aufzüge (17), der lotrechten Projektion des Treppenlaufs (18), des abgeschlossenen Flurs (19) und des offenen Flurs (20).

Bilderläuterung 6

Nutzfläche (NF)

Beispiel zu 2.4: **Zwei Grundrißebenen einer Technischen Universität mit Hauptnutzflächen und Nebennutzfläche**

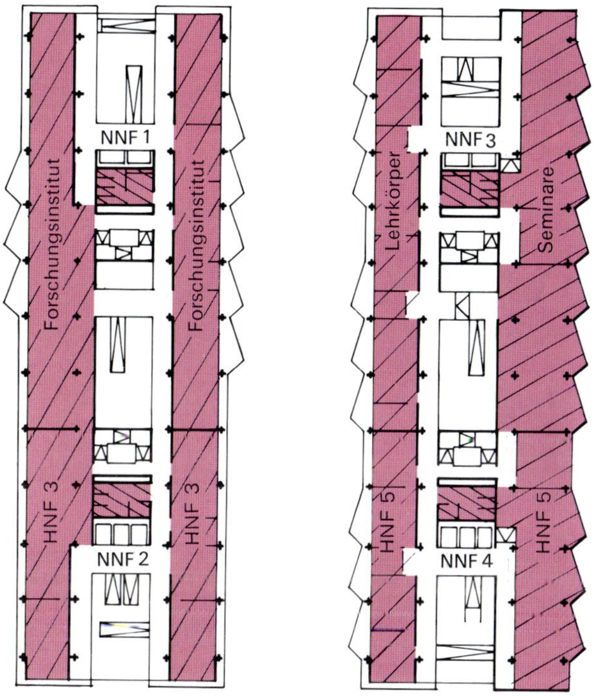

= HNF 3, bestehend aus der Hauptnutzfläche für das Forschungsinstitut
= HNF 5, bestehend aus der Hauptnutzfläche für den Lehrkörper
= HNF 5, bestehend aus der Hauptnutzfläche für die Seminare
= NNF 1–4, bestehend aus den zugehörigen Nebennutzflächen der Toiletten und der Reinigungsräume

Die Nutzfläche ist in die Hauptnutzflächen HNF 3 und HNF 5 sowie in die Nebennutzflächen 1 bis 4 unterteilt. Siehe DIN 277 Teil 2.

Bildererläuterung 7

Funktionsfläche (FF)

Beispiel zu 2.5: **Grundrißebenen des Untergeschosses und eines Obergeschosses eines chemisch-physikalischen Instituts**

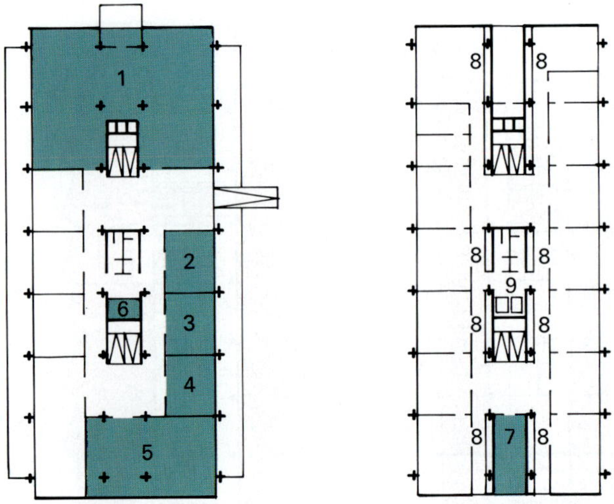

Untergeschoß — Obergeschoß

= Funktionsfläche, bestehend aus der Netto-Grundfläche des Raums der zentralen Anlagen für Heizung und Brauchwassererwärmung (1), des Raums für den Transformator (2), des Raums für das Notstromaggregat (3), des Raums der zentralen Anlagen für den Betrieb mit Gasen und Flüssigkeiten (4), des Raums der zentralen Anlagen für Lüftung, Klimatisierung und Kälteerzeugung (5), des Revisionsschachtes der Aufzugsanlage (6) sowie des Raums der Fernmeldezentrale (7).

Die nicht begehbaren Versorgungsschächte (8) gehören zur Konstruktions-Grundfläche gemäß Abschnitt 2.2.; die Nettogrundfläche des Aufzugsschachtes(9) zählt zur Verkehrsfläche gemäß Abschnitt 2.6.

Bilderläuterung 8

Verkehrsfläche (VF)

Beispiel zu 2.6: **Grundrißebene des Normalgeschosses eines Institutsgebäudes für physiologische Chemie**

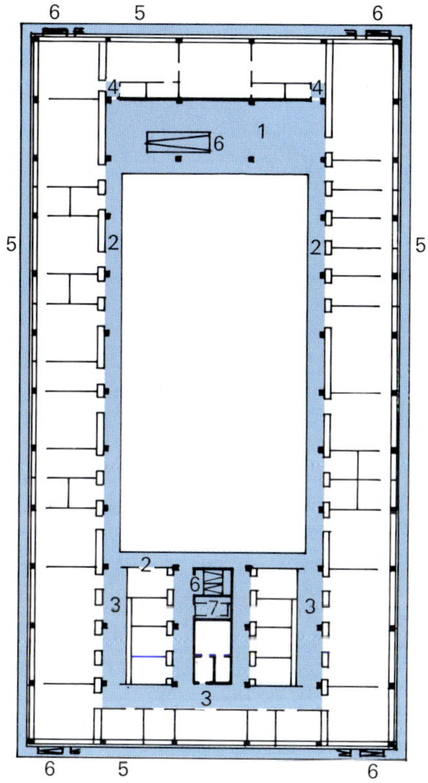

 = Verkehrsfläche, bestehend aus der Nettogrundfläche der Halle (1), der einhüftigen Flure (2), der zweihüftigen Flure (3), der Zwischenflure (4), der Fluchtbalkone (5), der lotrechten Projektion der Treppenläufe (6) sowie der lichten Grundfläche des Aufzugsschachtes (7).

Die Grundflächen der Stützen gehören zur Konstruktions-Grundfläche gemäß Abschnitt 2.2.

Bilderläuterung 9

Rauminhalte; Begriffe und Berechnungsgrundlagen
Brutto-Rauminhalt (BRI)

Beispiel zu 2.7: **Schnitt durch ein Wohngebäude mit untergeordneten Bauteilen**

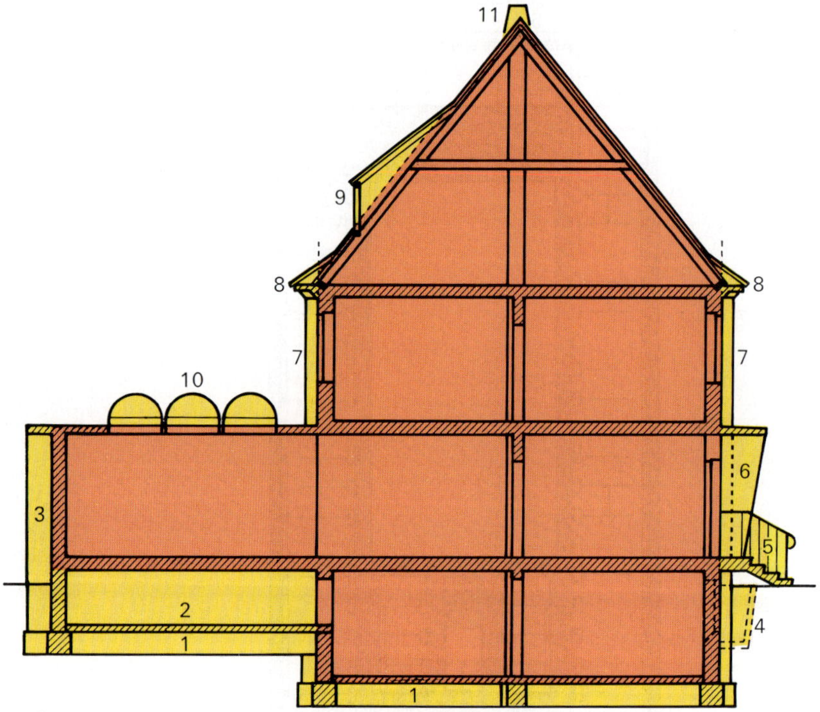

= Querschnittsfläche des Brutto-Rauminhaltes (BRI)

= Nicht zu berücksichtigende Rauminhalte und Bauteile: der BRI des Fundamentbereichs (1) und des Kriechkellers (2), der Stützpfeiler (3), der Kellerlichtschacht (4), die Eingangsstufen mit Geländer (5), die Eingangsüberdachung mit Regenfang (6), die gestalterischen Pfeilervorsprünge (7), die Dachüberstände (8), die Dachgaube (9), die Lichtkuppeln (10) und der Schornsteinkopf (11).

Bilderläuterung 10

Brutto-Rauminhalt (BRI)

Beispiel zu 2.7: **Grundriß und Schnitt durch eine Atomreaktorstation**

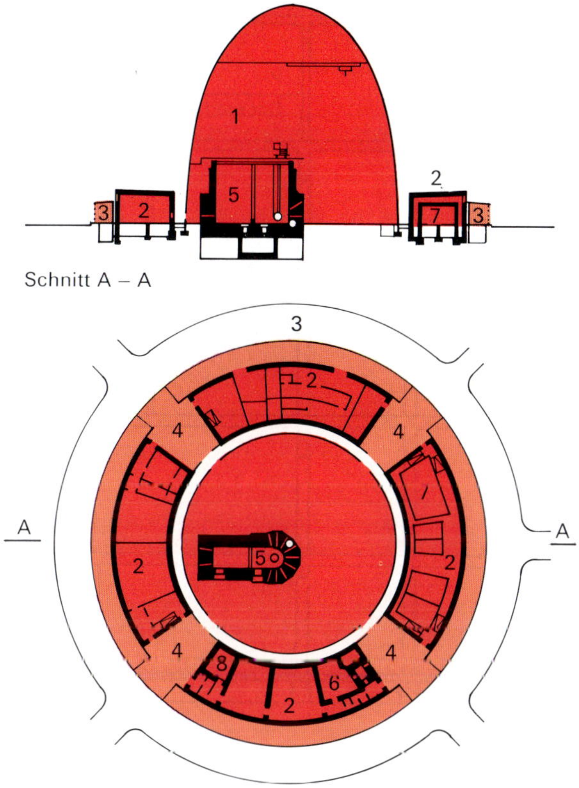

= auf den Brutto-Rauminhalt (BRI) bezogene Querschnitts- bzw. Brutto-Grundfläche des überdeckten und allseitig in voller Höhe umschlossenen Kuppelgebäudes(1) und von Teilen des Ringgebäudes(2). Der BRI des Kuppelgebäudes ist nach der Berechnungsformel für ein Rotations-Paraboloid zu ermitteln, der BRI der Teile des Ringgebäudes nach der Berechnungsformel für Segmente eines Hohlzylinders, wobei die Höhe wegen der Dachschräge zu mitteln ist.

= auf den BRI bezogene Querschnitts- bzw. Brutto-Grundfläche des überdeckten, jedoch nicht allseitig in voller Höhe umschlossenen Umgangs(3) und der Vorräume(4). Der BRI ist nach der Berechnungsformel für Segmente eines Hohlzylinders zu ermitteln, wobei wegen der Dachschräge die Höhe gemittelt werden muß.

Gemäß Abschnitt 1 Anwendungsbereich sind Grundflächen und Rauminhalte u.a. maßgebend für die Ermittlung der Kosten von Bauwerken im Hochbau entsprechend den Kostengruppen 3.1 bis 3.4 nach DIN 276 Teil 2 sowie beim Vergleich von Bauwerken.

Besondere Bauausführungen wie das Bauwerk für das Reaktorherz (5), das Heiße Labor (6), der Storage Tank (7) und der Meßraum (8) bleiben bei der Ermittlung der Grundflächen und Rauminhalte unberücksichtigt; ihre Kosten werden gesondert ermittelt.

Bilderläuterung 11

Brutto-Grundfläche (BGF)

Beispiel zu 3.1.1: **Schnitt durch ein Bauwerk mit Grundflächen nach den Bereichen a, b, c**

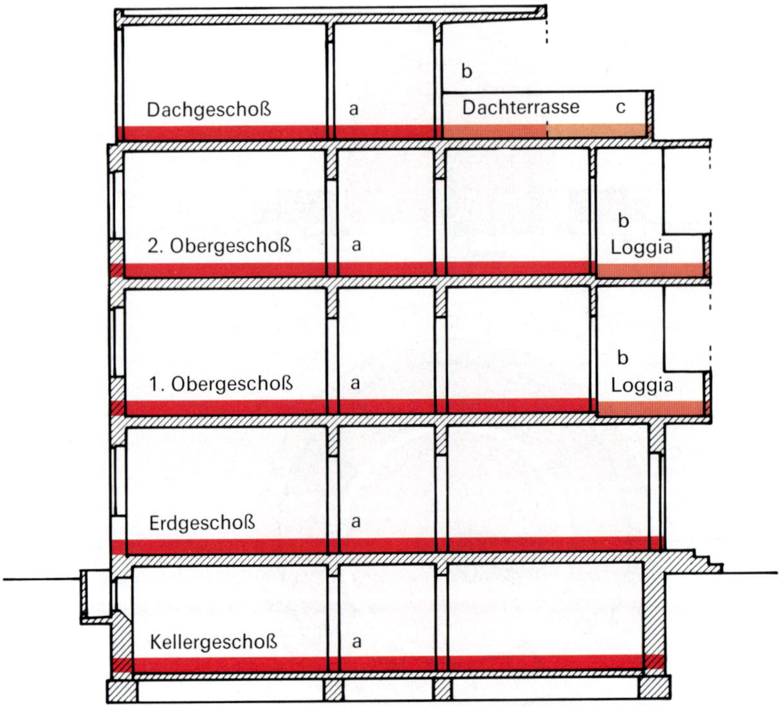

a = BGF, die überall und allseitig in voller Höhe umschlossen sind (Kellergeschoß, Erdgeschoß, 1. und 2. OG, Dachgeschoß)
b = BFG, die überdeckt, jedoch nicht allseitig in voller Höhe umschlossen sind (Loggien im 1. und 2. OG, überdeckter Teil der Dachterrasse)
c = BFG, die nicht überdeckt sind (nicht überdeckter Teil der Dachterrasse)
Brutto-Grundflächen des Bereichs b sind an den Stellen, an denen sie nicht umschlossen sind, bis zur senkrechten Projektion ihrer Überdeckungen zu rechnen.

Bilderläuterungen 12

Brutto-Grundfläche (BGF)

Beispiel zu 3.1.1: **Bauwerk mit Grundflächen nach den Bereichen a, b, c**

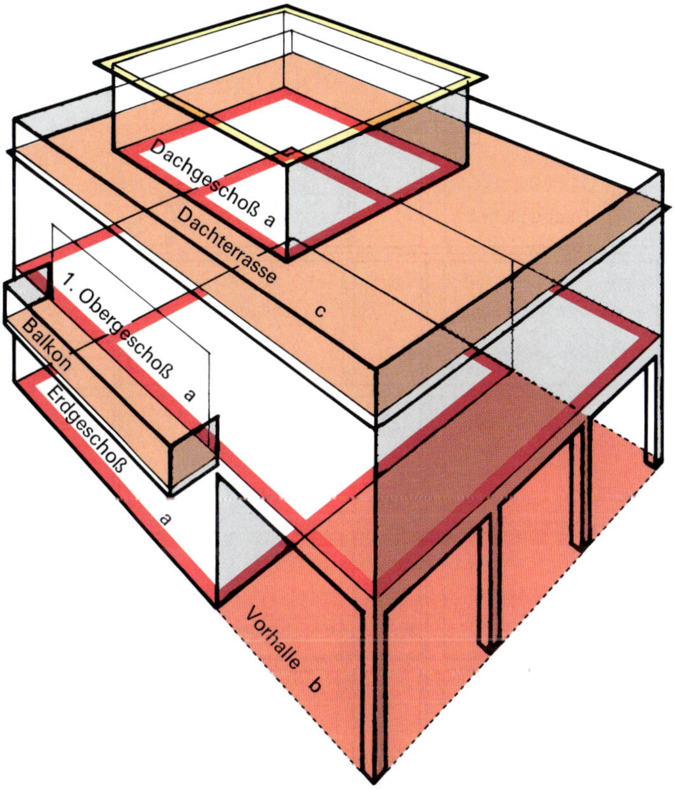

a = BGF, die überdeckt und allseitig in voller Höhe umschlossen sind (Erdgeschoß, 1. OG, Dachgeschoß)

b = BGF, die überdeckt, jedoch nicht allseitig in voller Höhe umschlossen sind (Vorhalle im Erdgeschoß)

c = BGF, die nicht überdeckt sind (Balkon im 1. OG, nicht überdeckte Dachterrasse)

Die gelb angelegte Fläche des aus gestalterischen Gründen angeordneten Dachüberstandes zählt nicht als Überdeckung der Grundrißfläche der Dachterrasse.

Brutto-Grundflächen des Bereichs b sind an den Stellen, an denen sie nicht umschlossen sind, bis zur senkrechten Projektion ihrer Überdeckungen zu rechnen.

Bilderläuterung 13

Konstruktions-Grundfläche (KGF)

Beispiel zu 3.2.2: **Bauwerk mit Grundflächen nach den Bereichen a, b, c**

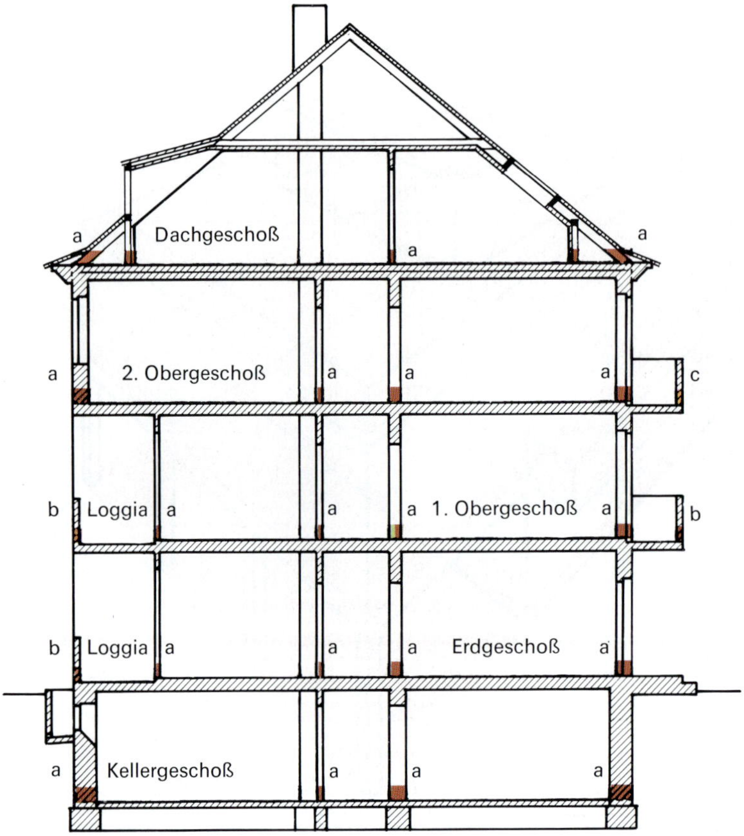

a = KGF, die überdeckt und allseitig in voller Höhe umschlossen sind (Kellergeschoß, Erdgeschoß, 1. und 2. OG, Dachgeschoß)

b = KGF, die überdeckt, jedoch nicht allseitig in voller Höhe umschlossen sind (Loggien im EG und im 1. OG, Balkon im 1. OG)

c = KGF, die nicht überdeckt sind (Balkon im 2. OG)

Bilderläuterung 14

Nutzfläche (NF)

Beispiel zu 3.2.3: **Bauwerk mit Grundrißflächen nach den Bereichen a, b, c**

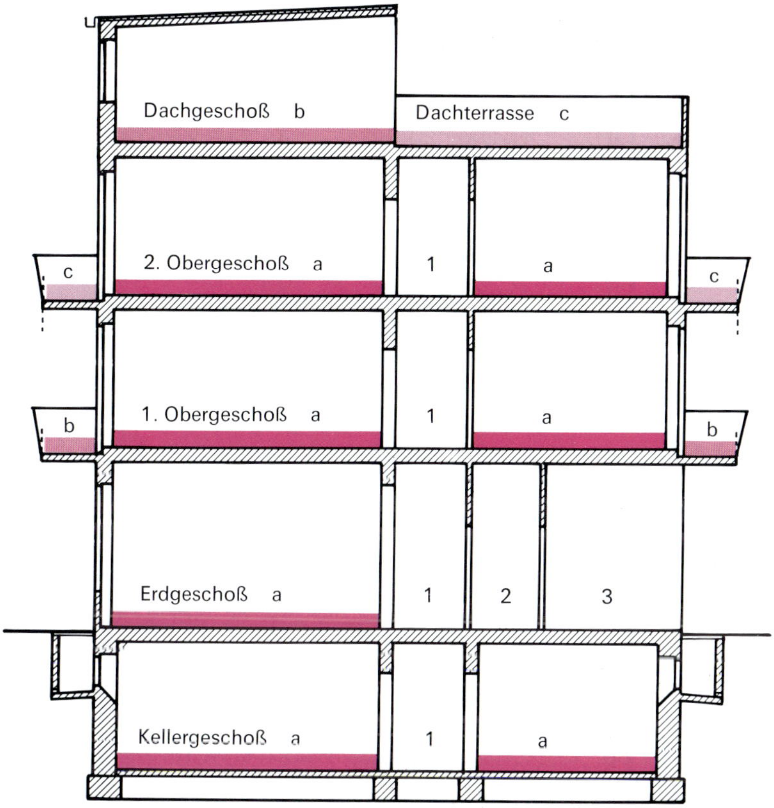

a = NF, die überdeckt und allseitig in voller Höhe umschlossen sind (Kellergeschoß, Erdgeschoß, 1. und 2. OG)

b = NF, die überdeckt, jedoch nicht allseitig in voller Höhe umschlossen sind (Balkone im 1. OG, überdeckter Dachaufbau)

c = NF, die nicht überdeckt sind (Balkone im 2. OG, nicht überdeckte Dachterrasse)

Grundrißflächen der Flure(1), des Windfangs(2) und der Vorhalle(3) sind Verkehrsflächen gemäß Abschnitt 2.6.

Bilderläuterung 15

Brutto-Grundfläche (BGF)

Beispiel zu 3.2.1: **Mauerwerksbau mit äußerer Verkleidung aus Werksteinplatten**

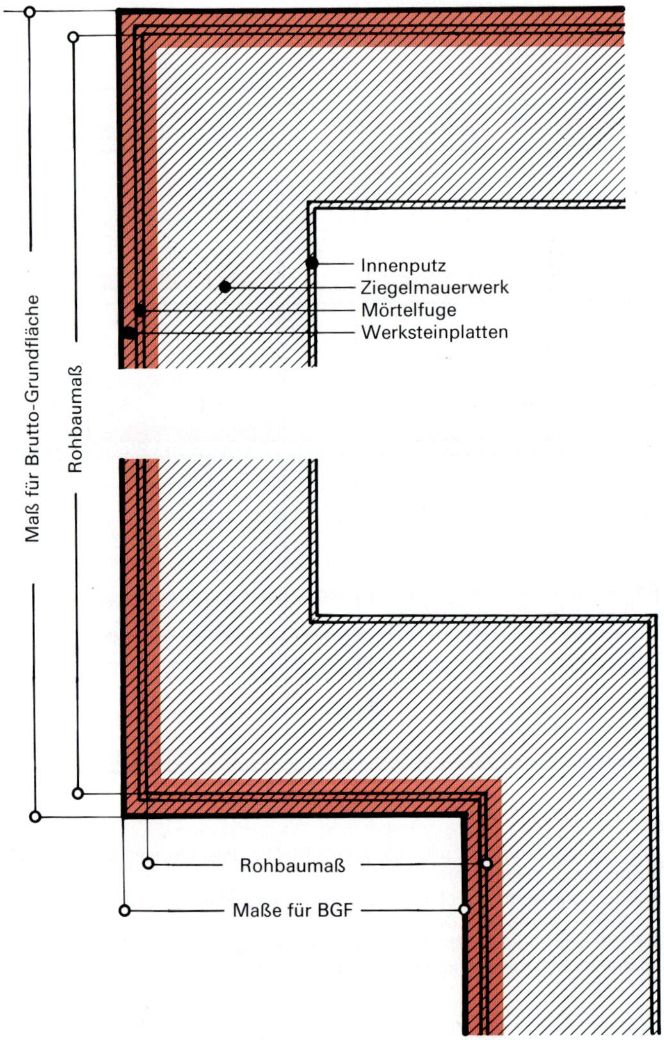

Maßgebend für die Berechnung der Brutto-Grundfläche ist die Außenfläche der Werksteinplatten, gemessen in Fußbodenhöhe. Werden für die Berechnung Zeichnungen verwendet, die nur Konstruktionsmaße (z.B. Rohbaumaße) enthalten, so sind die Maße zu ergänzen.

Bilderläuterung 16

Brutto-Grundfläche (BGF)

Beispiel zu 3.2.1: **Betonaußenwand mit profilierter und unprofilierter Bekleidung**

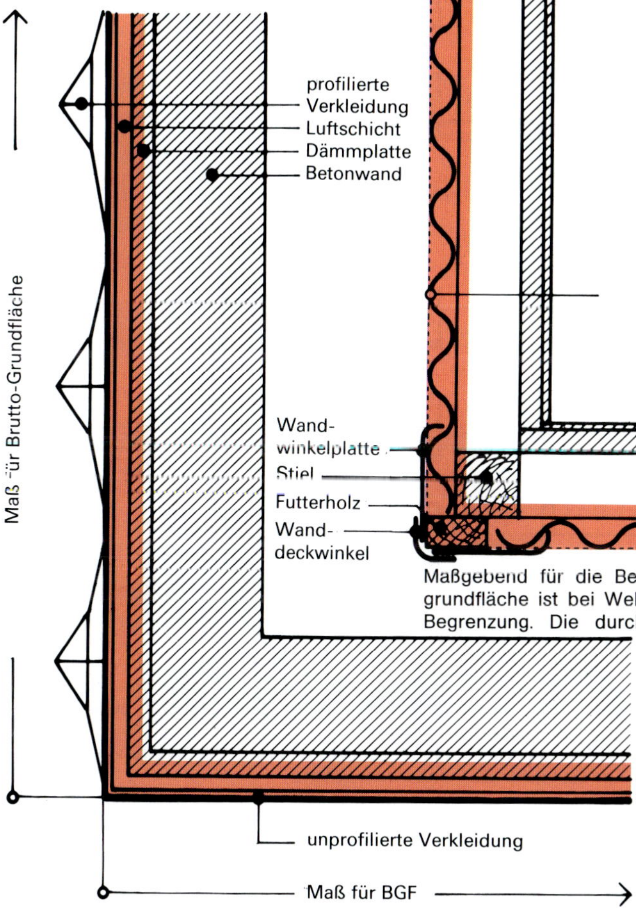

Maßgebend für die Berechnung der Brutto-Grundfläche ist die Außenfläche der Bekleidung, gemessen in Fußbodenhöhe. Gestalterische Vor-und Rücksprünge sowie Profile bleiben unberücksichtigt.

Bilderläuterung 17

Brutto-Grundfläche (BGF)

Beispiel zu 3.2.1: **Außenwandbekleidung mit Wellasbestzement**

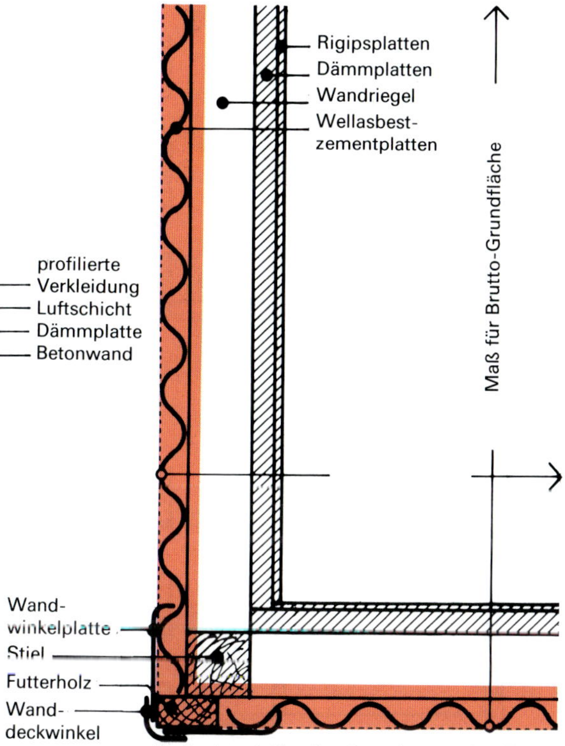

Maßgebend für die Berechnung der Bruttogrundfläche ist bei Wellplatten deren äußere Begrenzung. Die durch die Eckabdeckung entstehenden konstruktiven wie auch gestalterischen Vorsprünge bleiben unberücksichtigt.

Bilderläuterung 18

Brutto-Grundfläche (BGF)

Beispiel zu 3.2.1: **Bauwerk mit konstruktiven und gestalterischen Vor- und Rücksprüngen**

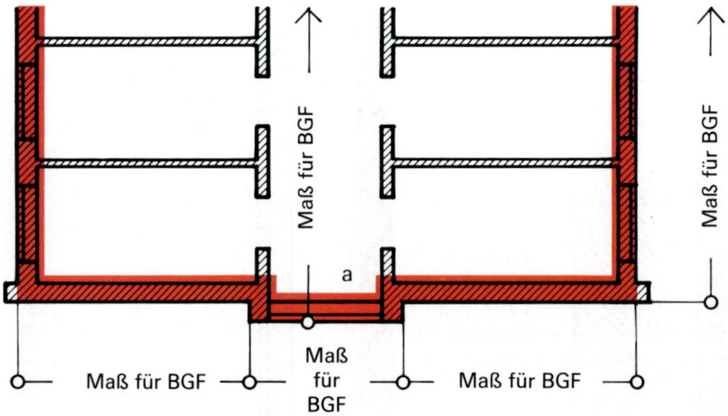

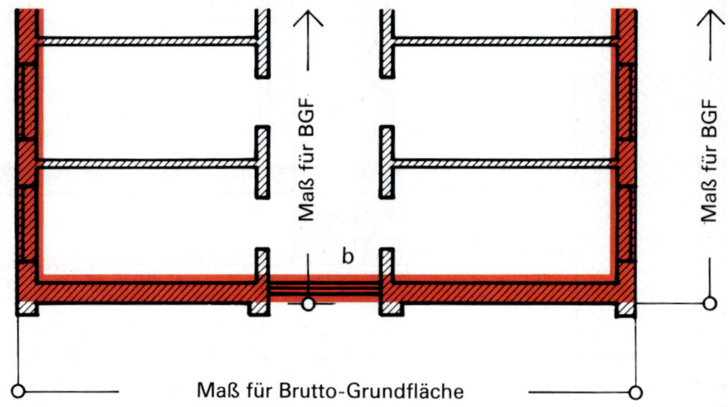

a) Die gestalterischen Vorsprünge an den Gebäudeecken bleiben bei der Berechnung der Brutto-Grundfläche unberücksichtigt. Dagegen ist der durch den Grundriß bedingte Vorsprung am Kopfende des Flurs in Ansatz zu bringen.

b) Die gestalterischen Vor- und Rücksprünge des Mauerwerks verändern die Netto-Grundfläche nicht. Sie bleiben bei der Ermittlung der BGF unberücksichtigt.

Bilderläuterung 19

Brutto-Grundfläche (BGF)

Beispiel zu 3.2.1: **Bauwerk mit zurückgesetzten Fenstern**

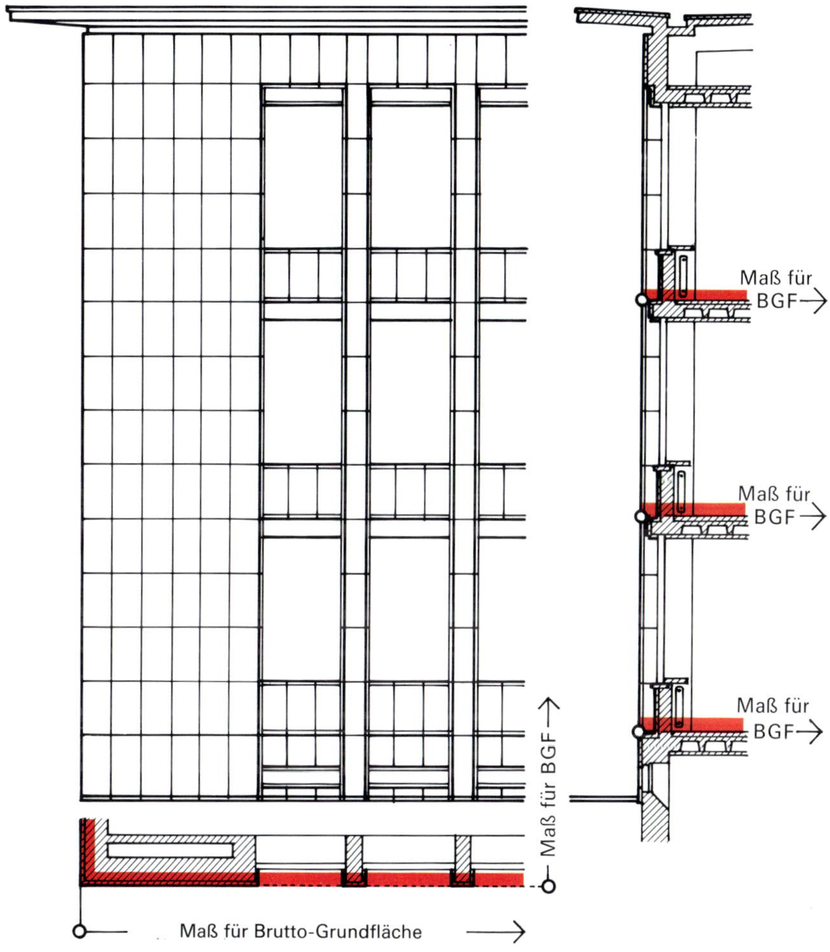

Gegenüber der mit Natursteinen bekleideten Fassade sind die Fenster und die Fensterbrüstungen aus gestalterischen Gründen zurückgesetzt. Für die Berechnung der Brutto-Grundfläche ist die Außenfläche der nicht zurückgesetzten Natursteinbekleidung maßgebend. Die durch die zurückgesetzten Fenster entstehende Fläche wird nicht abgezogen.

Bilderläuterung 20

Brutto-Grundfläche (BGF)

Beispiel zu 3.2.1: **Bauwerk mit vorspringender Betonkonstruktion**

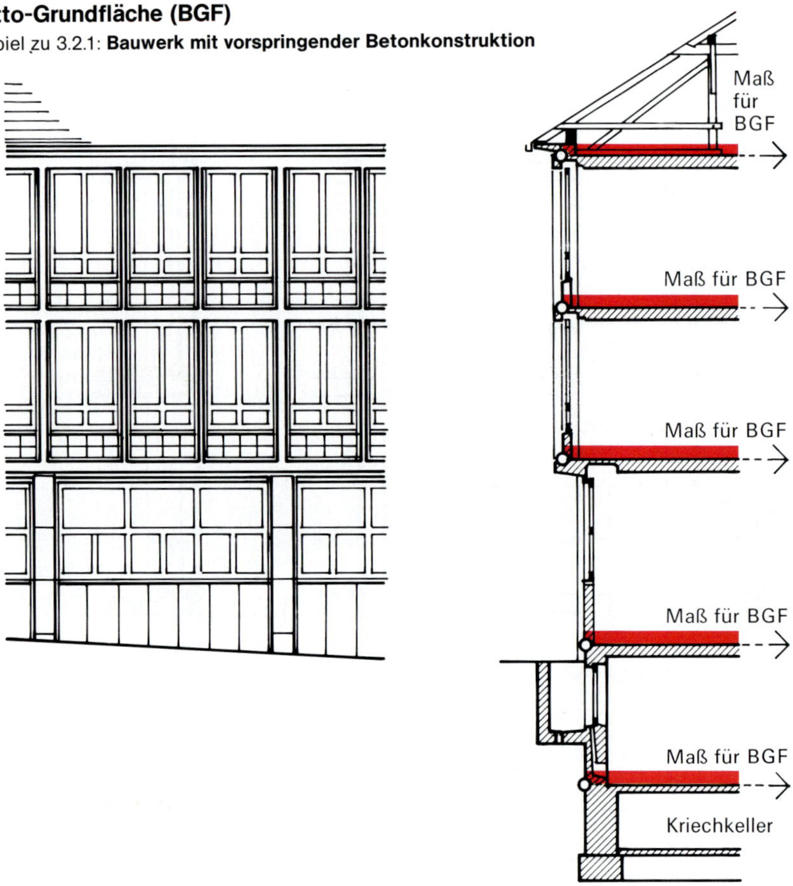

Aus gestalterischen Gründen springen Pfeiler und Balken der Betonkonstruktion aus der Fassadenfläche hervor; sie umrahmen die Fenster und deren Brüstungen. Für die Berechnung der Brutto-Grundfläche ist die Außenfläche der Fassade maßgebend. Die vorspringenden Betonglieder bleiben außer Ansatz. Die Fläche des Kriechkellers bleibt ebenfalls unberücksichtigt, während die Grundrißebene des Dachbodens, der nutzbar ist, in die Berechnung der Brutto-Grundfläche einbezogen wird.

Bilderläuterung 21

Netto-Grundfläche (NGF)

Beispiel 3.2.3: **Bauwerk mit Netto-Grundflächen nach den Bereichen a, b, c**

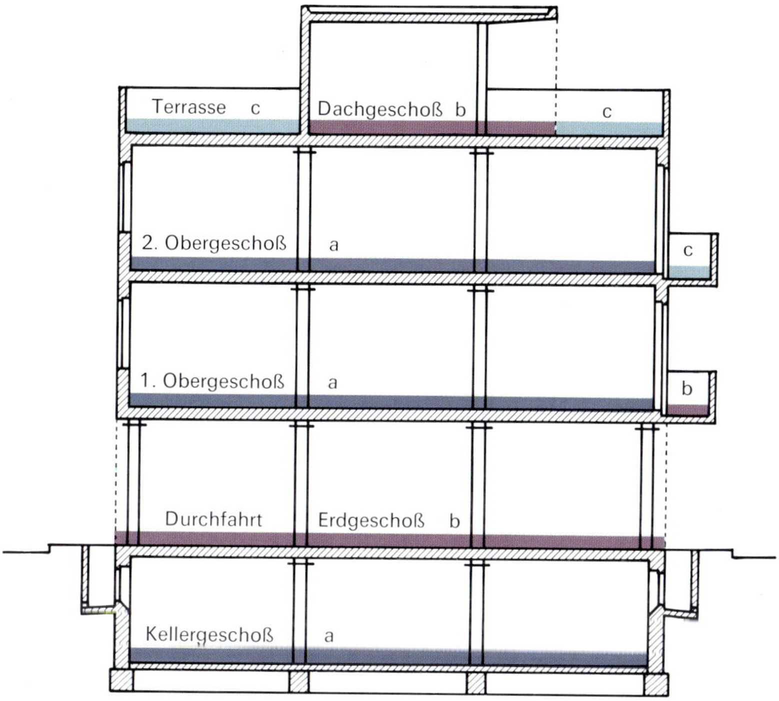

a = NGF, die überdeckt und allseitig in voller Höhe umschlossen sind (Kellergeschoß, 1. und 2. OG)

b = NGF, die überdeckt, jedoch nicht allseitig in voller Höhe umschlossen sind (Durchfahrt im Erdgeschoß, Balkon im 1. OG, offener Dachaufbau)

c = NGF, die nicht überdeckt sind (Balkon im 2. OG, nicht überdeckter Teil der Dachterrasse)

Bilderläuterung 22

Nutzfläche (NF)

Beispiel zu 3.2.3: **Bauwerk mit Grundflächen nach den Bereichen a, b, c**

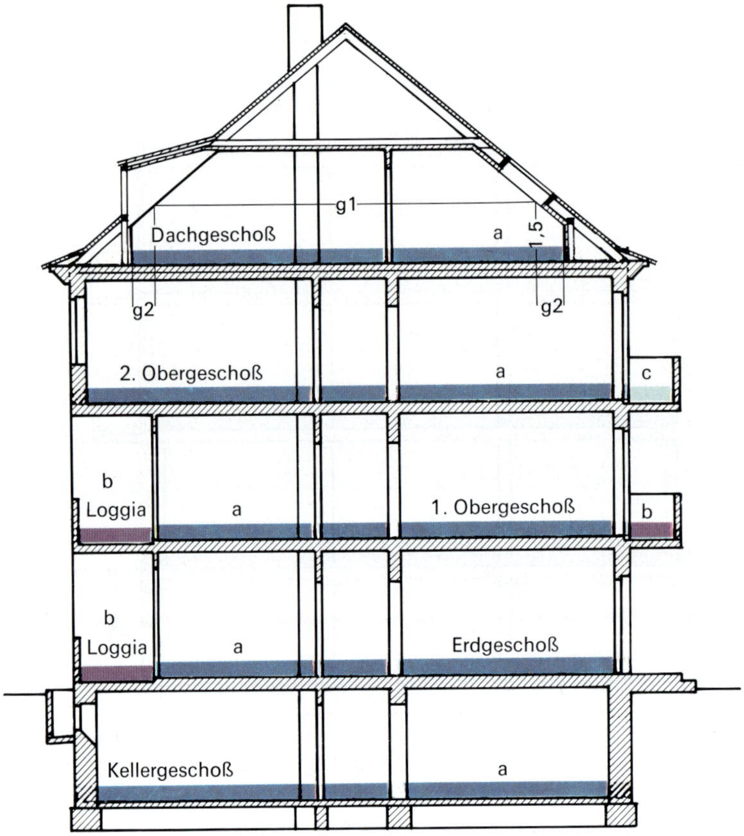

a = NF, die überdeckt und allseitig in voller Höhe umschlossen sind (Kellergeschoß, Erdgeschoß, 1. und 2. OG, Dachgeschoß)

b = NF, die überdeckt, jedoch nicht allseitig in voller Höhe umschlossen sind (Loggien im EG und im 1. OG, Balkon im 1. OG)

c = NF, die nicht überdeckt sind (Balkon im 2. OG)

g1 = Grundflächen mit lichten Raumhöhen von 1,5 m und mehr

g2 = Grundflächen mit lichten Raumhöhen unter 1,5 m

Die Grundflächen g1 und g2 sind stets getrennt zu ermitteln.

Bilderläuterung 23

Brutto-Rauminhalt (BRI)

Beispiel zu 3.3.1: **Wohnhaus mit Brutto-Rauminhalten nach den Bereichen a, b und c**

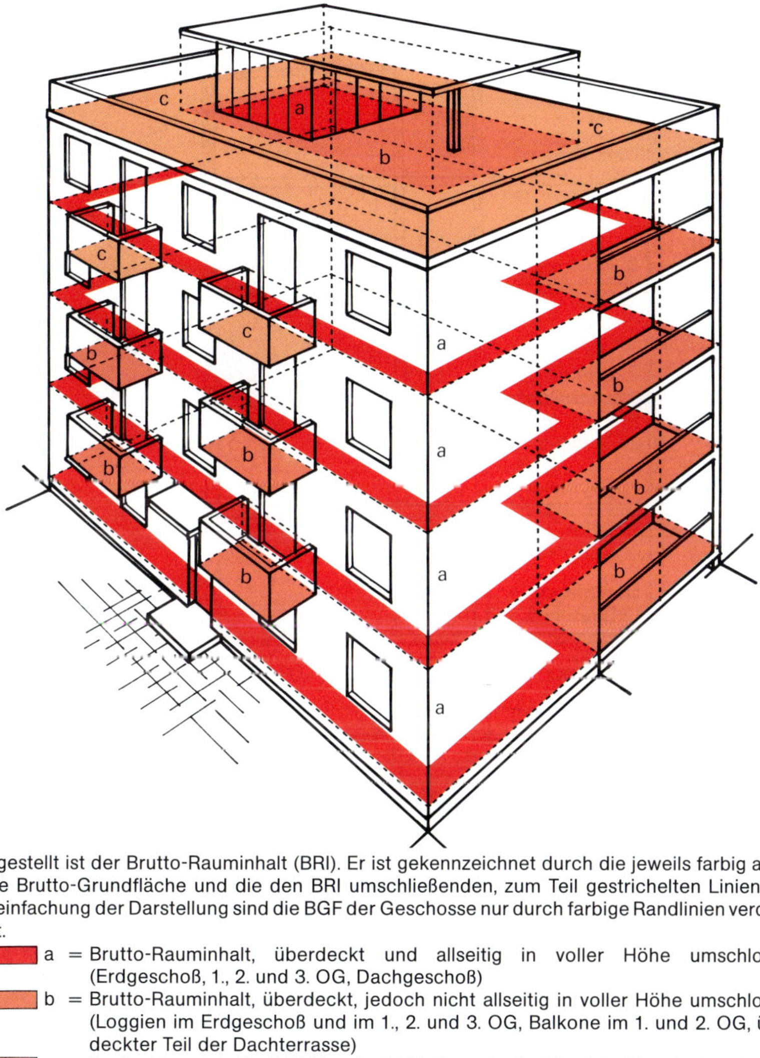

Dargestellt ist der Brutto-Rauminhalt (BRI). Er ist gekennzeichnet durch die jeweils farbig angelegte Brutto-Grundfläche und die den BRI umschließenden, zum Teil gestrichelten Linien. Zur Vereinfachung der Darstellung sind die BGF der Geschosse nur durch farbige Randlinien verdeutlicht.

a = Brutto-Rauminhalt, überdeckt und allseitig in voller Höhe umschlossen (Erdgeschoß, 1., 2. und 3. OG, Dachgeschoß)

b = Brutto-Rauminhalt, überdeckt, jedoch nicht allseitig in voller Höhe umschlossen (Loggien im Erdgeschoß und im 1., 2. und 3. OG, Balkone im 1. und 2. OG, überdeckter Teil der Dachterrasse)

c = Brutto-Rauminhalt, nicht überdeckt (Balkone im 3. OG, nicht überdeckter Teil der Dachterrasse)

Bilderläuterung 24

Brutto-Rauminhalt (BRI)

Beispiel zu 3.3.1: **Querschnitt durch ein Bauwerk mit einem Luftgeschoß**

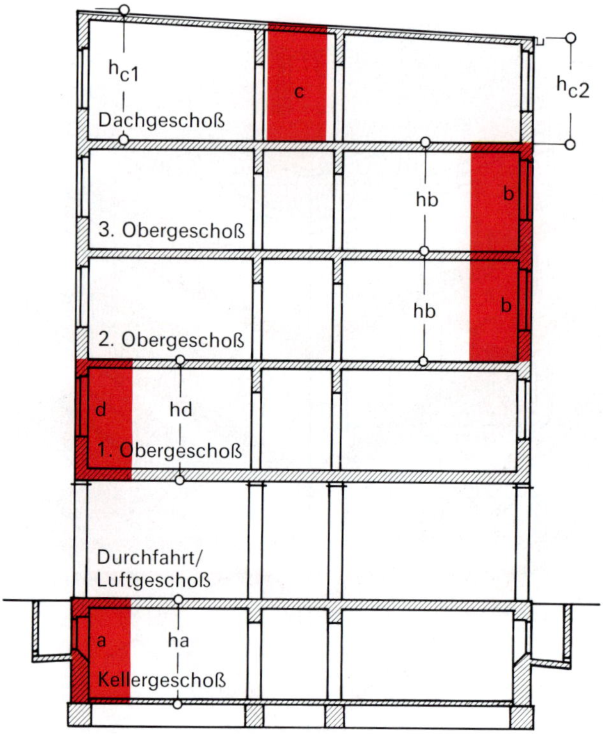

a = auf den Brutto-Rauminhalt (BRI) des Kellergeschosses (unterstes Geschoß) bezogene Querschnittsfläche. Mit Rücksicht auf die Deutlichkeit der Darstellung ist nur ein Teil der Querschnittsfläche rot angelegt.
ha = anzusetzende Höhe von Unterfläche der den Kellerfußboden tragenden Konstruktionen bis zur Oberfläche des Fußbodens des Luftgeschosses

b = auf den BRI des 2. und 3. Obergeschosses bezogene Querschnittsfläche.
hb = anzusetzende Höhe von Oberfläche Fußboden des 2. bzw. 3. Obergeschosses bis Oberfläche Fußboden des Dachgeschosses

c = auf den BRI des Dachgeschosses bezogene Querschnittsfläche.
$\frac{h_{c1} + h_{c2}}{2}$ = anzusetzende Höhe von Oberfläche Fußboden des Dachgeschosses bis Oberfläche Dachhaut

d = auf den BRI des 1. Obergeschosses (Geschoß über dem Luftgeschoß) bezogene Querschnittsfläche.
hd = anzusetzende Höhe von Unterfläche des 1. Obergeschosses bis Oberfläche des Fußbodens des 2. Obergeschosses.

Bilderläuterung 25

Brutto-Rauminhalt (BRI)

Beispiel zu 3.3.1: **Querschnitt durch ein nichtunterkellertes Bauwerk mit Durchfahrt, Luftgeschß, Loggia und überdeckter Dachterrasse**

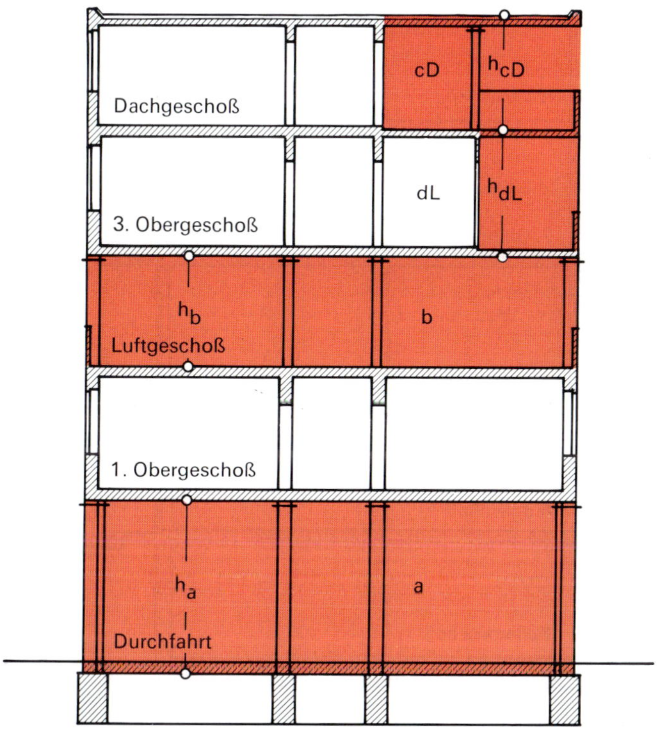

a = auf den Brutto-Rauminhalt der Durchfahrt bezogene Querschnittsfläche. Anzusetzende Höhe h_a = Abstand zwischen der Unterfläche der die Fahrbahn tragenden Konstruktion und der Unterfläche des 1. Obergeschosses.

b = auf den Brutto-Rauminhalt des Luftgeschosses bezogene Querschnittsfläche. Anzusetzende Höhe h_b = der lichte Abstand zwischen der Oberfläche des Fußbodens des Luftgeschosses und der Unterfläche des 3. Obergeschosses.

dL = auf den Brutto-Rauminhalt der Loggia bezogene Querschnittsfläche. Anzusetzende Höhe h_{dL} = Abstand zwischen der Oberfläche des Fußbodens und der Oberfläche der Dachterrasse.

cD = auf den Brutto-Rauminhalt der überdeckten Dachterrasse bezogene Querschnittsfläche. Anzusetzende Höhe h_{cD} = Abstand zwischen der Oberfläche des Fußbodens der Dachterrasse und der Oberfläche der Dachhaut.

Bilderläuterung 26

Brutto-Rauminhalt (BRI)

Beispiel zu 3.3.1: **Querschnitt durch ein Wohnhaus mit Erker und Außengang im Obergeschoß**

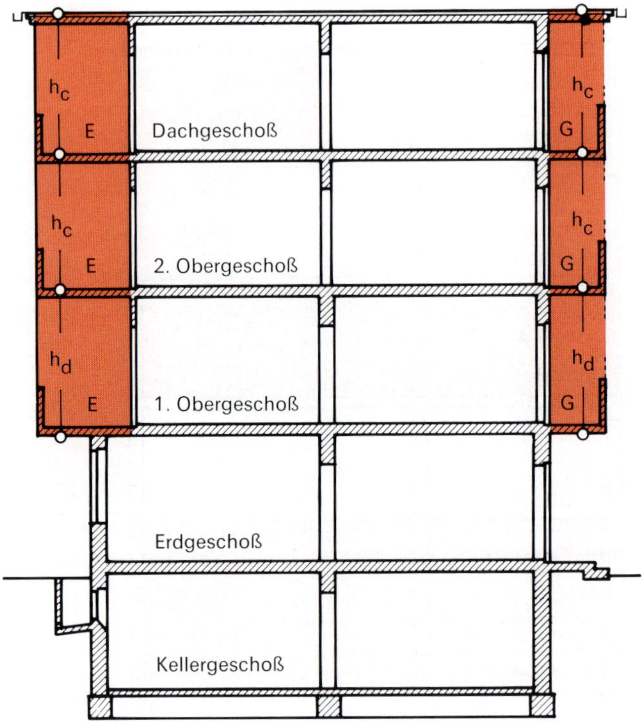

E = auf den Brutto-Rauminhalt der Erker bezogene Querschnittsfläche. Anzusetzende Höhe h_d im 1. Obergeschoß = Abstand zwischen Unterfläche des Erkers und Oberfläche Fußboden des darüberliegenden Erkers; h_c im 2. OG = Abstand zwischen Oberfläche Fußboden des Erkers im 2. Obergeschoß und Oberfläche Fußboden des darüberliegenden Erkers; h_c = Abstand zwischen Oberfläche Fußboden des Erkers im Dachgeschoß und Oberfläche der Dachhaut.

G = auf den Brutto-Rauminhalt des Außengangs bezogene Querschnittsfläche. Anzusetzende Höhe h_d im 1. OG = Abstand zwischen Unterfläche des Außengangs und Oberfläche Fußboden des darüberliegenden Außengangs; h_c im 2. OG = Abstand zwischen Oberfläche Fußboden des Außengangs und Oberfläche Fußboden des darüberliegenden Außengangs; h_c im 3. OG = Abstand zwischen Oberfläche Fußboden des Außengangs und Oberfläche Dachhaut.

Bilderläuterung 27

Brutto-Rauminhalt (BRI)

Beispiele zu 3.3.1:

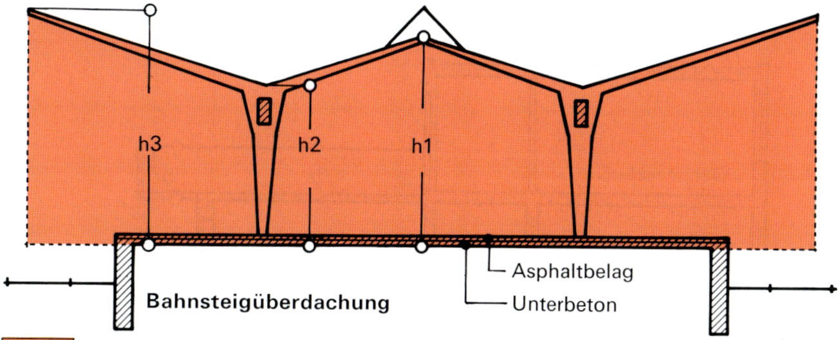

= auf den Brutto-Rauminhalt bezogene Querschnittsfläche. Anzusetzende Höhe ist der Abstand zwischen der Unterfläche der den Asphaltbelag tragenden Konstruktion (Unterbeton) und der Oberfläche der Dachhaut. Höhenmaß für den Mittelteil = (h1 + h2) : 2, für die Seitenteile = (h2 + h3) : 2

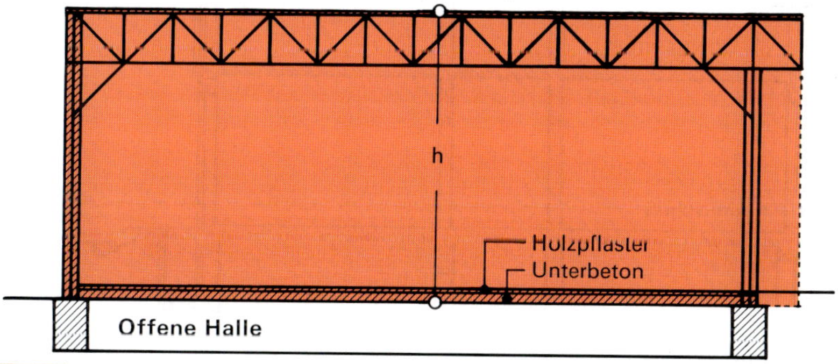

= auf den Brutto-Rauminhalt bezogene Querschnittsfläche. Anzusetzende Höhe h = Abstand der Unterfläche des das Holzpflaster tragenden Unterbetons und der Oberfläche der Dachhaut

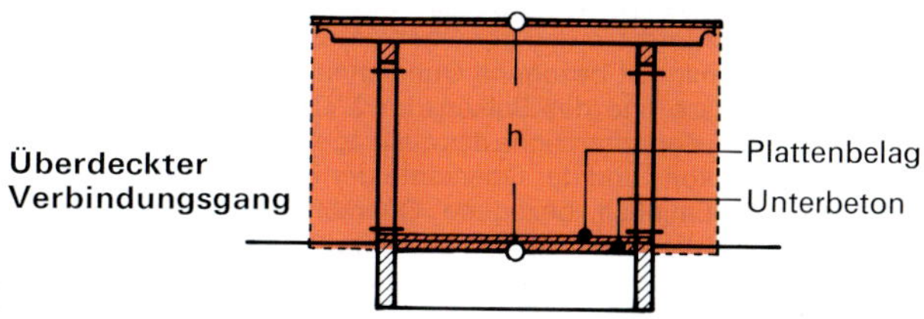

= auf den Brutto-Rauminhalt bezogene Querschnittsfläche. Anzusetzende Höhe h = Abstand zwischen der Unterfläche des den Plattenbelag tragenden Unterbetons und der Oberfläche der Abdeckung

Bilderläuterung 28

Brutto-Rauminhalt (BRI)

Beispiel zu 3.3.1: **Querschnitt durch ein Bauwerk mit Balkonen und Dachterrasse**

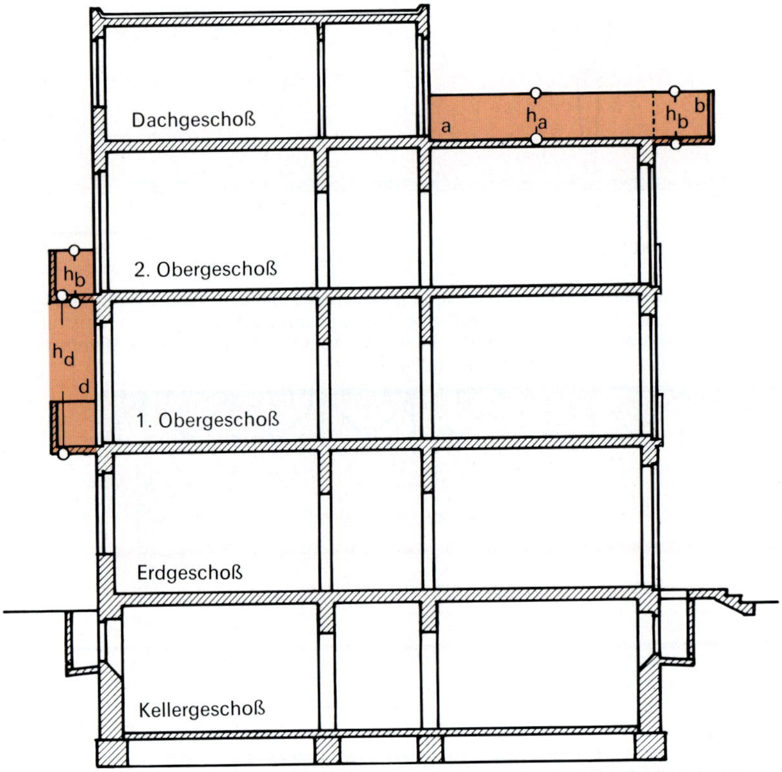

a = auf den Brutto-Rauminhalt bezogene Querschnittsfläche der Dachterrasse, soweit sie nicht überkragt. Anzusetzende Höhe h_a=Abstand zwischen der Oberfläche der Dachterrasse und der Oberkante der Brüstung

b = auf den Brutto-Rauminhalt bezogene Querschnittsfläche des auskragenden Teils der Dachterrasse und des Balkons im 2. OG. Anzusetzende Höhe h_b = Abstand zwischen der Unterfläche des auskragenden Dachterrasse bzw. der Unterfläche des Balkons und der Oberkante der Brüstungen

d = auf den Brutto-Rauminhalt bezogene Querschnittsfläche des untersten Balkons. Anzusetzende Höhe h_d = Abstand zwischen der Unterfläche des untersten Balkons und der Oberfläche des Fußbodens des darüberliegenden nichtüberdeckten Balkons im 2. OG.

DK 721.011.24.05:624.9 DEUTSCHE NORM Juni 1987

Grundflächen und Rauminhalte von Bauwerken im Hochbau

Gliederung der Nutzflächen, Funktionsflächen und Verkehrsflächen (Netto-Grundfläche)

DIN 277 Teil 2

Areas and volumes of buildings; terminology, classification of utilization areas, operating areas and circulation areas (net ground area)
Aires et volumes de bâtiment; classification des aires d'utilisation, des aires de fonctions et des aires de circulation (aire de base nette)

Ersatz für Ausgabe 03.1981

1 Anwendungsbereich und Zweck

Diese Norm ist für die Berechnung der Flächen von Bauwerken unterschiedlicher Nutzung in Zusammenhang mit DIN 277 Teil 1 anzuwenden.
Sie hat den Zweck, die in DIN 277 Teil 1 enthaltene Gliederung der Netto-Grundfläche in Nutzflächen (Haupt- und nebennutzflächen) sowie in Funktions- und in Verkehrsflächen im einzelnen festzulegen und Beispiele für die Zuordnung von Räumen und Flächen zu geben.

Anmerkung: Die in Tabelle 1 aufgeführten Nutzungsarten sind nicht einer Gebäudeart gleichzusetzen. Ein Gebäudezwock wird in dor Rogol duroh moh rere Arten der Nutzung bestimmt.

2 Begriffe

Soweit nachfolgend nichts anderes festgelegt ist, gilt für die Definition von Begriffen DIN 277 Teil 1.

3 Anwendung

3.1 Flächenberechnungen nach dieser Norm sind für jedes Bauwerk*) getrennt aufzustellen. Dies gilt auch, wenn auf einem Grundstück mehrere Bauwerke vorhanden sind.

3.2 Zur Berechnung der Netto-Grundfläche oder ihrer Teilflächen sind die Grundflächen der Räume und sonstige Grundflächen nach DIN 277 Teil 1 zu errechnen und zu untergliedern.

3.3 Die Netto-Grundfläche (NGF) setzt sich zusammen aus den Grundflächen, die nach den in Tabelle 1 ausgeführten Nutzungsarten genutzt werden.

3.4 Die Nutzfläche (NF) besteht aus den Grundflächen, die nach den Nutzungsarten Nr. 1 bis Nr. 7 der Tabelle 1 genutzt werden. Die Nutzfläche kann untergliedert werden in der Regel in Hauptnutzfläche (HNF), bestehend aus der Summe der Grundflächen der Nutzungsarten Nr. 1 bis Nr. 6, und in die Nebennutzfläche (NNF), bestehend aus den Grundflächen der Nutzungsart Nr. 7.

3.5 Wenn Zweck und Nutzung des Bauwerks durch die Grundflächen der Nutzungsart 7 bestimmt werden, wird die Nutzfläche nicht weiter untergliedert.

3.6 Die Funktionsfläche (FF) besteht aus den Grundflächen, die nach der Nutzungsart Nr. 8 der Tabelle 1 genutzt werden.

3.7 Die Verkehrsfläche (VF) besteht aus den Grundflächen, die nach der Nutzungsart Nr. 9 der Tabelle 1 genutzt werden.

3.8 Grundflächen, die mehrfach genutzt werden, sind der überwiegenden Nutzungsart zuzuordnen, z.B. Eingangshallen zur Nutzungsart Nr. 9 (Verkehrsflächen), trotz gleichzeitiger Nutzung für Information, Ausstellung usw.
Sind jedoch Flächen innerhalb eines Raumes für andere Nutzungen besonders ausgewiesen, z.B. Garderoben in Eingangshallen, so sollen diese Teil-Grundflächen der entsprechenden Nutzungsart, z.B. Nr. 7, gesondert zugeordnet werden.

Fortsetzung Seite 2 bis 6

*) Begriffe siehe DIN 276 Teil 1

Normenausschuß Bauwesen (NABau) im DIN Deutsches Institut für Normung e.V.

Seite 2 DIN 277 Teil 2

Tabelle 1. **Nutzungsarten und Gliederung der Netto-Grundrißfläche**

Nr.	Nutzungsart Benennung	Netto-Grundfläche (NGF) Gliederung	
1	Wohnen und Aufenthalt	Nutzfläche (NF)	Hauptnutzfläche 1 (HNF1)
2	Büroarbeit		Hauptnutzfläche 2 (HNF2)
3	Produktion, Hand- und Maschinenarbeit, Experimente		Hauptnutzfläche 3 (HNF3)
4	Lagern, Verteilen und Verkaufen		Hauptnutzfläche 4 (HNF4)
5	Bildung, Unterricht und Kultur		Hauptnutzfläche 5 (HNF5)
6	Heilen und Pflegen		Hauptnutzfläche 6 (HNF6)
7	Sonstige Nutzungen		Nebennutzfläche (NNF)
8	Betriebstechnische Anlagen	Funktionsfläche (FF)	
9	Verkehrserschließung und -sicherung	Verkehrsfläche (VF)	

Tabelle 2. **Zuordnung von Grundflächen und Räumen zu den Nutzungsarten mit Beispielen**

Nr.	Grundflächen und Räume	Beispiele[1]
1	**Wohnen und Aufenthalt**	
1.1	Wohnräume	Wohn- und Schlafräume in Wohnungen, Wohnheimen, Internaten, Beherbergungsstätten, Unterkünften; Wohndielen, Wohnküchen, Wohnbalkone, -loggien, -veranden; Terrassen
1.2	Gemeinschaftsräume	Gemeinschaftsräume in Heimen, Kindertagesstätten; Tagesräume, Aufenthaltsräume, Clubräume, Bereitschaftsräume
1.3	Pausenräume	Wandelhallen, Pausenhallen, -zimmer, -flächen in Schulen, Hochschulen, Krankenhäusern, Betrieben, Büros; Ruheräume
1.4	Warteräume	Warteräume in Verkehrsanlagen, Krankenhäusern, Praxen, Verwaltungsgebäuden
1.5	Speiseräume	Gast- und Speiseräume, Kantinen, Cafeterien, Tanzcafés
1.6	Hafträume	Haftzellen
2	**Büroarbeit**	
2.1	Büroräume	Büro-, Diensträume für eine oder mehrere Personen
2.2	Großraumbüros	Flächen für Büroarbeitsplätze einschließlich der im Großraum enthaltenen Flächen für Pausenzonen, Besprechungszonen, Garderoben, Verkehrswege
2.3	Besprechungsräume	Sitzungsräume, Prüfungsräume, Elternsprechzimmer
2.4	Konstruktionsräume	Zeichenräume
2.5	Schalterräume	Kassenräume
2.6	Bedienungsräume	Schalträume und Schaltwarten für betriebstechnische Anlagen oder betriebliche Einbauten; Regieräume, Vorführkabinen; Leitstellen
2.7	Aufsichtsräume	Pförtnerräume, Wachräume, Haftaufsichtsräume
2.8	Bürotechnikräume	Photolabor-Räume, Vervielfältigungsräume, Räume für EDV-Anlagen

[1] Die Beispiele zeigen einige typische Nutzungsfälle ohne Anspruch auf Vollzähligkeit.

Tabelle 2. (Fortsetzung)

Nr.	Grundflächen und Räume	Beispiele[1]
3	**Produktion, Hand- und Maschinenarbeit, Experimente**	
3.1	Werkhallen	Werkhallen für Produktion und Instandsetzung; Versuchshallen, Prüfhallen, Schwerlabors
3.2	Werkstätten	Werkstätten für Produktion, Entwicklung, Instandsetzung, Lehre und Forschung; Prüfstände, prothetische Werkstätten, Wartungsstationen
3.3	Technologische Labors	Materialprüflabors, Materialbearbeitungslabors, Labors für mechanische Verfahrenstechnik, Maschinenlabors; licht- und schalltechnische Versuchsräume; Strömungstechnikräume; Hochdruck- und Unterdrucklaborräume
3.4	Physikalische, physikalisch-technische, elektrotechnische Labors	Physiklabors, elektrotechnische Labors, elektronische Labors; geodätische und astronomische Meß- und Beobachtungsräume; optische Sonderlabors; Meßgeräteräume, Wägeräume; Labors für Elektronenmikroskopie, Massen-, Röntgen-Spektroskopie; Beschleuniger- und Reaktorräume
3.5	Chemische, bakteriologische, morphologische Labors	Labors für analytische und präparative Chemie, Labors für chemische und pharmazeutische Verfahrenstechnik; biochemische, physiologische Labors, Labors für biologische und medizinische Morphologie: Tierversuchslabors; Isotopenlabors mit Dekontamination; Chromatographieräume, Brut- und Nährbodenräume
3.6	Räume für Tierhaltung	Stallräume für Nutz-, Versuchs- und kranke Tiere; Milch-, Melkräume, Tierpflege-, Tierwägeräume, Schaukäfige, Aquarien, Terrarien, Futteraufbereitung
3.7	Räume für Pflanzenzucht	Gewächshausräume, Pilzkulturen
3.8	Küchen	Kochküchen, Verteiler-, Teeküchen, Vorbereitungsräume, Speiseausgaben, Geschirr-Rückgaben, Geschirrspülräume
3.9	Sonderarbeitsräume	Hauswirtschafts- und Hausarbeitsräume, Räume für Wäschepflege, Waschküchen, Spül-, Desinfektions- und Sterilisationsräume, Bettenaufbereitungsräume, Pflegearbeitsräume, Laborspülräume
4	**Lagern, Verteilen, Verkaufen**	
4.1	Lagerräume	Lager- und Vorratsräume für Material, Gerät und Waren; Lösungsmittellager, Sprengstofflager, Isotopenlager, Tresorräume, Scheunen, Silos
4.2	Archive	Sammlungsräume, Registraturen, Lehrmittelräume, Buchmagazine
4.3	Kühlräume	Tiefkühlräume, Gefrierräume
4.4	Annahme- und Ausgaberäume	Sortierräume, Verteilräume, Packräume, Versandräume, Ver- und Entsorgungsstützpunkte
4.5	Verkaufsräume	Geschäftsräume, Ladenräume, Kioske, einschließlich Schaufenster
4.6	Ausstellungsräume	Messehallen, Musterräume

[1] Die Beispiele zeigen einige typische Nutzungsfälle ohne Anspruch auf Vollzähligkeit.

Seite 4 DIN 277 Teil 2

Tabelle 2. (Fortsetzung)

Nr.	Grundflächen und Räume	Beispiele[1]
5	**Bildung, Unterricht und Kultur**	
5.1	Unterrichtsräume mit festem Gestühl	Hörsäle, auch Experimentierhörsäle; Lehrsäle
5.2	Allgemeine Unterrichts- und Übungsräume ohne festes Gestühl	Klassen- und Gruppenräume, Seminarräume, Studenten- und Schülerarbeitsräume
5.3	Besondere Unterrichts- und Übungsräume ohne festes Gestühl	Werk- und Bastelräume, Praktikumsräume, Sprachlabors, besondere Zeichensäle, Räume für Grafik, Malerei, Bildhauerei, Räume und Übezellen für Gesangs-, Sprach- und Instrumentalausbildung, Räume für Hauswirtschaftsunterricht
5.4	Bibliotheksräume	Leseräume, Katalogräume, Mediotheken, Freihandbüchereien
5.5	Sporträume	Sport-, Schwimmsport-, Reithallen; Gymnastikräume, Kegelbahnen
5.6	Versammlungsräume	Zuschauerräume in Kinos und Theatern, Aulen, Foren, Mehrzweckhallen
5.7	Bühnen-, Studioräume	Haupt-, Seiten-. Hinterbühnen; Schnürböden, Orchesterräume, Probebühnen, Film-, Fernseh-, Rundfunkstudios
5.8	Schauräume	Schauräume für Museen, Galerien, Kunstausstellungen, Lehr-, Schausammlungen
5.9	Sakralräume	Gottesdiensträume, Andachtsräume, Aufbahrungs- und Aussegnungsräume, Sakristeien
6	**Heilen und Pflegen**	
6.1	Räume mit allgemeiner medizinischer Ausstattung	Räume für allgemeine Untersuchung und Behandlung, medizinische Erstversorgung und Erste-Hilfe, Wundversorgung, Beratung (medizinische Vor- und Fürsorge), Ambulanz, Obduktions- und Verstorbenenräume
6.2	Räume mit besonderer medizinischer Ausstattung	Räume für Funktionsuntersuchung (klinische Physiologie, Neuro- und Sinnesphysiologie) und spezielle Behandlung
6.3	Räume für operative Eingriffe, Endoskopien und Entbindungen	Räume für Operationen, Notfall- und Unfallbehandlung, einschließlich Ein- und Ausleitungsräume, Ärztewaschräume
6.4	Räume für Strahlendiagnostik	Räume für allgemeine und spezielle Röntgendiagnostik, Thermographie, nuklearmedizinische Diagnostik (Applikations- und Meßräume)
6.5	Räume für Strahlentherapie	Räume für konventionelle Röntgentherapie, Hochvolttherapie, Telegammatherapie, nuklearmedizinische Therapie (Applikations- und Implantationsräume)
6.6	Räume für Physiotherapie und Rehabilitation	Räume für Hydro-, Bewegungs-, Elektro- und Ergotherapie sowie Kuranwendungen; Räume für therapeutische Bäder aller Art, Inhalations- und Klimabehandlung, Krankengymnastik und Massage, Spiel- und Gruppentherapie, Heilpädagogik, Arbeitstherapie

[1] Die Beispiele zeigen einige typische Nutzungsfälle ohne Anspruch auf Vollzähligkeit.

Tabelle 2. (Fortsetzung)

Nr.	Grundflächen und Räume	Beispiele[1]
6.7	Bettenräume mit allgemeiner Ausstattung in Krankenhäusern, Pflegeheimen, Heil- und Pflegeanstalten	Räume für Normal-, Langzeit- und Leichtpflege von kranken, pflegebedürftigen und psychiatrischen Patienten
6.8	Bettenräume mit besonderer Ausstattung	Räume für postoperative Überwachung und Intensivmedizin (Überwachung, Behandlung), Dialyse, Nuklearmedizin
7	**Sonstige Nutzungen**	
7.1	Sanitärräume	Toiletten, Wasch-, Duschräume, Baderäume, Saunen, Reinigungsschleusen, Wickelräume, Schminkräume, jeweils einschließlich Vorräume; Putzräume
7.2	Garderoben	Umkleideräume, Schrankräume in Wohngebäuden, Kleiderablagen, Künstlergarderoben
7.3	Abstellräume	Abstellräume in Wohngebäuden und gleichartige Abstellräume in anderen Gebäuden; Fahrradräume, Kinderwagenräume, Müllsammelräume
7.4	Fahrzeugabstellflächen	Garagen aller Art; Hallen für Schienen-, Straßen-, Wasser-, Luftfahrzeuge, landwirtschaftliche Fahrzeuge
7.5	Fahrgastflächen	Bahnsteige, Flugsteige, einschließlich der dazugehörenden Zugänge, Treppen und Rollsteige
7.6	Räume für zentrale Technik	Räume in Kraftwerken, freistehenden Kesselhäusern, Gaswerken, Ortsvermittlungsstellen, zentralen Müllverbrennungsanlagen für die Ver- und Entsorgung anderer Bauwerke
7.7	Schutzräume	Räume für den zivilen Bevölkerungsschutz, auch wenn zeitweilig (Mehrzweckbauten) anders genutzt
8	**Betriebstechnische Anlagen**	
8.1	Abwasseraufbereitung und -beseitigung	Räume für betriebstechnische Anlagen für die Ver- und Entsorgung des Bauwerks selbst, einschließlich der unmittelbar zu deren Betrieb gehörigen Flächen für Brennstoffe, Löschwasser, Abwasser-, Abfallbeseitigung
8.2	Wasserversorgung	
8.3	Heizung und Brauchwassererwärmung	
8.4	Gase (außer für Heizzwecke) und Flüssigkeiten	
8.5	Elektrische Stromversorgung	
8.6	Fernmeldetechnik	
8.7	Raumlufttechnische Anlagen	
8.8	Aufzugs- und Förderanlagen	
8.9	Sonstige betriebstechnische Anlagen	Hausanschlußräume, Installationsräume, -schächte, -kanäle; Abfallverbrennungsräume
9	**Verkehrserschließung und -sicherung**	
9.1	Flure, Hallen	Flure, Gänge, Dielen, Korridore einschließlich Differenzstufen; Eingangshallen, Windfänge, Vorräume, Schleusen, Fluchtbalkone

1) Die Beispiele zeigen einige typische Nutzungsfälle ohne Anspruch auf Vollzähligkeit.

Tabelle 2. (Fortsetzung)

Nr.	Grundflächen und Räume	Beispiele[1)]
9.2	Treppen	Treppenräume, -läufe, Fahrtreppen, Rampen (jeweils je Geschoß)
9.3	Schächte für Förderanlagen	Aufzugsschächte, Abwurfschächte (jeweils je Geschoß)
9.4	Fahrzeugverkehrsflächen	Durchfahrten, befahrbare Rampen, Gleisflächen

[1)] Die Beispiele zeigen einige typische Nutzungsfälle ohne Anspruch auf Vollzähligkeit.

Zitierte Normen

DIN 276 Teil 1 Kosten von Hochbauten; Begriffe
DIN 277 Teil 1 Grundflächen und Rauminhalte von Bauwerken im Hochbau; Begriffe, Berechnungsgrundlagen

Frühere Ausgaben

DIN 277 Teil 2: 03.81

Änderungen

Gegenüber der Ausgabe März 1981 wurden folgende Änderungen vorgenommen:

a) Der Normentitel wurde entsprechend der überarbeiteten Fassung von DIN 277 Teil 1 geändert.
b) Der Begriff »Grundrißfläche« wurde in »Grundfläche« geändert.

Internationale Patentklassifikation

E 04 H 1/00 E 04 H 5/00
E 04 H 3/00 E 04 H 6/00

DIN 277 Teil 2
Grundflächen und Rauminhalte von Bauwerken im Hochbau – Gliederung der Nutzflächen, Funktionsflächen und Verkehrsflächen (Netto-Grundfläche) Ausgabe Juni 1987

Kommentierung

Allgemeines:
Nachdem die Norm DIN 277 seit der ersten Veröffentlichung im Jahre 1934 lediglich das Verfahren zur Ermittlung von Rauminhalten (»Umbauter Raum«) geregelt hatte, wurde sie erst in der Neufassung von 1973 durch die Aufnahme zur Ermittlung von Flächen aller Art zu der umfassenden Grundlagennorm für das Bauwesen und damit dem Anspruch des Haupttitels – »Grundflächen und Rauminhalte von Bauwerken im Hochbau« – gerecht. Durch die Anwendung im öffentlich geförderten Wohnungsbau wie auch bei den Bauvorhaben des Bundes, der Länder und der Gemeinden hatte sie sich als unentbehrliches Hilfsmittel für die Planung, die Kostenermittlung und die Bewertung von Bauwerken erwiesen. Mit dem gesteigerten Umfang und der zunehmenden Komplexität der Bauten ergab sich jedoch in den siebziger Jahren die Notwendigkeit, insbesondere bei der Beurteilung der Wirtschaftlichkeit öffentlicher Bauvorhaben, differenziertere Vergleiche anzustellen zu können, als z.B. lediglich die Gesamtbaukosten der Gesamtnutzfläche gegenüberzustellen. Darüber hinaus hatte man erkannt, daß es zu nicht verwertbaren Ergebnissen führte, wenn man Gebäude unterschiedlicher Zweckbestimmung miteinander verglich.
Ursprünglich hatte man daher beabsichtigt, zur Bewertung der Grundflächen und Rauminhalten von Bauwerken unterschiedlicher Zweckbestimmung, z.B. Wohnbauten, Schulbauten, Verwaltungsbauten, Industriebauten, weitere Normen aufzustellen. Bei den Beratungen stellte sich jedoch heraus, daß es zweckmäßiger war, statt nach Gebäudearten zu unterscheiden, die Nutzfläche nach Nutzungsarten zu unterteilen, weil in den meisten Bauwerken gleichzeitig mehrere Nutzungen anzutreffen sind. Dabei wurde es auch als sinnvoll angesehen, nicht nur die Nutzfläche aufzugliedern, sondern auch die

Funktions- und die Verkehrsfläche mit ihren verschiedenen Nutzungen durch Beispiele zu verdeutlichen.
Das Ergebnis der Überlegungen konnte im Jahre 1981 abgeschlossen und als DIN 277 Teil 2 der Öffentlichkeit zur verfügung gestellt werden. Die Norm hat sich seitdem insbesondere als Grundlage der Beurteilung von Planungen komplexer Bauvorhaben im Hinblick auf ihre Zweckmäßigkeit und Wirtschaftlichkeit bewährt. Im Zusammenhang mit einer Überarbeitung des Teiles 1 wurde im Jahre 1987 eine Neufassung herausgegeben, in der jedoch nur redaktionelle Änderungen in Abstimmung mit dem Teil 1 vorgenommen wurden (siehe Abschnitt »Änderungen«).

Zu 1 Anwendungsbereich und Zweck:
Die Formulierung des für jede Norm obligatorischen Abschnitts macht den direkten Zusammenhang mit Teil 1 von DIN 277 deutlich, der in den beiden Sätzen ausdrücklich erwähnt wird. Die Zusammenfassung von Teil-Grundflächen unterschiedlicher Nutzungsarten muß daher in der Summe immer zu den Werten für die übergeordneten Flächenarten nach Teil 1 führen. Die beigefügte Anmerkung soll darauf hinweisen, daß die Festlegungen der Norm für den Fall dienen, daß unterschiedliche Nutzungen einer Flächenart in einem Gebäude vorkommen. Die Aussage, daß dies der Regelfall sei, trifft jedoch nur für Mehrzweckbauten zu, eine Untergliederung der Nutzfläche eines Einfamilienhauses nach den Kriterien dieser Norm wäre sicher nicht angebracht.

Zu 2 Begriffe:
Der vordere Halbsatz ist überflüssig, da andere Definitionen als in Teil 1 hier nicht festgelegt werden. Die in den Tabellen aufgeführten Beispiele für Grundflächen und Raumnutzungen sind keine Definitionen.

3 Anwendung:

Zu 3.1:
Die Fußnote an »Bauwerk« ist nicht mehr zutreffend, da die Norm DIN 276 in ihrer gültigen Fassung vom Juni 1993 keine Definition dieses Begriffs enthält. Sie bezieht sich auf die Ausgabe April 1981 von DIN 276 Teil 1, in der noch die folgende Definition zu finden ist:

> »Bauwerk ist der Baukörper, dessen Kosten zu ermitteln sind. Ein Bauwerk kann auch aus mehreren Baukörpern bestehen.«

Nach dem Text von Abschnitt 3.1 ist für jedes Bauwerk eine getrennte Flächenberechnung aufzustellen. Es bleibt jedoch offen, ob dies auch für jeden »Baukörper« gilt, falls ein Bauwerk aus mehreren Baukörpern bestehen sollte.

Es ist jedoch anzunehmen, daß die Bestimmung auch für Raumberechnungen gilt, auch wenn sie nicht ausdrücklich erwähnt sind.
Inwieweit Flächen- oder Raumberechnungen in Einzelberechnungen aufgegliedert werden, hängt in jedem Fall von dem Zweck der Ermittlung und gegebenenfalls von vertraglichen Vereinbarungen ab.

Zu 3.2 und 3.3:
Diese beiden Abschnitte erweisen sich bei näherer Betrachtung als überflüssig, da sie lediglich auf Bestimmungen von DIN 277 Teil 1 verweisen. Wird eine Raum- oder Flächenberechnung »nach DIN 277« verlangt, ist sie dem allgemeinem Verständnis entsprechend nach den Regeln von Teil 1 aufzustellen. Soll im Rahmen dieser Berechnung eine Unterteilung der Nutzfläche nach Haupt- und Nebennutzfläche, bzw. nach Hauptnutzflächen und Nebennutzfläche im Sinne von Teil 2 vorgenommen werden, müßte dies sicher besonders vereinbart werden.
Der Abschnitt 3.3 ist dabei unglücklich formuliert, weil sich die Netto-Grundfläche zunächst aus der Nutz-, der Funktions- und der Verkehrsfläche zusammensetzt (siehe DIN 277 Teil 1, Abschnitt 2.3). Die weitere Untergliederung betrifft lediglich den Teilbereich Nutzfläche und wird damit erst unter 3.4 angesprochen.

Zu 3.4:
Dieser Abschnitt verweist auf die eigentlich sachlichen Festlegungen der Norm, nämlich die Aufteilung der Nutzfläche in Haupt- und Nebennutzfläche sowie die Untergliederung der Hauptnutzfläche nach sechs verschiedenen Nutzungsarten. Dieser wesentliche Normeninhalt ist in Tabelle 1 dargestellt. Mit der Definition von sechs Hauptnutzungsarten und der sogenannten »sonstigen« Nutzung auf der Nebennutzfläche wurde versucht, alle möglichen Zwecke, denen ein Bauwerk dienen kann, zu erfassen.

Zu 3.5:
Während im allgemeinen davon ausgegangen wird, daß bei Gebäuden für spezielle Nutzungen, z.B. Krankenhäuser oder Schulen, auch Räume vorkommen, die dem eigentlichen Nutzungszweck nicht direkt dienen, nimmt die Norm an, daß Bauwerke für eine Nebennutzung nach Nr 7.1 bis 7.7 der Tabelle 2 ausschließlich für diese Zwecke errichtet werden.
Jedoch können in Sonderfällen auch solche Gebäude Räume aufweisen, die einer Hauptnutzungsart dienen.
Eine Untergliederung der Nutzungsart 7 ist schon deswegen nicht möglich, weil die Norm keine angibt. Im übrigen bleibt es jedoch jedem Anwender der Norm überlassen, die Bestimmungen sinnvoll auszulegen. Insofern könnte er die Flächen eines Garagengebäude nicht wie vorgesehen der Nebennutzflä-

che Nr 7.4, sondern der Hauptnutzfläche unter 4.1 (Lagerräume) zuordnen, da man das Abstellen von Kraftfahrzeugen auch als Lagerung von Gegenständen ansehen kann. Für die Beurteilung von Planungsvarianten für ein Garagengebäude im Hinblick auf ihre Wirtschaftlichkeit ist es schließlich belanglos, ob die nutzbare Fläche als Neben- oder Hauptnutzfläche bezeichnet wird.

Zu 3.6 und 3.7:
Im Gegensatz zur Nutzfläche werden die Funktionsfläche (FF) und die Verkehrsfläche (VF) nicht weiter untergliedert, da die Nutzung entweder eindeutig bestimmt ist, z.B. bei Treppen, oder eine Trennung, z.B. nach den Funktionen der Betriebstechnik, nur schwer möglich ist.
Die unter der Nutzungsart »Betriebstechnische Anlagen« aufgeführten Flächen und Räume orientieren sich an der Kostengruppe 400 »Bauwerk – Technische Anlagen« der DIN 276, ohne jedoch in allen Einzelheiten mit ihr übereinzustimmen. Besonders zu beachten ist, daß mit den Begriffen »8.8 Aufzugs- und Förderanlagen« und »9.3 Schächte für Förderanlagen« gleichartige Räume bzw. Grundflächen zwei verschiedenen Nutzungsarten zugeordnet werden. Diese Unklarheit ergibt sich aus dem Umstand, daß die Kosten von Aufzügen nach DIN 276 der Kostengruppe 400 zuzurechnen sind, während die entsprechenden Grundflächen nach DIN 277 Teil 1, ebenso wie Treppen, zur Verkehrsfläche zählen. Da es jedoch bei den Bestimmungen von DIN 277 Teil 2 um die richtige Zuordnung der Grundflächen geht, ist zu empfehlen, die Grundflächen von Aufzugs- und Förderanlagen stets der Nummer 9.3 der Tabelle 2 zuzuordnen.

Zu 3.8:
Dieser Abschnitt trägt dem Umstand Rechnung, daß nicht jede Grundfläche für eine bestimmte Nutzung vorgesehen ist, und daß daher Überschneidungen und Mehrfachnutzungen vorkommen. Eine eindeutige Zuordnung von Räumen mit gemischter Nutzung ist häufig nicht möglich und liegt deshalb im Ermessen des Planers oder muß zwischen Beteiligten vereinbart werden. In Krankenhäusern werden häufig Eingangshallen als Aufenthaltsräume für nicht bettlägerige Patienten und als Besuchsräume genutzt, so daß die Grundfläche mit gleicher Berechtigung zur Verkehrs- wie zur Nutzfläche gerechnet werden kann. Eine Trennung ist nur in solchen Fällen sinnvoll, wo sie durch entsprechende bauliche Gestaltung logisch nachvollziehbar ist, z.B. durch Nischenbildung oder fest eingebaute Abtrennungen.

DIN 277-3
Grundflächen und Rauminhalte von Bauwerken im Hochbau – Mengen und Bezugseinheiten
Ausgabe Juli 1998

Darstellung und Kommentierung

Allgemeines:

Die gesamten Herstellungskosten eines Bauwerkes bereits in einem frühen Planungsstadium möglichst genau zu ermitteln, ist neben der Planung selbst die wichtigste Aufgabe des Bauherren bzw. seines beauftragten Architekten. Auch bei fortgeschrittener Planung können die Kosten jedoch nur annäherungsweise genau berechnet werden, da die tatsächlichen Aufwendungen erst nach der Fertigstellung, wenn die Rechnungen der am Bau beteiligten Unternehmen vorliegen, festgestellt werden können. Das Ausmaß der Ungenauigkeit, der allen Kostenschätzungen zu früheren Zeitpunkten anhaftet, hängt im wesentlichen davon ab,

- inwieweit Maße und Konstruktion des Bauwerkes als endgültig angesehen werden können,
- ob alle Kosten, die anfallen können, lückenlos erfaßt wurden und
- mit welcher Sicherheit die Kosten je Mengeneneinheit (Kostenkennwerte) durch Vergleich mit entsprechenden Kosten früher ausgeführter Baumaßnahmen bestimmt werden können.

Der erste Sachverhalt hängt vom Planungsfortschritt für das individuelle Bauvorhaben ab und ist daher duch Bestimmungen nicht zu beeinflussen. Um jedoch die durch den zweiten Punkt verursachte Unsicherheit zu minimieren, wurde bereits in den dreißiger Jahren mit einer geordneten Auflistung und Gruppierung aller möglichen Teilkosten in der Norm DIN 276 eine Hilfe zur systematischen Erfassung der Kosten eingeführt, die mit ihrer mehrfachen Untergliederung der Kostengruppen ein Schema vorgab, das auch eine Gegenüberstellung gleichartiger Planungen oder Gebäude und damit einen Vergleich ihrer Wirtschaftlichkeit ermöglichte (siehe Kapitel C).

Mit den im Laufe der Jahre verfeinerten Methoden der Kostenplanung und Kostenkontrolle während der Bauzeit wurde mit dem Sammeln und Fortschreiben von Kostenkennwerten ausgeführter Bauwerke versucht, die durch den dritten Punkt verursachten Ungenauigkeiten »in den Griff« zu bekommen. Dabei wurde erkannt, daß es notwendig ist, die Grundlagen für die Bildung der Kostenkennwerte auf eine einheitliche Grundlage zu stellen, um ihre Anwendbarkeit zu verbessern. Im Zuge der Erarbeitung der letzten Fassung von DIN 276 hatte man sich daher entschlossen, eine Norm über die Ermittlung der Mengen aufzustellen, die der Berechnung der Kosten zugrunde gelegt werden.

Als Ergebnis der mehrjährigen Arbeit wurde im Juli 1998 DIN 277-3 (neue Schreibweise für DIN 277 Teil 3) veröffentlicht. Der enge Zusammenhang des Themas mit dem Inhalt der Norm DIN 276 über die Kostengliederung hätte es nahegelegt, die Bestimmungen in einen Folgeteil von DIN 276 oder eine Neufassung dieser Norm zu integrieren, jedoch haben unterschiedliche Auffassungen der beteiligten Fachleute diese Form der Veröffentlichung verhindert. Im Arbeitsausschuß für die DIN 276, der aufgrund des allgemeinen Interesses an dieser Norm besonders heterogen zusammengesetzt war, konnte über den Vorschlag, die Mengen für die Kostengruppen durch Regeln über Meßeinheiten, Benennungen und Ermittlungsprinzipien genauer zu definieren, kein Konsens erzielt werden.

Die an dieser Thematik interessierten Fachleute aus den öffentlichen Bauverwaltungen, den Planungsbüros und den speziellen Arbeitsgremien der organisierten Architektenschaft fanden in dem kleiner besetzten Arbeitsausschuß für die DIN 277 mehr Verständnis für ihr Anliegen, so daß die Bearbeitung der Aufgabe dort aufgegriffen und durchgeführt wurde. Die Veröffentlichung des Arbeitsergebnisses unter der DIN-Zählnummer 277-3 war danach die logische Konsequenz, obwohl der Normeninhalt nur sehr bedingt dem im Haupttitel von DIN 277 angesprochenen Thema »Grundflächen und Rauminhalte« zugeordnet werden kann.

Zum Inhalt:

Die Norm DIN 277-3 besteht aus sechs Textabschnitten und zwei Tabellen, wobei die wesentlichen Festlegungen der Norm in den Tabellen enthalten sind. Textabschnitte und Tabellen sind wie folgt überschrieben:

Abschnitt 1: Anwendungsbereich,
Abschnitt 2: Normative Verweisungen,
Abschnitt 3: Definitionen
Abschnitt 4: Grundlagen der Mengenermittlung
Abschnitt 5: Darstellung der Mengen und Bezugseinheiten
Abschnitt 6: Ergänzung zur Ermittlung »Technische Anlagen«
Tabelle 1: Mengen und Bezugseinheiten
Tabelle 2: Ergänzung zu »Technische Anlagen«

Zu Abschnitt 1:
Der »Anwendungsbereich« sagt aus, daß die Norm die Bezugseinheiten für Kostengruppen nach DIN 276 festlegt. Dabei ist zu bemerken, daß zwar der Begriff »Bezugseinheit«, nicht jedoch der Begriff »Menge« aus dem Titel verwendet wird. Der Anwendungsbercich ist insofern präziser als der Titel, weil Mengen als solche in der Norm nicht festgelegt werden können, da sie für jedes Bauwerk in unterschiedlicher Größe anfallen. Dies wird auch bei der Betrachtung des eigentlichen Sachinhalts, den Tabellen 1 und 2, deutlich, die lediglich die Bezeichnungen und die Maßeinheiten für die Mengen sowie kurze Angaben zur ihrer Ermittlung enthalten.
Zum Zweck der Norm wird in einem zweiten Satz festgestellt, daß die Norm der Kostenplanung, der Bildung von Kostenkennwerten und dem Vergleich von Bauwerken dienen soll.

Zu Abschnitt 2:
Der Abschnitt »Normative Verweisungen« wurde füher mit »Zitierte Normen« überschrieben. Die neue Bezeichnung ist ein Beispiel für die gefürchtete »Eurospeak«, die sich Im Rahmen der Europäischen Union aus dem Zwang, fremdsprachliche Ausdrücke möglichst wortgetreu zu übernehmen, entwickelt hat. Die Überschrift ist die offizielle Übersetzung der englischen und französischen Bezeichnung »normative refcrences« bzw. »références normatives«, die damit auch bei allen deutschen Fassungen Europäischer Normen verwendet wird.
Der Inhalt des Abschnitts verweist auf die im Text erwähnten Normen DIN 276, DIN 277-1 und DIN 277-2.

Zu Abschnitt 3:
Im Abschnitt »Definitionen« werden die Begriffe »Menge«, »anteilige Menge« und »Bezugseinheit« erläutert.
Eine Menge wird, eingegrenzt auf den Anwendungsbereich der Norm, als meßbare Größe gleichartiger Teile von Liegenschaften, Bauwerken oder Bauwerksteilen definiert. Auch bei Berücksichtigung des begrenzten Geltungsbereiches ist die Definition nicht ganz schlüssig, da sie zumindest die Menge mit der Größe »eins« nicht berücksichtigt.
Als anteilige Menge wird eine Teilmenge bezeichnet, die die Merkmalen einer Kostengruppe nach DIN 276 aufweist. Diese Definition erscheint insofern als überflüssig, da der Begriff im weiteren Text der Norm in dieser Form nicht verwendet wird. Er erscheint lediglich abgewandelt als »anteilige Außenwandfläche«, »anteilige Dachfläche« o.ä. und erklärt sich dort von selbst.
Der Begriff »Bezugseinheit« wird schließlich als Menge definiert, auf welche die Kosten der Kostengruppen der DIN 276 bezogen werden. Die Unzulänglichkeit des mit dieser Norm geprägten Begriffs wird durch diese Definition

deutlich, indem »Menge« und »Bezugseinheit«, die im Titel der Norm als unterschiedliche Sachverhalte gekennzeichnet sind, hier als gleichartig ausgegeben werden (»Bezugseinheit ist eine Menge ...«). Außer im Titel der Norm erscheint der Begriff »Bezugseinheit« nur noch in der Überschrift der Tabelle 1, ohne daß die Spalten der Tabelle einen Bezug zu diesem Begriff haben, so daß es zweifelhaft ist, ob es notwendig war, ihn hier einzuführen.
Ein Beispiel, das sinngemäß auf alle anderen Kostengruppen übertragen werden kann, möge dies verdeutlichen:
Für das Herrichten eines Grundstücks (Kostengruppe 210) mit einer Größe von 2000 m^2 werden 5,00 DM/m^2 eingesetzt, so daß die Kosten der Kostengruppe 210

$$2000\ m^2 \times 5{,}00\ DM/m^2 = 10000\ DM$$

betragen. Umgekehrt können die Kosten der Kostengruppe (10000 DM) auf die Menge der Grundstücksfläche (2000 m^2) bezogen werden, wobei man den Kostenkennwert (5 DM/m^2) erhält. Nach der Definition ist daher 2000 m^2 die Bezugseinheit. Abgesehen davon, daß dieser Wert als Bezugsgröße zu bezeichnen ist, erscheint es fraglich, ob eine derartige Definition für die Anwendung der Norm erforderlich und für den Anwender hilfreich ist.

Zu Abschnitt 4:
In diesem Abschnitt wird festgelegt, daß die Mengen entsprechend dem Planungsfortschritt und anhand der Planungsunterlagen, die der Kostenermittlung nach DIN 276 zugrunde liegen, zu berechnen sind. Dabei seien, falls erforderlich, auch Teilgrundflächen nach DIN 277-2 zu erfassen.
Welche Unterlagen zur Kostenermittlung, d.h. damit auch zur Mengenberechnung in Abhängigkeit vom Planungsstand zu verwenden sind, wird bereits in DIN 276, Abschnitt 3.2, ausgesagt. Es dürfte selbstverständlich sein, daß dabei die jeweils letztgültigen Unterlagen heranzuziehen sind, weil sonst ein Fortschreiten zu genaueren Ergebnissen nicht möglich ist. Insofern erscheint dieser Abschnitt lediglich als Wiederholung der Bestimmung aus DIN 276.
Teilflächen nach den Festlegungen der Norm DIN 277-2 sind die Hauptnutzflächen 1 bis 6 und die Nebennutzflächen. Da im weiteren Text der Norm für keine Kostengruppe die Ermittlung nach diesen Teilgrundflächen vorgesehen ist, bleibt offen, in welchen Fällen diese Bestimmung greifen sollte.

Zu Abschnitt 5:
Hier wird festgestellt, daß die dem Text folgende Tabelle 1 nach der Gliederung der DIN 276 aufgebaut ist.

Zu Abschnitt 6:
Dieser Abschnitt verweist auf die Tabelle 2, in der die Kostengruppe »400 – Technische Anlagen« über die Gliederung der DIN 276 hinaus weiter aufge-

teilt wird. Diese Unterteilung orientiert sich weitgehend an den Aufzählungen, die in DIN 276 in der Spalte »Anmerkungen« die jeweilige Kostengruppe erläutern.

Zu Tabelle 1:
Die Überschrift der Tabelle lautet »Mengen und Bezugseinheiten«. Hierzu wird im einzelnen auf die Anmerkungen zu den Abschnitten 1 und 3 verwiesen.
Die Tabelle besteht aus den Spalten
- Kostengruppen-Nummer (KG-Nr),
- Kostengruppe nach DIN 276,
- Mengen-Einheit,
- Mengen-Benennung,
- Mengen-Ermittlung,

Sie sind in Übereinstimmung mit der Darstellung in DIN 276 nicht immer durch Linien getrennt.
Die ersten beiden Spalten geben vollständig den Inhalt der Spalte »Kostengruppen« der Tabelle 1 von DIN 276 wieder, d.h. die Kostengruppen sind bis zu ihrer dreistelligen Untergliederung aufgeführt.
Die weiteren Spalten enthalten die folgenden Eintragungen:

Spalte 3: für Mengen-Einheiten weitaus überwiegend die Angabe »m^2«, in Ausnahmefällen auch »m« oder »m^3«,

Spalte 4: für Mengen-Benennungen in der Regel »Grundstücksfläche«, »Brutto-Grundfläche« oder eine vom Namen der Kostengruppe abgeleitete Flächenbezeichnung, z.B. »Tragende Innenwandfläche« bei der Kostengruppe »341 Tragende Innenwände«,

Spalte 5: für Mengen-Ermittlung Angaben in Abhängigkeit von der Art der Benennung
- bei Grundstücksflächen: »Nach Grundbuch oder Vermessung«,
- bei Brutto-Grundflächen: »Nach DIN 277-1«,
- bei Wand- und Dachflächen die wahren Flächen in ihrer Funktion als Begrenzung bzw. Unterteilung des Brutto-Rauminhalts,
- bei Teilflächen in den deistelligen Kostengruppen die wahren Flächen durch die Angabe »Anteilige ...fläche« oder »Anteil der ...fläche«

Der Inhalt der Tabelle 1 kann daher wie folgt zusammengefaßt werden:

Kostengruppen	Mengen-		
	Einheit	Benennung	Ermittlung
100 bis 240	m^2	Grundstücksfläche	Nach Grundbuch oder Vermessung
300	m^2	Brutto-Grundfläche	Nach DIN 277-1
310, 311, 319	m^3	Baugruben-Rauminhalt	Rauminhalt der Baugrube einschließlich Arbeitsraum und Böschungen
312, 313 sowie 320 bis 369	m^2 1)	2)	3)
370 bis 499	m^2	Brutto-Grundfläche	Nach DIN 277-1
500 bis 539	m^2 4)	2)	5)
540 bis 599	m^2	Außenanlagen-fläche	Der für Außenanlagen vorgesehene Teil der Grundstücksfläche
600 bis 790	m^2	Brutto-Grundfläche	Nach DIN 277-1

1) Eine Ausnahme bilden lediglich die Kostengruppen 333 und 343 (Außen- bzw. Innenstützen), bei denen die Länge (Einheit m) zu ermitteln ist.

2) Die Benennungen leiten sich von dem Namen der Kostengruppe und der Mengen-Einheit ab, z.B. bei 352 Deckenbeläge: »Deckenbelagsfläche« oder bei 524 Stellplätze: »Stellplatzfläche«.

3) Die Mengen sind für zweistellige Kostengruppen (320, 330, 340, 350, 360) wie folgt zu ermitteln:
- Bei Böden und Decken die entsprechenden Brutto-Grundflächen,
- bei Wänden und Dächern die Flächen der jeweiligen, den Brutto-Rauminhalt abschließenden, umschließenden oder teilenden Bauteile.

Bei den dreistelligen Kostengruppen sind die wahren Flächen zu ermitteln, z.B. bei 344 Innentüren und -fenster die »anteilige Innenwandfläche«.

4) Eine Ausnahme bildet lediglich die Kostengruppe 537 (Kanal- und Schachtbauanlagen), bei der die Länge (Einheit m) zu ermitteln ist.

5) Für die Mengen-Ermittlung wird vorgeschrieben, den für Außenanlagen vorgesehenen Teil der Grundstücksfläche zu ermitteln bzw. die relevanten Teilflächen, z.B. »Der vegetationstechnisch bearbeitete Anteil der Geländeflächen« oder »Die Summe der wahren Flächen von Sicherungsbauweisen«.

Die auf diese Weise in Tabelle 1 für alle 266 Kostengruppen im einzelnen festgelegten Einheiten, Benennungen und Ermittlungsprinzipien mögen für die Bildung von Kostenkennwerten (Kosten je Mengeneinheit), bei der Kostenplanung, der Kostenverfolgung und für den Kostenvergleich von Ausführungsvarianten – insbesondere im Rahmen der EDV-Technik – von Bedeutung sein. Für den Aufsteller von Kostenschätzungen, -berechnungen und

-anschlägen nach DIN 276 bieten sie jedoch nur wenig verwertbare Informationen, wie das folgende Beispiel deutlich machen soll:
Die Vorschrift, daß für die Ermittlung der Kosten der inneren Bekleidungen von Außenwandflächen (KG 336) die Anteile der auf der Innenseite bekleideten Außenwandflächen zu berechnen und in m² anzugeben sind, nützt dem Anwender der Norm wenig, wenn ihm der entsprechende Kostenkennwert, d.h. der Preis der Bekleidung je m² der Wandfläche, nicht bekannt ist. Da unter dem Begriff »Bekleidung« sowohl eine einfache Putzschicht als auch ein hochwertiges Wandpaneel aus Edelhölzern verstanden werden kann, variiert der Kostenkennwert in Abhängigkeit von der vorgesehenen Ausführungsart erheblich. Ist in einem frühen Planungsstadium die Art der Bekleidung noch nicht festgelegt, kann deswegen nur ein statistischer Mittelwert eingesetzt werden, durch den der Betrag für die Kostengruppe auch bei genauer Berechnung der Bekleidungsfläche mit einer nennenswerten Ungenauigkeit behaftet ist.
Im Bewußtsein dieser stets vorhandenen Ungenauigkeiten hat man es sich erspart, in der Norm genaue Meßregeln für die Ermittlung von wahren Mengen, insbesondere der »anteiligen Flächen«, festzulegen, da sie nicht zu einer Präzisierung der Kostenwerte beitragen können. Der Verzicht auf diese Festlegungen führt jedoch in Einzelfällen zu erheblicher Unsicherheit, z.B. bei Kostengruppe »338 Sonnenschutz«, bei der die sonnengeschützten Anteile der Außenwandfläche anzusetzen sind. Dabei bleibt offen, ob es sich um die gesamte mit Sonnenschutzeinrichtungen versehene Fassadenfläche oder nur um den verschatteten Anteil handelt, dessen Größe sich außerdem noch im Tagesverlauf ändert.
Informationen über die Kostenkennwerte (Kosten je Maßeinheit) bzw. ihre statistischen Mittelwerte sind nicht aus Normen sondern nur aus den Zusammenstellungen und Veröffentlichungen zu entnehmen, die von besonderen Fachgremien (Baukostenberatungsdiensten) herausgegeben werden. Diese Institutionen sammeln die Informationen über die tatsächlich entstandenen Kosten ausgeführter Bauten, die verwertet und der Baupreisentwicklung entsprechend fortgeschrieben werden. Mit den daraus entwickelten Kostenkennwerten, die den Planern von Baumaßnahmen zur Verfügung stehen, können Kostenschätzungen, Kostenberechnungen und Kostenanschläge trotz der oben angesprochenen Unsicherheiten mit einer dem Planungsfortschritt entsprechenden Genauigkeit aufgestellt werden.

Zu Tabelle 2:
Um bei Bauwerken mit umfangreichen und komplexen Technischen Anlagen diese Kosten detaillierter erfassen zu können und die Auswirkung von Planungsvarianten und -änderungen besser beurteilen zu können, ist in dieser Tabelle die Gliederung der Kostengruppe 400 über die der Tabelle 1 hinaus

bis zur 4. Ebene erweitert worden. Diese Unterteilung besteht im wesentlichen aus den Aufzählungen, die bereits in DIN 276, Tabelle 1, in der Spalte »Anmerkungen« zur jeweiligen dreistelligen Kostengruppe aufgeführt sind. Sie enthält jedoch nicht die Aufteilung der einzelnen Anlagen in Installation und Zentrale Betriebstechnik, die dort durch die Fußnote 9) zugelassen wird.
Die Tabelle 2 ist sinngemäß wie Tabelle 1 aufgebaut: In der Spalte »Mengen-Einheit« werden angegeben

- m bei Leitungen,
- m^2 bei Kanaloberflächen, bei Brutto- oder Netto-Grundfläche als Bezugsgrößen
- St (Stück) bei Geräten, allgemeinen Anlagen und Anlagenteilen,
- kW bei Energie-Erzeugungsanlagen,
- m^3/h bei Lüftungs- und Klimaanlagen,
- kVA oder
- Ah bei Stromversorgungsanlagen.

Die Spalten »Mengen-Benennung« und »Mengen-Ermittlung« bieten keine weiteren Informationen für den Anwender, da sie in der Regel nur die Angaben der vorderen Spalten wiederholen, z.B. bei 443-2 Blindstromkompensationsanlagen (kVA): »Blindstromkompensationsleistung« und »Leistung der Blindstromkompensationsanlagen«.
Eine Ausnahme bilden lediglich die Kostengruppen

- 444 Niederspannungsinstallationsanlagen,
- 445 Beleuchtungsanlagen und
- 446 Blitzschutz- und Erdungsanlagen,

die jeweils auf die Brutto-Grundfläche des Bauwerkes nach DIN 277-1 zu beziehen sind, weil ihre Erfassung über die einzelnen Komponenten einen zu hohen Aufwand bedeuten würde.

Kapitel E

DIN 18022 Küchen, Bäder und WCs im Wohnungsbau – Planungsgrundlagen Ausgabe November 1989

Küchen, Bäder und WCs im Wohnungsbau

Planungsgrundlagen

DIN 18 022

Domestic kitchens, bathrooms and WCs; design principles

Cuisines, salles de bain et WCs dans les logements; principes de construction

Ersatz für Ausgabe 11.67

Maße in cm

1 Anwendungsbereich und Zweck

Diese Norm dient der Planung und Bemessung von Küchen, Bädern und WCs im Wohnungsbau. Sie enthält Angaben über Einrichtungen, Stellflächen, Abstände und Bewegungsflächen.

Bei Aus- und Umbau sowie Modernisierung ist diese Norm unter Berücksichtigung der baulichen Gegebenheiten sinngemäß anzuwenden.

2 Begriffe

2.1 Einrichtungen

Einrichtungen sind die zur Erfüllung der Raumfunktion notwendigen Teile, z.B. Sanitär-Ausstattungsgegenstände, Geräte und Möbel; sie können sowohl bauseits als auch vom Wohnungsnutzer eingebracht werden.

2.2 Stellflächen

Stellflächen geben den Platzbedarf der Einrichtungen im Grundriß nach Breite (b) und Tiefe (t) an.

2.3 Abstände

Abstände sind die Maße zwischen zwei Stellflächen sowie zwischen Stellflächen und fertigen Wandoberflächen.

2.4 Bewegungsflächen

Bewegungflächen sind die zur Nutzung der Einrichtungen erforderlichen Flächen. Ihre Sicherstellung erfolgt durch Einhalten der notwendigen Abstände.

3 Küchen

3.1 Größe und Einrichtung von Küchen hängen vorrangig von der Anzahl der Personen ab, für die Wohnungen oder Einfamilienhäuser geplant werden. Die Mindestmaße ergeben sich aus den Stellflächen und Abständen; Küchen können um einen Eßplatz erweitert werden. Voraussetzungen für eine ausreichende Lüftung und Heizung sind zu schaffen.

Kleinküchen in Wohnungen für 1 oder 2 Personen (siehe Bild 2) entsprechen hauswirtschaftlichen Anforderungen nur bedingt.

3.2 Kücheneinrichtungen und ihre Stellflächen sind in Tabelle 1 aufgeführt.

3.3 Die Zuordnung der Kücheneinrichtungen soll einen rationellen Arbeitsablauf ermöglichen, deshalb sollen die Stellflächen vorzugsweise von rechts nach links in folgender Reihenfolge angeordnet werden:

- Abstellfläche nach Tabelle 1, Zeile 10,
- Herd oder Einbaukochstelle nach Tabelle 1, Zeile 12 oder Zeile 13,
- Kleine Arbeitsfläche nach Tabelle 1, Zeile 7,
- Spüle nach Tabelle 1, Zeile 16, Zeile 17 oder Zeile 19,
- Abstellfläche nach Tabelle 1, Zeile 11.

3.4 Die Höhe von Arbeits- und Abstellflächen, Herden und Spülen kann maximal 92 cm betragen; Fensterbrüstungen sind entsprechend höher festzulegen.

3.5 Als Abstände sind erforderlich:

zwischen Stellflächen und

- gegenüberliegenden Stellflächen $\geq$ 120 cm,
- gegenüberliegenden Wänden $\geq$ 120 cm,
- anliegenden Wänden $\geq$ 3 cm,
- Türleibungen $\geq$ 10 cm.

Die Anordnung von Schaltern, Steckdosen, Leuchten und Lüftungseinrichtungen sowie von Warmwasserbereitern, Heizkörpern und Rohrleitungen ist bei der Planung der Stellflächen und Abstände zu berücksichtigen.

3.6 Für Vorwandinstallationen ist der zusätzliche Platzbedarf zu beachten.

3.7 Beispiele für die Anordnung von Stellflächen und Abständen in Küchen zeigen die Bilder 1 und 2. Die Indizes der Stellflächenbreiten und -tiefen entsprechen der Zeilenbenummerung in Tabelle 1.

Fortsetzung Seite 2 bis 7

Normenausschuß Bauwesen (NABau) im DIN Deutsches Institut für Normung e.V.
Normenausschuß Hauswirtschaft (NHW) im DIN

Alleinverkauf der Normen durch Beuth Verlag GmbH, Burggrafenstraße 6, 1000 Berlin 30

08.93

Seite 2 DIN 18 022

Tabelle 1. **Kücheneinrichtungen**

Zeile	Einrichtungen	Stellflächen *b*	Stellflächen *t*
	Schränke für Geschirr, Töpfe, Geräte, Hilfsmittel, Speisen, Vorräte usw.		
1	Unterschrank	30 bis 150	60
2	Hochschrank	60	60
3	Oberschrank	30 bis 150	≤ 40
	Kühl- und Gefriergeräte		
4	Kühlgerät/Kühl-Gefrier-Kombination	60	60
5	Gefrierschrank	60	60
6	Gefriertruhe	≥ 90	je nach Fabrikat
	Arbeits- und Abstellflächen		
7	Kleine Arbeitsfläche zwischen Herd oder Einbaukochstelle und Spüle 1)	≥ 60	60
8	Große Arbeitsfläche 1)	≥ 120	60
9	Fläche zum Aufstellen von Küchenmaschinen und Geräten 1)	≥ 60	60
10	Abstellfläche neben Herd, Einbaukochstelle oder Spüle	≥ 30	60
	Arbeits- und Abstellflächen (Fortsetzung)		
11	Abstell- oder Abtropffläche neben Spüle	≥ 60	60
	Koch- und Backeinrichtungen		
12	Herd mit Backofen darüber Dunstabzug (Gas)	60	60
13	Einbaukochstelle mit Unterschrank (elektrisch)	60 bis 90	60
14	Einbaubackofen mit Schrank 2)	60	60
15	Mikrowellenherd mit Schrank 2)	60	60
	Spüleinrichtungen		
16	Einbeckenspüle mit Abtropffläche	≥ 90	60
17	Doppelbeckenspüle mit Abtropffläche	≥ 120	60
18	Geschirrspülmaschine	60	60
19	Spülzentrum (Einbeckenspüle mit Abtropffläche, Unterschrank und Geschirrspülmaschine	≥ 90	60

1) Gegebenenfalls mit ausziehbarer oder ausschwenkbarer Fläche zum Arbeiten im Sitzen.
2) Einrichtungen nach den Zeilen 14 und 15 sind wahlweise übereinander kombinierbar.

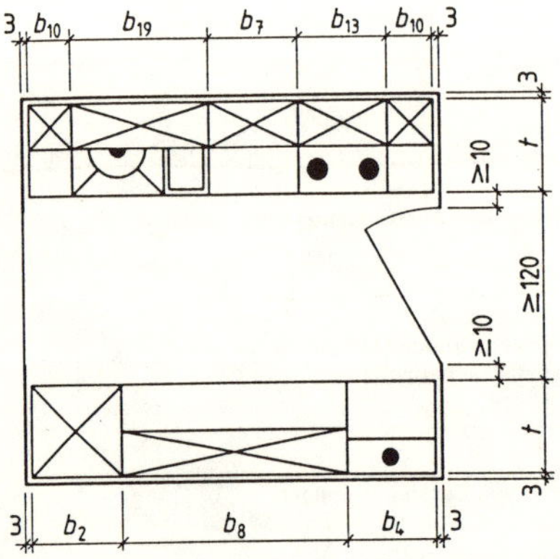

Bild 1. Zweizeilige Küche

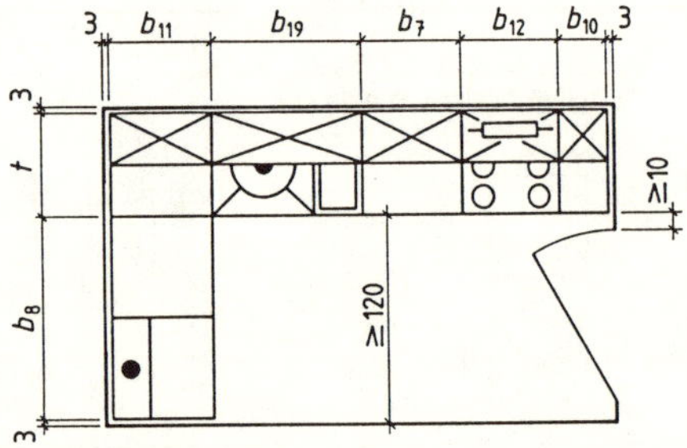

Bild 2. Kleinküche

4 Bäder und WCs

4.1 Anzahl und Größe von Bädern und WCs hängen vorrangig von der Anzahl der Personen ab, für die Wohnungen oder Einfamilienhäuser geplant werden, sowie von den dafür vorgesehenen Einrichtungen. In Wohnungen für mehrere Personen ist die Anordnung eines vom Bad getrennten WCs zweckmäßig. Die Mindestmaße ergeben sich aus den Stellflächen und Abständen. Voraussetzung für eine ausreichende Lüftung und Heizung ist zu schaffen.

4.2 Einrichtungen für Bäder und WCs und ihre Stellflächen sind in Tabelle 2 aufgeführt.

4.3 Als Abstände sind erforderlich:

zwischen Stellflächen oder Wänden und

- gegenüberliegenden Stellflächen ≥ 75 cm,
  mit Ausnahme von
- gegenüberliegenden Stellflächen von Waschmaschinen und Wäschetrocknern ≥ 90 cm,

zwischen Stellflächen für bewegliche Einrichtungen und

- anliegenden Wänden ≥ 3 cm,

zwischen Stellflächen und

- Türleibungen ≥ 10 cm.

Bei Badewannen ist der erforderliche Abstand auf mindestens 90 cm Breite einzuhalten (siehe Bild 8).

Die erforderlichen seitlichen Abstände sind Tabelle 3 zu entnehmen.

Die Anordnung von Schaltern, Steckdosen, Leuchten und Lüftungseinrichtungen sowie von Warmwasserbereitern, Heizkörpern und Rohrleitungen ist bei der Planung der Stellflächen und Abstände zu berücksichtigen.

4.4 Für Vorwandinstallationen ist zusätzlicher Platzbedarf zu berücksichtigen:

- bei horizontaler Leitungsführung 20 cm,
- bei vertikaler Leitungsführung 25 cm.

4.5 In Räumen mit Badewannen oder Duschen sind die Schutzbereiche nach DIN VDE 0100 Teil 701 zu beachten.

4.6 Beispiele für die Anordnung von Stellflächen, Abständen und Bewegungsflächen in Bädern und WCs zeigen die Bilder 3 bis 9. Die Indizes der Stellflächenbreiten und -tiefen entsprechen der Zeilenbenummerung in Tabelle 2.

Seite 4 DIN 18 022

Tabelle 2. **Einrichtungen für Bäder und WCs**

Zeile	Einrichtungen		Stellflächen b	Stellflächen t
Waschtische, Hand- und Sitzwaschbecken				
1	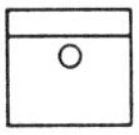	Einzelwaschtisch	≥ 60	≥ 55
2	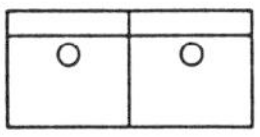	Doppelwaschtisch	≥ 120	≥ 55
3	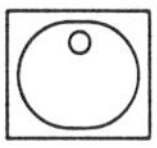	Einbauwaschtisch mit 1 Becken und Unterschrank	≥ 70	≥ 60
4	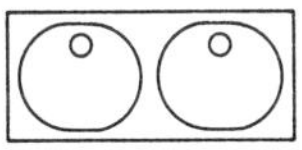	Einbauwaschtisch mit 2 Becken und Unterschrank	≥ 140	≥ 60
5	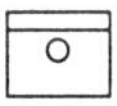	Handwaschbecken	≥ 45	≥ 35
6	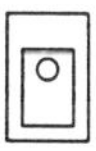	Sitzwaschbecken (Bidet), bodenstehend oder wandhängend	40	60
Wannen				
7	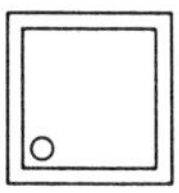	Duschwanne	≥ 80	≥ 80 75[1]
8	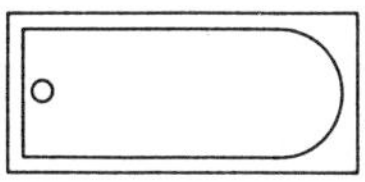	Badewanne	≥ 170	≥ 75

Zeile	Einrichtungen		Stellflächen b	Stellflächen t
Klosett- und Urinalbecken				
9	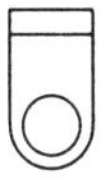	Klosettbecken mit Spülkasten oder Druckspüler vor der Wand	40	75
10		Klosettbecken mit Spülkasten oder Druckspüler für Wandeinbau	40	60
11		Urinalbecken	40	40
Wäschepflegegeräte				
12		Waschmaschine	60	60
13		Wäschetrockner	60	60
Badmöbel				
14		Hochschrank (Unterschrank, Oberschrank)	≥ 30	≥ 40

[1]) Nur in Verbindung mit $b \geq 90$ cm.

Tabelle 3. **Seitliche Abstände von Stellflächen in Bädern und WCs**
(Sich nicht ergebende Nebeneinanderstellungen sind durch Schrägstellungen getilgt.)

Spalte		1	2	3	4	5	6	7	8	9
Zeile		Waschtische	Einbauwaschtische	Handwaschbecken	Sitzwaschbecken	Dusch- und Badewannen	Klosett- und Urinalbecken	Wäschepflegegeräte	Badmöbel	Wände[4]
1	Waschtische nach Tabelle 2, Zeilen 1, 2	20	/	/	25	20[1]	20	20	5	20
2	Einbauwaschtische nach Tabelle 2, Zeilen 3, 4	/	0	/	25	15[1]	20	15	0	0
3	Handwaschbecken nach Tabelle 2, Zeile 5	/	/	/	25	20	20	20	20	20
4	Sitzwaschbecken nach Tabelle 2, Zeile 6	25	25	25	/	25	25	25	25	25
5	Dusch- und Badewannen nach Tabelle 2, Zeilen 7, 8	20[1]	15[1]	20	25	0[2]	20	0	0	0
6	Klosett- und Urinalbecken nach Tabelle 2, Zeilen 9, 10, 11	20	20	20	25	20	20[3]	20	20	20 25[5]
7	Wäschepflegegeräte nach Tabelle 2, Zeilen 12, 13	20	15	20	25	0	20	0	0	3
8	Badmöbel nach Tabelle 2, Zeile 14	5	0	20	25	0	20	0	0	3
9	Wände[4]	20	0	20	25	0	20 25[5]	3	3	/

[1] Der Abstand kann bis auf 0 verringert werden (siehe Bild 8).

[2] Abstand zwischen Bade- und Duschwanne; bei Anordung der Versorgungsarmaturen in der Trennwand zwischen den Wannen sind 15 cm erforderlich.

[3] Abstand zwischen Klosettbecken und Urinalbecken.

[4] Auch Duschabtrennungen.

[5] Bei Wänden auf beiden Seiten.

Seite 6 DIN 18 022

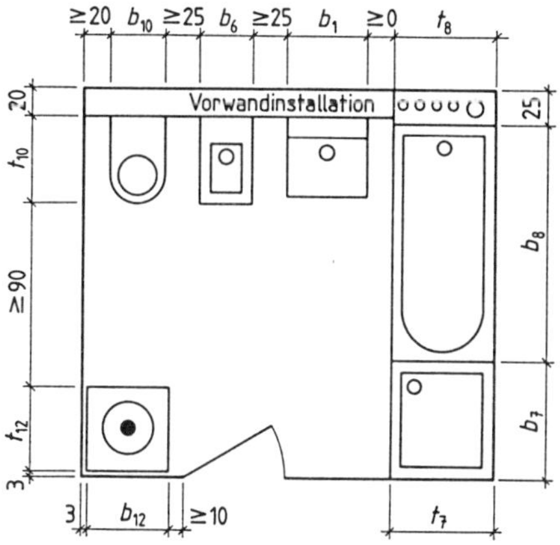

Bild 3. Bad

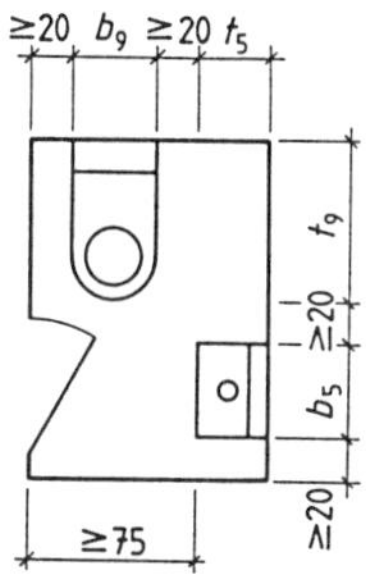

Bild 4. WC

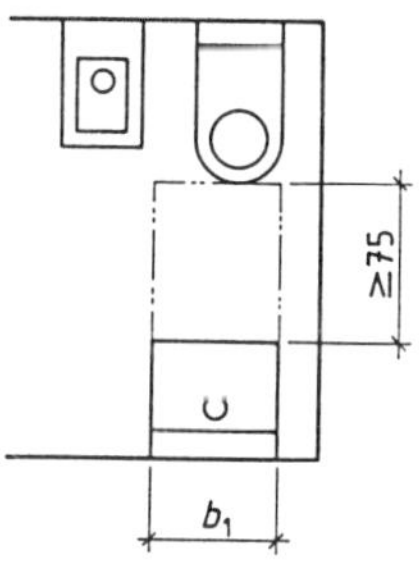

Bild 5. Bewegungsfläche zwischen gegenüberliegenden Stellflächen am Beispiel eines Einzelwaschtisches

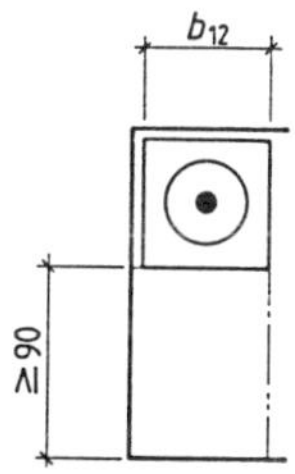

Bild 6. Bewegungsfläche auf der Bedienungsseite einer Waschmaschine

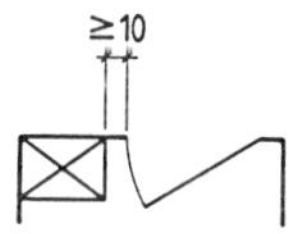

Bild 7. Abstand zu Türleibungen am Beispiel eines Hochschrankes

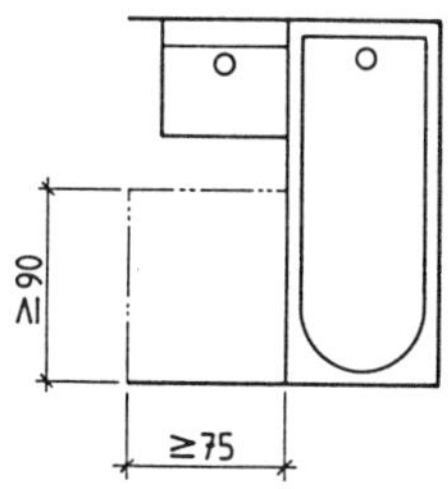

Bild 8. Bewegungsfläche vor einer Badewanne

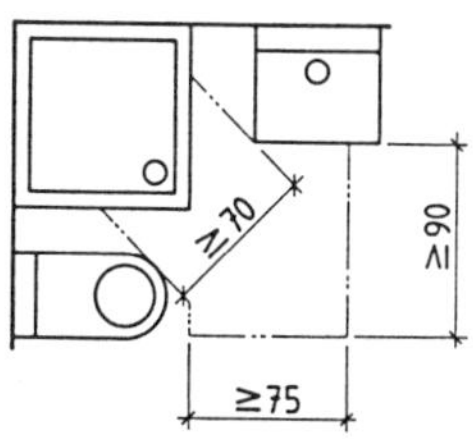

Bild 9. Bewegungsfläche vor einer Duschwanne mit Eckeinstieg

Zitierte Normen

DIN VDE 0100 Teil 701	Errichten von Starkstromanlagen mit Nennspannungen bis 1000 V; Räume mit Badewanne oder Dusche

Weitere Normen und andere Unterlagen

Normen der Reihe DIN 1053 Mauerwerk

DIN 1986 Teil 1	Entwässerungsanlagen für Gebäude und Grundstücke; Technische Bestimmungen für den Bau

Normen der Reihe DIN 1988 Technische Regeln für Trinkwasser-Installationen (TRWI)

DIN 4103 Teil 1	Nichttragende innere Trennwände; Anforderungen, Nachweise
DIN 4109 Teil 5	(z.Z. Entwurf) Schallschutz im Hochbau; Schallschutz gegenüber Geräuschen aus haustechnischen Anlagen und aus Betrieben; Anforderungen, Nachweise und Hinweise für Planung und Ausführung
DIN 18 000	Modulordnung im Bauwesen
DIN 18 011	(z.Z. Entwurf) Wohnungen; Maße und Zuordnung von Räumen
DIN 18 015 Teil 1	Elektrische Anlagen in Wohngebäuden; Planungsgrundlagen
DIN 18 015 Teil 2	Elektrische Anlagen in Wohngebäuden; Art und Umfang der Mindestausstattung
DIN 18 015 Teil 3	Elektrische Anlagen in Wohngebäuden; Leitungsführung und Anordnung der Betriebsmittel
DIN 18 017 Teil 1	Lüftung von Bädern und Toilettenräumen ohne Außenfenster; Einzelschachtanlagen ohne Ventilatoren
DIN 18 017 Teil 3	Lüftung von Bädern und Toilettenräumen ohne Außenfenster mit Ventilatoren
DIN 18 025 Teil 1	(z.Z. Entwurf) Wohnungen für Menschen mit Behinderungen; Planungsgrundlagen; Wohnungen für Rollstuhlbenutzer
DIN 18 025 Teil 2	(z.Z. Entwurf) Wohnungen für Menschen mit Behinderungen; Planungsgrundlagen; Wohnungen für Menschen mit sensorischen oder anderen Behinderungen
DIN 66 354	Kücheneinrichtungen; Formen, Planungsgrundsätze
DIN 68 901	Kücheneinrichtungen; Koordinationsmaße für Küchenmöbel, Küchengeräte, Spülen und Dekorplatten
DIN 68 935	Koordinationsmaße für Badmöbel, Geräte und Sanitärobjekte

DVGW-Arbeitsblatt G 600 Technische Regeln für Gasinstallationen (DVGW-TRGI).
Zu beziehen durch Wirtschafts- und Verlagsgesellschaft Gas und Wasser mbH, Postfach 14 01 51, 5300 Bonn 1.

Frühere Ausgaben

DIN 18 022: 08.57, 11.67

Änderungen

Gegenüber der Ausgabe November 1967 wurden folgende Änderungen vorgenommen:

a) Wegfall von Regelungen für Hausarbeitsräume

b) Verzicht auf Mindestanforderungen und auf Angaben von bauseitigen Einrichtungen

c) Aufnahme von Grundrißbeispielen für Küche, Kleinküche, Bad und WC

d) Angleichung der Stellflächen- und Abstandsmaße an den heutigen Standard.

Internationale Patentklassifikation

A 47 B 47/00
A 47 B 77/18
E 03 C 1/00

DIN 18022 Küchen, Bäder und WCs im Wohnungsbau – Planungsgrundlagen Ausgabe November 1989

Kommentierung

Allgemeines:
DIN 18022 behandelt mit seinen Forderungen und Empfehlungen Planungs- und Bemessungsgrundlagen für Küchen, Bäder und WCs im Wohnungsbau. Mit dieser Norm wird das wichtige Bündel der haustechnischen Themen geordnet. Ohne normative Festlegungen auf diesem Planungsgebiet wäre es Sache der Architekten, die Grundlagen in allen Details selbst zu erarbeiten, eine zwar nützliche, aber zeitraubende Tätigkeit, die sicher nicht immer zu den mit DIN 18022 gegebenen, umfassenden Ergebnissen führen dürfte.
Die Anwendung gerade dieser Norm erleichtert die Entwurfstätigkeit und hilft dem Architekten, bei der Ausführung schnelle und richtige Entscheidungen zu treffen, da er davon ausgehen kann, daß qualifizierte Sachverständige die notwendige Geistesarbeit für ihn gründlich geleistet haben. In nicht geringem Maße dient daher DIN 18022 der Rationalisierung bei der Vorbereitung und Durchführung von Wohnungsbauten und, sinngemäß angewendet, auch bei Aus- und Umbau sowie bei der Modernisierung von Wohnungen.
Unter Berücksichtigung der geänderten Ansprüche und Gewohnheiten im Wohnungsbau sind gegenüber der Ausgabe November 1967 folgende Änderungen vorgenommen worden:
- Die Regelungen für Hausarbeitsräume sind entfallen,
- auf Mindestanforderungen sowie auf Angaben von bauseitigen Einrichtungen wurde verzichtet,
- Grundrißbeispiele für Küche, Kleinküche, Bad und WC wurden aufgenommen,
- die Stellflächen- und Abstandsmaße wurden dem heutigen Gegebenheiten angepaßt.

Zu 1 Anwendungsbereich und Zweck:
Die Norm soll dem Planer helfen, die Räume von Küchen, Bädern und Aborten (WCs) so zu bemessen, daß alle vorgesehenen oder geforderten Einrichtungsgegenstände untergebracht und zweckentsprechend genutzt werden können. In der ersten Fassung der Norm vom Jahre 1967 war damit

auch die Absicht verbunden, die Flächen dieser Räume nicht größer als unbedingt nötig zu planen, um bei den Beschränkungen, denen damals der öffentlich geförderte Wohnungsbau unterlag, mehr Fläche für die eigentlichen Wohnräume zur Verfügung zu haben. Dieser Anwendungszweck dürfte heute weitgehend an Bedeutung verloren haben, nachdem die Ansprüche an den Wohnkomfort gestiegen sind und die Funktionsräume von Wohnungen nicht mehr nach Minimalanforderungen ausgerichtet werden.

2 Begriffe:

Zu 2.1 Einrichtungen:

Der Begriff »Einrichtungen« ersetzt die früheren Bezeichnungen »Ausstattung« bzw. »Ausstattungsgegenstände«, die unzulässige Vergleiche mit der Kostengruppe »610 Ausstattung« der DIN 276 herausforderten. Einrichtungsgegenstände von Bädern und WCs werden jedoch aus der Kostengruppe »410 Abwasser-, Wasser-, Gasanlagen« und die Einrichtungen von Wohnungsküchen aus den Kostengruppen »370 Baukonstruktive Einbauten« oder »610 »Ausstattung« finanziert. Wegen der Zugehörigkeit der Kosten von Kücheneinrichtungen siehe die Anmerkungen zu diesen Kostengruppen in Kapitel C.

Zu 2.2 Stellflächen:

Die für die Stellflächen angegebenen Maße entsprechen den Maßen der Gegenstände und berücksichtigen nicht einen etwa zusätzlichen Platzbedarf, falls kein bautechnischer Einbau sondern die unverbundene und unbefestigte Aufstellung vorgesehen ist. Die Vielzahl der von der Industrie angebotenen Geräte und Möbel dokumentiert sich in der Tatsache, daß in den Tabellen 1 und 2 häufig nur Grenzmaße für die Breiten angegeben werden können.

Zu 2.3 Abstände:

Die Norm entspricht insofern dem Stand der Technik, daß Abstände zwischen nebeneinander liegenden Einrichtungen nur für Bäder und WCs festgelegt sind (Tabelle 3). Bei der Einrichtung von Küchen wird davon ausgegangen, daß alle technischen Geräte in Einbaumöbeln integriert und damit ohne seitlichen Abstand angeordnet werden. Ungeachtet dessen ist jedoch darauf hinzuweisen, daß auch heute noch in Abhängigkeit von örtlichen Gepflogenheiten die Küchen von Mietwohnungen bauseits lediglich mit einer Koch- und einer Spüleinrichtung ausgestattet werden und die Ausrüstung mit den darüber hinaus erforderlichen Geräten und Möbeln dem Wohnungsnutzer überlassen bleibt (siehe auch Abschnitt 2.1).

Zu 2.4 Bewegungsflächen:
Die erforderlichen Bewegungsflächen ergeben sich lediglich aus einigen Maßeintragungen in den Bildern 1 bis 9 und können damit nicht alle in der Praxis vorkommenden Möglichkeiten der Einrichtung erfassen.

Zu 3 Küchen und 4 Bäder und WCs:
Die Aussage des Abschnitts 3.1, daß Größe und Einrichtung einer Küche vorrangig von der Anzahl der Personen abhängt, die in der Wohnung bzw. dem Einfamilienhaus leben, ist nur bedingt zutreffend. Die Ausstattung einer Küche nach heutigem Standard kann in gleicher Weise den Bedürfnissen von einer oder auch von vier Personen genügen, wenn man von den Sonderfällen der sogenannten »Miniküchen« in Einraum- oder Einzimmerwohnungen absieht.
Die Größe von Küchen hängt daher in einem größeren Maße von den Komfortansprüchen des Nutzers und von der Planung der Wohnung bzw. des Hauses im allgemeinen ab. Sie wird z.B. nicht unwesentlich von der Frage geprägt, ob eine Gefriertruhe (Tabelle 1, Nr 6) vorzusehen ist, und ob sie in der Küche untergebracht werden muß oder ob dafür andere Räume, wie Hausarbeitsraum oder Vorratsraum, zur Verfügung stehen. Die Schwierigkeit, solche Sachverhalte durch eine Norm zu klären, wird durch den Umstand deutlich, daß in der gültigen Norm gegenüber der Ausgabe 1967 auf Festlegungen für Hausarbeitsräume verzichtet wurde, weil die möglichen Varianten seiner Ausstattung in keiner Weise zu erfassen sind.
Eine dem Abschnitt 3.1 entsprechende Aussage in 4.1 über die Größe und Anzahl von Bädern ist in noch stärkerem Maße unzutreffend. In Abhängigkeit von den Gewohnheiten und Ansprüchen kann ein normal ausgestattetes Badezimmer sowohl für eine als auch für vier Personen ausreichend sein, wenngleich zwei getrennte Bäder für zwei Personen einen Komfort bieten können, den keiner ohne weiteres zurückweisen würde. Auch bei Bädern und WC richtet sich die Einrichtung nach den Wünschen des Nutzers, nach den Möglichkeiten des Investors und/oder den planerischen Gegebenheiten. Die bei den Küchen angesprochenen Möglichkeiten für die Aufstellung einer Gefriertruhe gelten hier z.B. sinngemäß für Waschmaschine und Wäschetrockner.
Die übrigen Unterabschnitte der Ziffern 3 und 4 verweisen bis auf wenige Ausnahmen lediglich auf die Maßangaben der Tabellen und Bilder und enthalten keine zusätzlichen Festlegungen.

Kapitel F

DIN 18960 Teil 1 Baunutzungskosten von Hochbauten – Begriff, Kostengliederung Ausgabe April 1976

DK 69.004.14.003.1:624.9
: 657.471:001.4

DEUTSCHE NORM

April 1976

	Baunutzungskosten von Hochbauten Begriff, Kostengliederung	DIN 18960 Teil 1

User costs of buildings; definition, classification of costs

Diese Norm enthält die Begriffsbestimmung der Baunutzungskosten und ihre Gliederung nach Kostengruppen. Sie soll die Ermittlung der Baunutzungskosten nach einheitlichen Gesichtspunkten und damit Vergleiche ermöglichen.

Die Norm ist *eine* der Grundlagen zur Prüfung der Wirtschaftlichkeit von Hochbauten während der Planung und Nutzung.

Begriff

Baunutzungskosten sind alle bei Gebäuden, den dazugehörigen baulichen Anlagen und deren Grundstücken unmittelbar entstehenden regelmäßig oder unregelmäßig wiederkehrenden Kosten vom Beginn der Nutzbarkeit des Gebäudes bis zum Zeitpunkt seiner Beseitigung.

Als Gebäude gelten auch unterirdische Bauwerke, soweit sie einem vergleichbaren Zweck wie Hochbauten dienen.

Die betriebsspezifischen und produktionsbedingten Personal- und Sachkosten sind nicht nach dieser Norm zu erfassen, soweit sie sich von den Baunutzungskosten trennen lassen.

Die Kosten der Herstellung, des Umbaus oder der Beseitigung von Gebäuden sind Kosten von Hochbauten nach DIN 276.

Kostengruppen		Abgrenzung
1. Kapitalkosten		Zinsen für Fremdmittel und vergleichbare Kosten Zinsen für den Wert von Eigenleistungen
	1.1 Fremdmittel	Zinsen für Fremdmittel und vergleichbare Kosten z.B. Darlehnszinsen Leistungen aus Rentenschulden Leistungen aus Dienstbarkeiten auf fremden Grundstücken, soweit sie mit dem Gebäude in unmittelbarem Zusammenhang stehen Erbbauzinsen Sonstige Kosten für Fremdmittel z.B. laufende Verwaltungskosten Leistungen aus Bürgschaften.
	1.2 Eigenleistungen	Eigenkapitalzinsen und Zinsen für den Wert anderer Eigenleistungen z.B. der Arbeitsleistungen der eingebrachten Baustoffe des vorhandenen Grundstücks vorhandener Bauteile.
2. Abschreibung		Verbrauchsbedingte Wertminderung der Gebäude, Anlagen und Einrichtungen.
3. Verwaltungskosten		Fremd- und Eigenleistungen für Gebäude und Grundstücksverwaltung.
4. Steuern		Steuer für Gebäude und Grundstücke z.B. Grundsteuer.

Kostengruppen		Abgrenzung
5. Betriebskosten		Sicherung der Bedingungen für die vorgesehene Nutzung der Gebäude und Außenanlagen.
	5.1 Gebäudereinigung	Innenreinigung z.B. Fußböden Inneneinrichtung Vorhänge oder Arbeitsplätze. Fensterreinigung einschließlich Sonnenschutzeinrichtungen. Regelmäßige Reinigung von Fassaden. (Reinigung der haus- und betriebstechnischen Anlagen gehört zu Abschnitt 5.6, Reinigung der Außenanlagen zu Abschnitt 5.7.) *Untergliederungsvorschlag:* *1. Innenreinigung* *2. Fensterreinigung* *3. Fassadenreinigung.*
	5.2 Abwasser und Wasser	Abwasser, auch wenn die Kosten dafür in Form von Gebühren anfallen, außer zur Erzeugung von Wärme und Kälte in zusammenhängenden Systemen nach Abschnitt 5.3 Brauch- und Trinkwasser, auch aus eigenen Brunnenanlagen, außer zur Erzeugung von Wärme und Kälte in zusammenhängenden Systemen nach Abschnitt 5.3. (Chemikalien und Betriebsstoffe für Wasserbehandlung und Wasseraufbereitung gehören zu Abschnitt 5.6.) *Untergliederungsvorschlag:* *1. Abwasser* *2. Wasser.*
	5.3 Wärme und Kälte	Heizstoffe, auch Fernwärme und Fernkälte, zur Erzeugung von Raum-, Lüftungs- und Wirtschaftswärme oder -kälte. (Hierzu gehören auch Wasser, Abwasser und Strom zur Erzeugung von Wärme und Kälte in zusammenhängenden Systemen.) Gesamtverbrauch an Gas, jedoch nicht technische Gase. *Untergliederungsvorschlag:* *1. Kälte* *2. Wärme.*

Kostengruppen	Abgrenzung
5.4 Strom	Gesamtverbrauch, außer zur Erzeugung von Wärme und Kälte, in in zusammenhängenden Systemen nach Abschnitt 5.3.
5.5 Bedienung	Bedienen von haus- und betriebstechnischen Anlagen.
5.6 Wartung und Inspektion	Wartung und Inspektion der haus- und betriebstechnischen Anlagen einschließlich damit zusammenhängender kleinerer Reparaturen, Auswechseln von Verschleißteilen, Gebühren, Hilfs- und Betriebsstoffe, z.B. Lampen Chemikalien für Abwasser- und Wasseraufbereitung Filter Schmierstoffe Dichtungen (Hierzu gehören nicht allgemeine Hausdienste wie Pförtner, Nachtwächter oder Hausmeister.)
5.7 Verkehrs- und Grünflächen	Reinigung und Pflege der Verkehrsanlagen und Grünflächen einschließlich der notwendigen Hilfsstoffe z.B. Unterhaltungsarbeiten bei Vegetationsflächen Straßen- und Gehwegreinigung Schneebeseitigung Streudienst.
5.8 Sonstiges	Sonstige Betriebskosten z.B. Abfallbeseitigung Schornsteinreinigung Aufsichts- und Hausmeisterdienst.

Kostengruppen	Abgrenzung
6. Bauunterhaltungskosten	Gesamtheit der Maßnahmen zru Bewahrung und Wiederherstellung des Sollzustandes von Gebäuden und dazugehörenden Anlagen, jedoch ohne Reinigung und Pflege der Verkehrs- und Grünflächen nach Abschnitt 5.7 und ohne Wartung und Inspektion der haus- und betriebstechnischen Anlagen nach Abschnitt 5.6. (Nicht zur Bauunterhaltung gehören Maßnahmen zur Nutzungsänderung der Gebäude oder Liegenschaften.) *Untergliederungsvorschlag:* *1. Bauwerk* *1.1 Baukonstruktionen* *1.2 Installationen und betriebstechnische Anlagen* *1.3 Betriebliche Einbauten* *2. Gerät* *3. Außenanlagen.*

Erläuterungen

a) Diese Norm ergänzt die bisher für Kostenermittlungen vorliegende DIN 276 »Kosten und Hochbauten« in der Weise, daß sich Wirtschaftlichkeitsberechnungen auf die gesamte Nutzungszeit von baulichen Anlagen ausdehnen lassen.
Weiterhin wird sie für die Aufstellung von Erfahrungswerten für Baunutzungskosten von Bedeutung sein.

b) Die Norm ermöglicht eine einheitliche Datenerfassung und damit auch die Vorausberechnung von Baunutzungskosten für die Planung baulicher Anlagen.

c) Inwieweit diese Daten für die Wirtschaftlichkeitsberechnung einzelner Bauwerksteile benutzt werden können, hängt von einer weiteren Untergliederung ab, die sich nach Möglichkeit an der DIN 276 orientieren soll.

d) Mit der Gliederung der Baunutzungskosten sollen vor allem die laufenden Kosten erfaßt werden, die gebäudeabhängig sind. Unter den nicht nach dieser Norm zu erfassenden betriebsspezifischen und produktionsbedingten Personal- und Sachkosten sind beispielsweise zu verstehen Fernmeldegebühren, Büromaterial, Reisekosten sowie Aufwendungen für Löhne, Gehälter, Maschinen, Geräte und Vergütungen, wenn sie in Erfüllung des Betriebs- oder Produktionszwecks entstehen.

e) Werden Baunutzungskosten als Einflußfaktoren in andere Berechnungen, z.B. Nutzen-Kosten-Untersuchungen eingesetzt, so sollen sie auf der Grundlage dieser Norm errechnet werden. Dabei ergibt sich möglicherweise die Notwendigkeit einer weiteren Untergliederung und des Bezugs zu einer Gebäudeelementgliederung.

f) Die Gliederung der Baunutzungskosten in der 1. und 2. Spalte der Kostengruppen ist als verbindlich anzusehen, während in der Spalte »Abgrenzung« Vorschläge für die weitere Untergliederung gemacht werden, die zunächst erprobt werden sollen.
Zur weiteren Untergliederung eignen sich auch die Kosten von Personal, Material und Fremdfirmen.

g) Gliederung und Wortlaut der Norm beziehen bestehende Regelungen soweit wie möglich ein. In den Fällen, in denen an anderer Stelle und für andere Zwecke verbindliche Regelungen wie in der Verordnung über wohnungswirtschaftliche Berechnungen (Zweite Berechnungsverordnung – II. BV) bestehen, haben diese Regelungen Vorrang.

DIN 18960 Teil 1 Baunutzungskosten von Hochbauten – Begriff, Kostengliederung Ausgabe April 1976

Kommentierung

Allgemeines:
Im Anschluß an die Neufassungen von DIN 276 im September 1971 und von DIN 277 im Mai 1973 galt es, mit der Erarbeitung einer Norm über Baunutzungskosten ein Instrument für eine einheitliche und durchgängige Behandlung und Aufstellung von Kosten-Nutzen-Analysen für Bauobjekte sowie deren Betrieb und Unterhaltung zu schaffen. Hier klaffte seit langem eine Lücke, da für die sogenannten Wirtschaftlichkeitsberechnungen in den verschiedenen Bereichen, z.B. für den Wohnungsbau, für die Ermittlung der Haushaltsansätze der öffentlichen Hand und für privatgenutzte Gebäude und Grundstücke, unterschiedliche, voneinander zum Teil stark abweichende Ermittlungsmethoden bestanden.
Mit der Aufstellung einer solchen Norm wurde der Arbeitsausschuß »Baunutzungskosten« des Normenausschusses Bauwesen (NABau) betraut. Er begann seine Arbeit im Sommer 1973, im April 1976 erfolgte die Veröffentlichung der neuen Norm. Dem Arbeitsausschuß gehörten Vertreter des Bundes, der Länder, der Gemeinden, der Verbände der Wohnungswirtschaft, der freien Wirtschaft sowie von wissenschaftlichen Institutionen an. Außerdem waren Objektplaner und Objektnutzer an der Ausschußarbeit beteiligt.
DIN 18960 Teil 1 definiert den Begriff und legt die Gliederung für eine sachgerechte Aufstellung von Baunutzungskosten fest. Der Zweck der Norm ist, die Ermittlung der Baunutzungskosten nach einheitlichen Gesichtspunkten auszurichten und damit insbesondere betriebswirtschaftliche Vergleiche zwischen Bauten gleicher Zweckbestimmung zu ermöglichen. Die Norm ist ferner eine der Grundlagen zur Prüfung der Wirtschaftlichkeit während der Planung eines Bauobjekts und während seiner gesamten Nutzungsdauer. Mit ihrer Hilfe kann der Objektplaner die in § 15 der Honorarordnung für Architekten und Ingenieure (HOAI) aufgeführten Besonderen Leistungen

- bei der Vorplanung: Aufstellen einer Bauwerks- und Betriebs-Kosten-Nutzen-Analyse,
- bei der Entwurfsplanung: Wirtschaftlichkeitsberechnung,

- bei der Objektbetreuung und Dokumentation: Überprüfen der Bauwerks- und Betriebs-Kosten-Nutzen-Analyse

auf einheitlicher Grundlage lösen.
Die Norm bietet sich aber auch zur Erfassung der Verbrauchswerte für Energie, Wasser, Gas und andere Medien an und erleichtert die Ermittlung des Aufwandes für sonstige Betriebsleistungen bei bereits fertiggestellten Bauobjekten.

Zum Titel:
Bei der Veröffentlichung im Jahre 1976 wurde für die Zählnummer der Norm der Zusatz »Teil 1« gewählt, weil zu diesem Zeitpunkt die Absicht bestanden hatte, weitere Normenteile über Kosten und Preise im Bauwesen zu erarbeiten. Diese Überlegungen wurden jedoch in der Folgezeit fallengelassen, weil zu Recht befürchtet werden mußte, daß damit unzulässige Eingriffe in den freien Wettbewerb verbunden sein könnten. Die Herausgabe weiterer Teile von DIN 18960 ist daher nicht zu erwarten.

Zum Begriff:
Nach der Musterbauordnung sind unter Gebäuden selbständig benutzbare, überdachte bauliche Anlagen zu verstehen, die von Menschen betreten werden können und geeignet oder bestimmt sind, dem Schutz von Menschen, Tieren oder Sachen zu dienen. In der Norm wird ausdrücklich festgelegt, daß auch unterirdische Bauwerke, soweit sie einem vergleichbaren Zweck wie Hochbauten, also dem Schutz von Menschen, Tieren oder Sachen, dienen, als Gebäude gelten.
Unter »dazugehörenden baulichen Anlagen« sind z.B. Klärbehälter, Bunker, Silos, Verkehrsanlagen und sonstige Außenanlagen zu verstehen; sie werden in der HOAI als »sonstige Bauwerke« und als »Anlagen« bezeichnet.
Die Baunutzungskosten beziehen sich auch auf die Aufwendungen, die für die Grundstücke selbst, z.B. für die Grundsteuer, Straßenreinigung, Müllabfuhr, Versicherungen, entstehen.
Betriebsspezifische Personal- und Sachaufwendungen, z.B. Dienstleistungen für die Verwaltung, und produktionsbedingte Kosten, z.B. Aufwendungen für den Betrieb von Maschinen und Fertigungseinrichtungen, sind – soweit dies möglich ist – von den Baunutzungskosten, z.B. von den Kosten der Gebäudeheizung und der Gebäudebeleuchtung, zu trennen; derartige Aufwendungen fallen nicht unter die Baunutzungskosten von Hochbauten.

Zu Kostengruppe 1 Kapitalkosten:
Unter Kapitalkosten sind in Anlehnung an die Definition in der Zweiten Berechnungsverordnung (II. BV), in ihrer Neufassung vom 21. Februar 1975, die Kosten zu verstehen, die sich aus der Inanspruchnahme der Finanzie-

rungsmittel des Objekts ergeben, insbesondere die Zinsen. Zu den Kapitalkosten gehören die Eigenkapitalkosten und die Fremdkapitalkosten.
Leistungen aus sogenannten Nebenverträgen, die zur Sicherung eines Baudarlehns dienen, z.B. Abschluß von Personenversicherungen, fallen nicht unter die Kapitalkosten. Auch für verlorene Baukostenzuschüsse ist der Ansatz von Kapitalkosten unzulässig.
Wenn Finanzierungsmittel zur Deckung von Gesamtkosten dienen, mit deren Entstehen sicher gerechnet werden kann, die aber bis zur Bezugsfertigkeit nicht entstanden sind, dürfen Kapitalkosten hierfür nicht vor dem Entstehen dieser Gesamtkosten angesetzt werden.

Zu Kostengruppe 2 Abschreibung:
Unter Abschreibung ist der auf jedes Jahr der Nutzung fallende Anteil der verbrauchsbedingten Wertminderung der Gebäude und ihrer Einrichtungen sowie der dazugehörenden baulichen Anlagen zu verstehen. Die Abschreibung von Einrichtungen ist allerdings auf solche betriebstechnischen Anlagen, betrieblichen Einbauten und auf solche Geräte beschränkt, aus denen Baunutzungskosten abzuleiten sind. Betriebsspezifische und der Produktion zuzurechnende Einrichtungen und Einbauten fallen nicht unter die Abschreibung. Nicht abschreibungsfähig sind ferner – mit Ausnahme des Erbbaurechts – die Kosten des Baugrundstücks und der Erschließung.
Die Abschreibung ist nach der mutmaßlichen Nutzungsdauer zu errechnen. Es besteht die Möglichkeit, die Abschreibung für Gebäude sowie für Einrichtungen und für die der Wirtschaftseinheit zugehörenden baulichen Anlagen getrennt zu behandeln. Das wird besonders zweckmäßig sein, wenn die Nutzungsdauer in diesen Fällen erhebliche Unterschiede aufweist.
Von den Möglichkeiten der linearen, degressiven oder progressiven Abschreibung empfiehlt es sich, der einfacheren Rechnung wegen die lineare zu wählen.

Zu Kostengruppe 3 Verwaltungskosten:
Unter Verwaltungskosten sind die Aufwendungen für die zur Verwaltung des Gebäudes oder der Wirtschaftseinheit erforderlichen Dienstkräfte und Einrichtungen, die Aufwendungen für die Aufsicht sowie der Wert der vom Eigner persönlich geleisteten Verwaltungsarbeit zu verstehen. Zu den Kosten für die Aufsicht gehören auch die Aufwendungen für die gesetzlichen oder freiwilligen Prüfungen des Jahresabschlusses und der Geschäftsführung.
Gebühren, die von Geldinstituten für die Verwaltung von Baudarlehn erhoben werden, gehören nicht zu den Verwaltungskosten. Keine Verwaltungskosten sind ferner die Aufwendungen für die allgemeinen Hausdienste, wie Pförtner, Nachtwächter und Hausmeister.

Gemäß § 26 der II. BV können im Anwendungsbereich der Verordnung als Verwaltungskosten zur Zeit jährlich je Wohnung, bei Eigenheimen, Kaufeigenheimen und Kleinsiedlungen je Wohngebäude bis zu 320 DM, je Garage oder Einstellplatz 45 DM angesetzt werden. Nach den Wertermittlungsrichtlinien des Bundes gelten 3 bis 5 v.H. des Jahresmietrohertrages für die Verwaltungsleistung als angemessen. Für Gebäude, die keiner Vermietung unterliegen, sollte der Verwaltungsaufwand auf den Brutto-Rauminhalt (BRI) oder auf die Netto-Nutzfläche (NNF) bzw. auf die Hauptnutzfläche (HNF) bezogen werden.
Die Wertangaben beziehen sich auf den Stand von 1990 und können zwischenzeitlich durch Änderungsverordnungen der Geldentwicklung angepaßt worden sein.

Zu Kostengruppe 4 Steuern:
Unter Steuern sind insbesondere die Grundsteuer sowie alle öffentlich-rechtlichen Abgaben zu verstehen, die für das Grundstück zu entrichten sind, aber nicht zu den Betriebskosten (siehe Abschnitt 5) zählen.

Zu Kostengruppe 5 Betriebskosten:
Unter Betriebskosten sind die Aufwendungen zu verstehen, die laufend für die Sicherung der vorgesehenen Nutzung der Gebäude, der zugehörenden baulichen Anlagen und des Grundstücks selbst anfallen. Im einzelnen ist zu bemerken:

Zu 5.1 Gebäudereinigung:
Die Gebäudereinigung beschränkt sich auf die Innenreinigung, die Fensterreinigung einschließlich der Sonnenschutzeinrichtungen und auf die regelmäßige Reinigung von Fassaden.
Die Reinigung der haus- und betriebstechnischen Anlagen ist unter Abschnitt 5.6 und die der Außenanlagen und des Grundstücks selbst unter Abschnitt 5.7, die Abfallbeseitigung und die Schornsteinreinigung unter Abschnitt 5.8 eingeordnet.

Zu 5.2 Abwasser und Wasser:
Soweit Abwasser oder Wasser zur Erzeugung von Wärme und Kälte in zusammenhängenden Systemen dient, ist für die Erfassung Abschnitt 5.3 vorgesehen. Chemikalien und Betriebsstoffe für Wasserbehandlung und Wasseraufbereitung sind unter Abschnitt 5.6 eingeordnet. Produktionsbedingte Abwasser und Wasser gehören nicht zu den Baunutzungskosten.

Zu 5.3 Wärme und Kälte:
Unter Heizstoffen sind feste Stoffe, wie Kohle, Koks, Braunkohle, sowie flüssige Stoffe, wie Heizöl, ferner Heizgase und elektrischer Strom zu verstehen. Technische Gase sind produktionsbedingte Medien, die nicht zu den Baunutzungskosten gehören. Werden Fernwärme oder Fernkälte von außen bezogen, so sind mit den dafür zu entrichtenden Gebühren alle Kosten für die Wärme- und Kälteerzeugung einschließlich aller Nebenkosten abgegolten.

Zu 5.4 Strom:
Strom zur Erzeugung von Wärme und Kälte ist unter Abschnitt 5.3 erfaßt. Produktionsbedingter Strom, z.B. für Fertigungseinrichtungen, gehört nicht zu den Baunutzungskosten.

Zu 5.5 Bedienung:
Unter Bedienen von haus- und betriebstechnischen Anlagen sind Leistungen für das An- und Abstellen, das Ein- und Ausschalten, für die Betriebsüberwachung sowie für das Füllen und Beschicken mit Medien zu verstehen, soweit hierfür nicht eine Erfassung unter Abschnitt 5.6 vorgesehen ist.

Zu 5.6 Wartung und Inspektion:
Die kleineren Reparaturen sowie das Auswechseln von Verschleißteilen im Rahmen der Wartung und Inspektion der haus- und betriebstechnischen Anlagen dürfen nicht das Ausmaß von Leistungen zur Bewahrung und Wiederherstellung des Sollzustandes dieser Anlagen erreichen; hierzu siehe Abschnitt 6.
Die allgemeinen Hausdienste, wie Pförtner, Nachtwächter oder Hausmeister, sind unter Abschnitt 5.8 eingeordnet.

Zu 5.7 Verkehrs- und Grünflächen:
Die Pflege der Grünflächen umfaßt gärtnerisch angelegte Vegetationsflächen, die nicht der gewerblichen Nutzung unterliegen. Zur Pflege gehört die Erneuerung von Pflanzen und Gehölzen. Auch die Reinigung und Pflege von Spielplätzen, Wäschetrockenanlagen und dergleichen ist diesem Abschnitt zuzuordnen.

Zu 5.8 Sonstiges:
Unter Abfallbeseitigung ist in erster Linie die Müllabfuhr zu verstehen, deren Kosten durch Gemeindesatzung festgelegt werden. Weitere Abfälle, z.B. Laubanfall, sind zusätzlich zu berechnen. Unter Aufsichts- und Hausmeisterdienst sind die allgemeinen Hausdienste zu verstehen, die für die Nutzung und den Betrieb des Gebäudes und des Grundstücks notwendig sind, wie

Überwachung der Hausordnung, der Gemeinschaftseinrichtungen sowie der haus- und betriebstechnischen Einrichtungen, soweit die letztgenannte Leistung nicht unter Abschnitt 5.6 zu erfassen ist.
Unter Versicherungen für das Gebäude oder das Grundstück sind ausschließlich Sach- und Haftpflichtversicherungen zu verstehen.

Zu Kostengruppe 6 Bauunterhaltungskosten:
Unter Bauunterhaltungskosten sind alle Aufwendungen für Maßnahmen zur Bewahrung und Wiederherstellung des Sollzustandes von Gebäuden und den dazugehörenden Anlagen zu verstehen, wobei jedoch zu beachten ist, daß Reinigung und Pflege der Verkehrs- und Grünflächen unter Abschnitt 5.7 und Wartung und Inspektion der haus- und betriebstechnischen Anlagen unter Abschnitt 5.6 einzuordnen sind. Wertverbesserungen sowie Maßnahmen zur Nutzungsänderung der Gebäude oder des Grundstücks zählen nicht zu den Bauunterhaltungskosten; die Aufwendungen dafür sind Herstellungskosten nach DIN 276.
Der angegebene Untergliederungsvorschlag orientiert sich an der Ausgabe September 1971 der DIN 276. Bezogen auf die heute gültige Fassung müßte er wie folgt lauten:

1. Bauwerk – Baukonstruktionen
2. Bauwerk – Technische Anlagen
3. Nutzungsspezifische Anlagen
4. Ausstattung und Kunstwerke
5. Außenanlagen

Anhang

Bekanntmachung der Neufassung der Zweiten Berechnungsverordnung

Vom 12. Oktober 1990

Auf Grund des Artikels 3 der Dritten Verordnung zur Änderung wohnungsrechtlicher Vorschriften vom 20. August 1990 (BGBl. I S. 1813) wird nachstehend der Wortlaut der Zweiten Berechnungsverordnung in der seit dem 29. August 1990 geltenden Fassung bekanntgemacht. Die Neufassung berücksichtigt:

1. die Fassung der Bekanntmachung der Verordnung vom 5. April 1984 (BGBl. I S. 553),
2. den am 1. Juli 1988 in Kraft getretenen Artikel 1 der Verordnung vom 25. Mai 1988 (BGBl. I S. 643),
3. den am 1. März 1989 in Kraft getretenen Artikel 3 der Verordnung vom 19. Januar 1989 (BGBl. I S. 109),
4. den am 29. August 1990 in Kraft getretenen Artikel 1 der Verordnung vom 20. August 1990 (BGBl. I S. 1813).

Die Rechtsverordnungen wurden erlassen

zu 2. und 3. auf Grund des § 69 Abs. 4 und des § 105 Abs. 1 des Zweiten Wohnungsbaugesetzes in der Fassung der Bekanntmachung vom 11. Juli 1985 (BGBl. I S. 1284), § 105 Abs. 1 geändert durch § 8 Abs. 2 Nr. 11 des Gesetzes vom 14. Juli 1987 (BGBl. I S. 1625), und des § 28 Abs. 1 und 2 des Wohnungsbindungsgesetzes in der Fassung der Bekanntmachung vom 22. Juli 1982 (BGBl. I S. 972),

zu 4. auf Grund des § 105 Abs. 1 des Zweiten Wohnungsbaugesetzes in der Fassung der Bekanntmachung vom 14. August 1990 (BGBl. I S. 1730) und des § 28 Abs. 1 und 2 des Wohnungsbindungsgesetzes in der Fassung der Bekanntmachung vom 22. Juli 1982 (BGBl. I S. 972), Absatz 1 geändert durch Artikel 1 des Gesetzes vom 17. Mai 1990 (BGBl. I S. 934).

Bonn, den 12. Oktober 1990

Der Bundesminister
für Raumordnung, Bauwesen und Städtebau
Gerda Hasselfeldt

Verordnung über wohnungswirtschaftliche Berechnungen (Zweite Berechnungsverordnung - II. BV)

Inhaltsübersicht

§

§

Teil III
Lastenberechnung

Teil IV
Wohnflächenberechnung

Teil V
Schluß- und Überleitungsvorschriften

Anlagen

Teil I
Allgemeine Vorschriften

§ 1
Anwendungsbereich der Verordnung

(1) Diese Verordnung ist anzuwenden, wenn

1. die Wirtschaftlichkeit, Belastung, Wohnfläche oder der angemessene Kaufpreis für öffentlich geförderten Wohnraum

   bei Anwendung des Zweiten Wohnungsbaugesetzes oder des Wohnungsbindungsgesetzes,

2. die Wirtschaftlichkeit, Belastung oder Wohnfläche für steuerbegünstigten oder freifinanzierten Wohnraum

   bei Anwendung des Zweiten Wohnungsbaugesetzes,

3. die Wirtschaftlichkeit, Wohnfläche oder der angemessene Kaufpreis

   bei Anwendung der Verordnung zur Durchführung des Wohnungsgemeinnützigkeitsgesetzes

zu berechnen ist.

(2) Diese Verordnung ist ferner anzuwenden, wenn in anderen Rechtsvorschriften die Anwendung vorgeschrieben oder vorausgesetzt ist. Das gleiche gilt, wenn in anderen Rechtsvorschriften die Anwendung der Ersten Berechnungsverordnung vorgeschrieben oder vorausgesetzt ist.

§§ 1a bis 1 d
(weggefallen)

Teil II
Wirtschaftlichkeitsberechnung

Erster Abschnitt
Gegenstand, Gliederung
und Aufstellung der Berechnung

§ 2
Gegenstand der Berechnung

(1) Die Wirtschaftlichkeit von Wohnraum wird durch eine Berechnung (Wirtschaftlichkeitsberechnung) ermittelt. In ihr sind die laufenden Aufwendungen zu ermitteln und den Erträgen gegenüberzustellen.

(2) Die Wirtschaftlichkeitsberechnung ist für das Gebäude, das den Wohnraum enthält, aufzustellen. Sie ist für eine Mehrheit solcher Gebäude aufzustellen, wenn sie eine Wirtschaftseinheit bilden. Eine Wirtschaftseinheit ist eine Mehrheit von Gebäuden, die demselben Eigentümer gehören, in örtlichem Zusammenhang stehen und deren Errichtung ein einheitlicher Finanzierungsplan zugrunde gelegt worden ist oder zugrunde gelegt werden soll. Ob der Errichtung einer Mehrheit von Gebäuden ein einheitlicher Finanzierungsplan zugrunde gelegt werden soll, bestimmt der Bauherr. Im öffentlich geförderten sozialen Wohnungsbau kann die Bewilligungsstelle die Bewilligung öffentlicher Mittel davon abhängig machen, daß der Bauherr eine andere Bestimmung über den Gegenstand der Berechnung trifft. Wird eine Wirtschaftseinheit in der Weise aufgeteilt, daß eine Mehrheit von Gebäuden bleibt, die demselben Eigentümer gehören und in örtlichem Zusammenhang stehen, so entsteht insoweit eine neue Wirtschaftseinheit.

(3) In die Wirtschaftlichkeitsberechnung sind außer dem Gebäude oder der Wirtschaftseinheit auch zugehörige Nebengebäude, Anlagen und Einrichtungen sowie das Baugrundstück einzubeziehen. Das Baugrundstück besteht aus den überbauten und den dazugehörigen Flächen, soweit sie einen angemessenen Umfang nicht überschreiten; bei einer Kleinsiedlung gehört auch die Landzulage dazu.

(4) Enthält das Gebäude oder die Wirtschaftseinheit neben dem Wohnraum, für den die Wirtschaftlichkeitsberechnung aufzustellen ist, noch anderen Raum, so ist die Wirtschaftlichkeitsberechnung unter den Voraussetzungen und nach Maßgabe des Fünften Abschnittes als Teilwirtschaftlichkeitsberechnung oder als Gesamtwirtschaftlichkeitsberechnung oder mit Teilberechnungen der laufenden Aufwendungen aufzustellen.

(5) Ist die Wirtschaftseinheit aufgeteilt worden, so sind Wirtschaftlichkeitsberechnungen, die nach der Aufteilung aufzustellen sind, für die einzelnen Gebäude oder, wenn neue Wirtschaftseinheiten entstanden sind, für die neuen Wirtschaftseinheiten aufzustellen; Entsprechendes gilt, wenn die Wirtschaftseinheit aufgeteilt werden soll und im Hinblick hierauf Wirtschaftlichkeitsberechnungen aufgestellt werden. Auf die Aufstellung der Wirtschaftlichkeitsberechnungen sind die Vorschriften über die Teilwirtschaftlichkeitsberechnung sinngemäß anzuwenden, soweit nicht eine andere Aufteilung aus besonderen Gründen angemessen ist; im öffentlich geförderten sozialen Wohnungsbau bedarf die Wahl einer anderen Aufteilung der Zustimmung der Bewilligungsstelle. Ist Wohnungseigentum an den Wohnungen einer Wirtschaftseinheit oder eines Gebäudes begründet, ist die Wirtschaftlichkeitsberechnung entsprechend Satz 2 für die einzelnen Wohnungen aufzustellen.

(6) Im öffentlich geförderten sozialen Wohnungsbau dürfen mehrere Gebäude, mehrere Wirtschaftseinheiten oder mehrere Gebäude und Wirtschaftsein-

heiten nachträglich zu einer Wirtschaftseinheit zusammengefaßt werden, sofern sie demselben Eigentümer gehören, in örtlichem Zusammenhang stehen und die Wohnungen keine wesentlichen Unterschiede in ihrem Wohnwert aufweisen. Die Zusammenfassung bedarf der Zustimmung der Bewilligungsstelle. Sie darf nur erteilt werden, wenn öffentlich geförderte Wohnungen in sämtlichen Gebäuden vorhanden sind. In die Wirtschaftlichkeitsberechnungen, die nach der Zusammenfassung aufgestellt werden, sind die bisherigen Gesamtkosten, Finanzierungsmittel und laufenden Aufwendungen zu übernehmen. Die öffentlichen Mittel gelten als für sämtliche öffentlich geförderten Wohnungen der zusammengefaßten Wirtschaftseinheit bewilligt.

(7) Absatz 6 gilt entsprechend im steuerbegünstigten oder freifinanzierten Wohnungsbau, der mit Wohnungsfürsorgemitteln gefördert worden ist. Anstelle der Zustimmung der Bewilligungsstelle ist die Zustimmung des Darlehns- oder Zuschußgebers erforderlich.

(8) Gelten nach § 15 Abs. 2 Satz 2 oder § 16 Abs. 2 oder 7 des Wohnungsbindungsgesetzes eine oder mehrere Wohnungen eines Gebäudes oder einer Wirtschaftseinheit nicht mehr als öffentlich gefördert, so bleibt für die übrigen Wohnungen die bisherige Wirtschaftlichkeitsberechnung mit den zulässigen Ansätzen für Gesamtkosten, Finanzierungsmittel und laufende Aufwendungen in der Weise maßgebend, wie sie für alle bisherigen öffentlich geförderten Wohnungen des Gebäudes oder der Wirtschaftseinheit maßgebend gewesen wäre.

§ 3
Gliederung der Berechnung

Die Wirtschaftlichkeitsberechnung muß enthalten

1. die Grundstücks- und Gebäudebeschreibung,
2. die Berechnung der Gesamtkosten,
3. den Finanzierungsplan,
4. die laufenden Aufwendungen und die Erträge.

§ 4
Maßgebende Verhältnisse für die Aufstellung der Berechnung

(1) Ist im öffentlich geförderten sozialen Wohnungsbau der Bewilligung der öffentlichen Mittel eine Wirtschaftlichkeitsberechnung zugrunde zu legen, so ist die Wirtschaftlichkeitsberechnung nach den Verhältnissen aufzustellen, die beim Antrag auf Bewilligung öffentlicher Mittel bestehen. Haben sich die Verhältnisse bis zur Bewilligung der öffentlichen Mittel geändert, so kann die

Bewilligungsstelle der Bewilligung die geänderten Verhältnisse zugrunde legen; sie hat sie zugrunde zu legen, wenn der Bauherr es beantragt.

(2) Ist im öffentlich geförderten sozialen Wohnungsbau der Bewilligung der öffentlichen Mittel eine Wirtschaftlichkeitsberechnung nicht zugrunde gelegt worden, wohl aber eine ähnliche Berechnung oder eine Berechnung der Gesamtkosten und Finanzierungsmittel, so ist die Wirtschaftlichkeitsberechnung nach den Verhältnissen aufzustellen, die der Bewilligung auf Grund dieser Berechnung zugrunde gelegt worden sind; soweit dies nicht geschehen ist, ist die Wirtschaftlichkeitsberechnung nach den Verhältnissen aufzustellen, die bei der Bewilligung der öffentlichen Mittel bestanden haben.

(3) Ist im öffentlich geförderten sozialen Wohnungsbau der Bewilligung der öffentlichen Mittel eine Wirtschaftlichkeitsberechnung oder eine Berechnung der in Absatz 2 bezeichneten Art nicht zugrunde gelegt worden, so ist die Wirtschaftlichkeitsberechnung nach den Verhältnissen aufzustellen, die bei der Bewilligung der öffentlichen Mittel bestanden haben.

(4) Im steuerbegünstigten Wohnungsbau ist die Wirtschaftlichkeitsberechnung nach den Verhältnissen bei Bezugsfertigkeit aufzustellen.

§ 4a
Berücksichtigung von Änderungen bei Aufstellung der Berechnung

(1) Ist im öffentlich geförderten sozialen Wohnungsbau der Bewilligung der öffentlichen Mittel eine Wirtschaftlichkeitsberechnung zugrunde gelegt worden, so sind die Gesamtkosten, Finanzierungsmittel oder laufenden Aufwendungen, die bei der Bewilligung auf Grund dieser Berechnung zugrunde gelegt worden sind, in eine spätere Wirtschaftlichkeitsberechnung zu übernehmen, es sei denn, daß

1. sie sich nach der Bewilligung der öffentlichen Mittel geändert haben und ein anderer Ansatz in dieser Verordnung vorgeschrieben ist oder
2. nach der Bewilligung der öffentlichen Mittel bauliche Änderungen vorgenommen worden sind und ein anderer Ansatz in dieser Verordnung vorgeschrieben oder zugelassen ist oder
3. laufende Aufwendungen nicht oder nur in geringerer Höhe, als in dieser Verordnung vorgeschrieben oder zugelassen ist, in Anspruch genommen oder anerkannt worden sind oder auf ihren Ansatz ganz oder teilweise verzichtet worden ist oder
4. der Ansatz von laufenden Aufwendungen nach dieser Verordnung nicht mehr oder nur in geringerer Höhe zulässig ist.

In den Fällen der Nummern 3 und 4 bleiben die Gesamtkosten und die Finanzierungsmittel unverändert. Nummer 3 ist erst nach dem Ablauf von 6 Jahren seit der Bezugsfertigkeit der Wohnungen anzuwenden, es sei denn, daß eine andere Frist bei der Bewilligung der öffentlichen Mittel vereinbart worden ist.

(2) Ist im öffentlich geförderten sozialen Wohnungsbau der Bewilligung der öffentlichen Mittel eine Wirtschaftlichkeitsberechnung nicht zugrunde gelegt worden, wohl aber eine ähnliche Berechnung oder eine Berechnung der Gesamtkosten und Finanzierungsmittel, so gilt Absatz 1 entsprechend, soweit bei der Bewilligung auf Grund dieser Berechnung Gesamtkosten, Finanzierungsmittel oder laufende Aufwendungen zugrunde gelegt worden sind; im übrigen gilt Absatz 3 entsprechend.

(3) Ist im öffentlich geförderten sozialen Wohnungsbau der Bewilligung der öffentlichen Mittel eine Wirtschaftlichkeitsberechnung oder eine Berechnung der in Absatz 2 bezeichneten Art nicht zugrunde gelegt worden und haben sich die Gesamtkosten, Finanzierungsmittel oder laufenden Aufwendungen nach der Bewilligung der öffentlichen Mittel geändert oder sind danach bauliche Änderungen vorgenommen worden, so dürfen diese Änderungen nur berücksichtigt werden, soweit es sich bei entsprechender Anwendung der Vorschriften dieser Verordnung, die die Änderung von Gesamtkosten, Finanzierungsmitteln oder laufenden Aufwendungen oder die bauliche Änderungen zum Gegenstand haben, ergibt.

(4) Haben sich im steuerbegünstigten Wohnungsbau die Gesamtkosten, Finanzierungsmittel oder laufenden Aufwendungen nach der Bezugsfertigkeit geändert oder sind bauliche Änderungen vorgenommen worden, so dürfen diese Änderungen nur berücksichtigt werden, soweit es in dieser Verordnung vorgeschrieben oder zugelassen ist.

(5) Soweit eine Berücksichtigung geänderter Verhältnisse nach dieser Verordnung nicht zulässig ist, bleiben die Verhältnisse im Zeitpunkt nach § 4 maßgebend.

§ 4b
Berechnung für steuerbegünstigten Wohnraum, der mit Aufwendungszuschüssen oder Aufwendungsdarlehen gefördert ist

(1) Ist die Wirtschaftlichkeit für steuerbegünstigte Wohnungen, die mit Aufwendungszuschüssen oder Aufwendungsdarlehen nach § 88 des Zweiten Wohnungsbaugesetzes gefördert worden sind, zu berechnen, so sind die Vorschriften für öffentlich geförderte Wohnungen entsprechend anzuwenden. Bei der entsprechenden Anwendung von § 4 Abs. 1 sind die Verhältnisse im

Zeitpunkt der Bewilligung der Aufwendungszuschüsse oder Aufwendungsdarlehen zugrunde zu legen.

(2) Sind die in Absatz 1 bezeichneten Wohnungen auch mit einem Darlehen oder einem Zuschuß aus Wohnungsfürsorgemitteln gefördert worden, so sind die Vorschriften für steuerbegünstigte Wohnungen mit den Maßgaben aus § 6 Abs. 1 Satz 4 und § 20 Abs. 3 anzuwenden.

§ 4c
Berechnung des angemessenen Kaufpreises aus den Gesamtkosten

Ist in Fällen des § 1 Abs. 1 Nr. 1 oder Nr. 3 der angemessene Kaufpreis zu berechnen, so sind die Vorschriften der §§ 4 und 4a bei der Ermittlung der Gesamtkosten, der Kosten des Baugrundstücks oder der Baukosten entsprechend anzuwenden, soweit sich aus § 54a Abs. 2 Satz 2 letzter Halbsatz des Zweiten Wohnungsbaugesetzes oder aus § 14 Abs. 2 Satz 3 der Durchführungsverordnung zum Wohnungsgemeinnützigkeitsgesetz nichts anderes ergibt. Im übrigen sind die Gesamtkosten, die Kosten des Baugrundstücks und die Baukosten nach den §§ 5 bis 11a zu ermitteln.

Zweiter Abschnitt
Berechnung der Gesamtkosten

§ 5
Gliederung der Gesamtkosten

(1) Gesamtkosten sind die Kosten des Baugrundstücks und die Baukosten.

(2) Kosten des Baugrundstücks sind der Wert des Baugrundstücks, die Erwerbskosten und die Erschließungskosten. Kosten, die im Zusammenhang mit einer das Baugrundstück betreffenden freiwilligen oder gesetzlich geregelten Umlegung, Zusammenlegung oder Grenzregelung (Bodenordnung) entstehen, gehören zu den Erwerbskosten, außer den Kosten der dem Bauherrn dabei obliegenden Verwaltungsleistungen. Bei einem Erbbaugrundstück sind Kosten des Baugrundstücks nur die dem Erbbauberechtigten entstehenden Erwerbs- und Erschließungskosten; zu den Erwerbskosten des Erbbaurechts gehört auch ein Entgelt, das der Erbbauberechtigte einmalig für die Bestellung oder Übertragung des Erbbaurechts zu entrichten hat, soweit es angemessen ist.

(3) Baukosten sind die Kosten der Gebäude, die Kosten der Außenanlagen, die Baunebenkosten, die Kosten besonderer Betriebseinrichtungen sowie die Kosten des Gerätes und sonstiger Wirtschaftsausstattungen. Wird der Wert

verwendeter Gebäudeteile angesetzt, so ist er unter den Baukosten gesondert auszuweisen.

(4) Baunebenkosten sind

1. die Kosten der Architekten- und Ingenieurleistungen,
2. die Kosten der dem Bauherrn obliegenden Verwaltungsleistungen bei Vorbereitung und Durchführung des Bauvorhabens,
3. die Kosten der Behördenleistungen bei Vorbereitung und Durchführung des Bauvorhabens, soweit sie nicht Erwerbskosten sind,
4. die Kosten der Beschaffung der Finanzierungsmittel, die Kosten der Zwischenfinanzierung und, soweit sie auf die Bauzeit fallen, die Kapitalkosten und die Steuerbelastungen des Baugrundstücks,
5. die Kosten der Beschaffung von Darlehen und Zuschüssen zur Deckung von laufenden Aufwendungen, Fremdkapitalkosten, Annuitäten und Bewirtschaftungskosten,
6. sonstige Nebenkosten bei Vorbereitung und Durchführung des Bauvorhabens.

(5) Der Ermittlung der Gesamtkosten ist die dieser Verordnung beigefügte Anlage 1 »Aufstellung der Gesamtkosten« zugrunde zu legen.

§ 6
Kosten des Baugrundstücks

(1) Als Wert des Baugrundstücks darf höchstens angesetzt werden,

1. wenn das Baugrundstück dem Bauherrn zur Förderung des Wohnungsbaues unter dem Verkehrswert überlassen worden ist, der Kaufpreis,
2. wenn das Baugrundstück durch Enteignung zur Durchführung des Bauvorhabens vom Bauherrn erworben worden ist, die Entschädigung,
3. in anderen Fällen der Verkehrswert in dem nach § 4 maßgebenden Zeitpunkt oder der Kaufpreis, es sei denn, daß er unangemessen hoch gewesen ist.

Für den Begriff des Verkehrswertes gilt § 194 des Baugesetzbuchs. Im steuerbegünstigten Wohnungsbau dürfen neben dem Verkehrswert Kosten der Zwischenfinanzierung, Kapitalkosten und Steuerbelastungen des Baugrundstücks, die auf die Bauzeit fallen, nicht angesetzt werden. Ist die Wirtschaftlichkeitsberechnung nach § 87a des Zweiten Wohnungsbaugesetzes aufzustellen, so darf der Bauherr den Wert des Baugrundstücks nach Satz 1 ansetzen, soweit nicht mit dem Darlehns- oder Zuschußgeber vertraglich ein anderer Ansatz vereinbart ist.

(2) Bei Ausbau durch Umwandlung oder Umbau darf als Wert des Baugrundstücks höchstens der Verkehrswert vergleichbarer unbebauter Grundstücke für Wohngebäude in dem nach § 4 maßgebenden Zeitpunkt angesetzt werden. Der Wert des Baugrundstücks darf nicht angesetzt werden beim Ausbau durch Umbau einer Wohnung, deren Bau bereits mit öffentlichen Mitteln oder mit Wohnungsfürsorgemitteln gefördert worden ist.

(3) Soweit Preisvorschriften in dem nach § 4 maßgebenden Zeitpunkt bestanden haben, dürfen höchstens die danach zulässigen Preise zugrunde gelegt werden.

(4) Erwerbskosten und Erschließungskosten dürfen, vorbehaltlich der §§ 9 und 10, nur angesetzt werden, soweit sie tatsächlich entstehen oder mit ihrem Entstehen sicher gerechnet werden kann.

(5) Wird die Erschließung im Zusammenhang mit dem Bauvorhaben durchgeführt, so darf außer den Erschließungskosten nur der Wert des nicht erschlossenen Baugrundstücks nach Absatz 1 angesetzt werden. Ist die Erschließung bereits vorher ganz oder teilweise durchgeführt worden, so kann der Wert des ganz oder teilweise erschlossenen Baugrundstücks nach Absatz 1 angesetzt werden, wenn ein Ansatz von Erschließungskosten insoweit unterbleibt.

(6) Liegt das Baugrundstück in dem nach § 4 maßgebenden Zeitpunkt in einem nach dem Städtebauförderungsgesetz oder dem Baugesetzbuch förmlich festgelegten Sanierungsgebiet, Ersatzgebiet, Ergänzungsgebiet oder Entwicklungsbereich und wird die Maßnahme nicht im vereinfachten Verfahren durchgeführt, dürfen abweichend von Absatz 1 Satz 1 und den Absätzen 2, 4 und 5 als Wert des Baugrundstücks und an Stelle der Erschließungskosten höchstens angesetzt werden

1. der Wert, der sich für das unbebaute Grundstück ergeben würde, wenn eine Sanierung oder Entwicklung weder beabsichtigt noch durchgeführt worden wäre, der Kaufpreis für ein nach der förmlichen Festlegung erworbenes Grundstück, soweit er zulässig gewesen ist, oder, wenn eine Umlegung nach Maßgabe des § 16 des Städtebauförderungsgesetzes oder des § 153 Abs. 5 des Baugesetzbuches durchgeführt worden ist, der Verkehrswert, der der Zuteilung des Grundstücks zugrunde gelegt worden ist,
2. der Ausgleichsbetrag, der für das Grundstück zu entrichten ist,
3. der Betrag, der auf den Ausgleichsbetrag angerechnet wird, soweit die Anrechnung nicht auf Umständen beruht, die in dem nach Nummer 1 angesetzten Wert des Grundstücks berücksichtigt sind.

§ 7
Baukosten

(1) Baukosten dürfen nur angesetzt werden, soweit sie tatsächlich entstehen oder mit ihrem Entstehen sicher gerechnet werden kann und soweit sie bei gewissenhafter Abwägung aller Umstände, bei wirtschaftlicher Bauausführung und bei ordentlicher Geschäftsführung gerechtfertigt sind. Kosten entstehen tatsächlich in der Höhe, in der der Bauherr eine Vergütung für Bauleistungen zu entrichten hat; ein Barzahlungsnachlaß (Skonto) braucht nicht abgesetzt zu werden, soweit er handelsüblich ist. Die Vorschriften der §§ 9 und 10 bleiben unberührt.

(2) Bei Wiederaufbau und bei Ausbau durch Umwandlung oder Umbau eines Gebäudes gehört zu den Baukosten auch der Wert der verwendeten Gebäudeteile. Der Wert der verwendeten Gebäudeteile ist mit dem Betrage anzusetzen, der einem Unternehmer für die Bauleistungen im Rahmen der Kosten des Gebäudes zu entrichten wäre, wenn an Stelle des Wiederaufbaues oder des Ausbaues ein Neubau durchgeführt würde, abzüglich der Kosten des Gebäudes, die für den Wiederaufbau oder den Ausbau tatsächlich entstehen oder mit deren Entstehen sicher gerechnet werden kann. Bei der Ermittlung der Kosten eines vergleichbaren Neubaues dürfen verwendete Gebäudeteile, die für einen Neubau nicht erforderlich gewesen wären, nicht berücksichtigt werden. Bei Wiederaufbau ist der Restbetrag der auf dem Grundstück ruhenden Hypothekengewinnabgabe von dem nach den Sätzen 2 und 3 ermittelten Wert der verwendeten Gebäudeteile mit dem Betrage abzuziehen, der sich vor Herabsetzung der Abgabeschulden nach § 104 des Lastenausgleichsgesetzes für den Herabsetzungsstichtag ergibt. § 6 Abs. 2 Satz 2 ist auf den Wert der verwendeten Gebäudeteile entsprechend anzuwenden.

(3) Bei Wiederherstellung, Ausbau eines Gebäudeteils und Erweiterung darf der Wert der verwendeten Gebäudeteile nur nach dem Fünften Abschnitt angesetzt werden.

§ 8
Baunebenkosten

(1) Auf die Ansätze für die Kosten der Architekten, Ingenieure und anderer Sonderfachleute, die Kosten der Verwaltungsleistungen bei Vorbereitung und Durchführung des Bauvorhabens und die damit zusammenhängenden Nebenkosten ist § 7 Abs. 1 anzuwenden. Als Kosten der Architekten- und Ingenieurleistungen dürfen höchstens die Beträge angesetzt werden, die sich nach Absatz 2 ergeben. Als Kosten der Verwaltungsleistungen dürfen höchstens die Beträge angesetzt werden, die sich nach den Absätzen 3 bis 5 ergeben.

(2) Der Berechnung des Höchstbetrages für die Kosten der Architekten- und Ingenieurleistungen sind die Teile I bis III und VII bis XII der Honorarordnung für Architekten und Ingenieure vom 17. September 1976 (BGBl. I S. 2805, 3616) in der jeweils geltenden Fassung zugrunde zu legen. Dabei dürfen

1. das Entgelt für Grundleistungen nach den Mindestsätzen der Honorartafeln in den Honorarzonen der Teile II, VIII, X und XII bis einschließlich Honorarzone III und der Teile IX und XI bis einschließlich Honorarzone II,
2. die nachgewiesenen Nebenkosten und
3. die auf das ansetzbare Entgelt und die nachgewiesenen Nebenkosten fallende Umsatzsteuer

angesetzt werden. Höhere Entgelte und Entgelte für andere Leistungen dürfen nur angesetzt werden, soweit die nach Satz 2 Nr. 1 zulässigen Ansätze den erforderlichen Leistungen nicht gerecht werden. Die in Satz 3 bezeichneten Entgelte dürfen nur angesetzt werden, soweit

1. im öffentlich geförderten sozialen Wohnungsbau die Bewilligungsstelle,
2. im steuerbegünstigten oder freifinanzierten Wohnungsbau, der mit Wohnungsfürsorgemitteln gefördert worden ist, der Darlehns- oder Zuschußgeber

ihnen zugestimmt hat.

(3) Der Berechnung des Höchstbetrages für die Kosten der Verwaltungsleistungen ist ein Vomhundertsatz der Baukosten ohne Baunebenkosten und, soweit der Bauherr die Erschließung auf eigene Rechnung durchführt, auch der Erschließungskosten zugrunde zu legen, und zwar bei Kosten in der Stufe

1. bis	250 000 Deutsche Mark einschließlich	3,40 vom Hundert,
2. bis	500 000 Deutsche Mark einschließlich	3,10 vom Hundert,
3. bis	1 000 000 Deutsche Mark einschließlich	2,80 vom Hundert,
4. bis	1 600 000 Deutsche Mark einschließlich	2,50 vom Hundert,
5. bis	2 500 000 Deutsche Mark einschließlich	2,20 vom Hundert,
6. bis	3 500 000 Deutsche Mark einschließlich	1,90 vom Hundert,
7. bis	5 000 000 Deutsche Mark einschließlich	1,60 vom Hundert,
8. bis	7 000 000 Deutsche Mark einschließlich	1,30 vom Hundert,
9. über	7 000 000 Deutsche Mark	1,00 vom Hundert.

Die Vomhundertsätze erhöhen sich

1. um 0,5 im Falle der Betreuung des Baues von Eigenheimen, Eigensiedlungen und Eigentumswohnungen sowie im Falle des Baues von Kaufeigenheimen, Trägerkleinsiedlungen und Kaufeigentumswohnungen,
2. um 0,5, wenn besondere Maßnahmen zur Bodenordnung (§ 5 Abs. 2 Satz 2) notwendig sind,
3. um 0,5, wenn die Vorbereitung oder Durchführung des Bauvorhabens mit sonstigen besonderen Verwaltungsschwierigkeiten verbunden ist,
4. um 1,5, wenn für den Bau eines Familienheims oder einer eigengenutzten Eigentumswohnung Selbsthilfe in Höhe von mehr als 10 vom Hundert der Baukosten geleistet wird.

Erhöhungen nach den Nummern 1, 2 und 3 sowie nach den Nummern 2 und 4 dürfen nebeneinander angesetzt werden. Bei der Berechnung des Höchstbetrages für die Kosten von Verwaltungsleistungen, die bei baulichen Änderungen nach § 11 Abs. 4 bis 6 erbracht werden, sind Satz 1 und Satz 2 Nr. 3 entsprechend anzuwenden. Neben dem Höchstbetrag darf die Umsatzsteuer angesetzt werden.

(4) Statt des Höchstbetrages, der sich aus den nach Absatz 3 Satz 1 oder 4 maßgebenden Kosten und dem Vomhundertsatz der entsprechenden Kostenstufe ergibt, darf der Höchstbetrag der vorangehenden Kostenstufe gewählt werden. Die aus Absatz 3 Satz 2 und 3 folgenden Erhöhungen werden in den Fällen des Absatzes 3 Satz 1 hinzugerechnet. Absatz 3 Satz 5 gilt entsprechend.

(5) Wird der angemessene Kaufpreis nach § 4c für Teile einer Wirtschaftseinheit aus den Gesamtkosten ermittelt, so sind für die Berechnung des Höchstbetrages nach den Absätzen 3 und 4 die Kosten für das einzelne Gebäude zugrunde zu legen; der Kostenansatz dient auch zur Deckung der Kosten der dem Bauherrn im Zusammenhang mit der Eigentumsübertragung obliegenden Verwaltungsleistungen. Bei Eigentumswohnungen und Kaufeigentumswohnungen sind für die Berechnung der Kosten der Verwaltungsleistungen die Kosten für die einzelnen Wohnungen zugrunde zu legen.

(6) Der Kostenansatz nach den Absätzen 3 bis 5 dient auch zur Deckung der Kosten der Verwaltungsleistungen, die der Bauherr oder der Betreuer zur Beschaffung von Finanzierungsmitteln erbringt.

(7) Kosten der Beschaffung der Finanzierungsmittel dürfen nicht für den Nachweis oder die Vermittlung von Mitteln aus öffentlichen Haushalten angesetzt werden.

(8) Als Kosten der Zwischenfinanzierung dürfen nur Kosten für Darlehen oder für eigene Mittel des Bauherrn angesetzt werden, deren Ersetzung durch zugesagte oder sicher in Aussicht stehende endgültige Finanzierungsmittel

bereits bei dem Einsatz der Zwischenfinanzierungsmittel gewährleistet ist. Eine Verzinsung der vom Bauherrn zur Zwischenfinanzierung eingesetzten eigenen Mittel darf höchstens mit dem marktüblichen Zinssatz für erste Hypotheken angesetzt werden. Kosten der Zwischenfinanzierung dürfen, vorbehaltlich des § 11, nur angesetzt werden, soweit sie auf die Bauzeit bis zur Bezugsfertigkeit entfallen.

(9) Auf die Eigenkapitalkosten in der Bauzeit ist § 20 entsprechend anzuwenden. § 6 Abs. 1 Satz 3 bleibt unberührt.

§ 9
Sach- und Arbeitsleistungen

(1) Der Wert der Sach- und Arbeitsleistungen des Bauherrn, vor allem der Wert der Selbsthilfe, darf bei den Gesamtkosten mit dem Betrage angesetzt werden, der für eine gleichwertige Unternehmerleistung angesetzt werden könnte. Der Wert der Architekten-, Ingenieur- und Verwaltungsleistungen des Bauherrn darf mit den nach § 8 Abs. 2 Satz 2 Nr. 1 und Abs. 3 bis 5 zulässigen Höchstbeträgen angesetzt werden. Erbringt der Bauherr die Leistungen nur zu einem Teil, so darf nur der den Leistungen entsprechende Teil der Höchstbeträge als Eigenleistungen angesetzt werden.

(2) Absatz 1 gilt entsprechend für den Wert der Sach- und Arbeitsleistungen des Bewerbers um ein Kaufeigenheim, eine Trägerkleinsiedlung, eine Kaufeigentumswohnung und eine Genossenschaftswohnung sowie für den Wert der Sach- und Arbeitsleistungen des Mieters.

(3) Die Absätze 1 und 2 gelten entsprechend, wenn der Bauherr, der Bewerber oder der Mieter Sach- und Arbeitsleistungen mit eigenen Arbeitnehmern im Rahmen seiner gewerblichen oder unternehmerischen Tätigkeit oder auf Grund seines Berufes erbringt.

§ 10
Leistungen gegen Renten

(1) Sind als Entgelt für eine der Vorbereitung oder Durchführung des Bauvorhabens dienende Leistung eines Dritten wiederkehrende Leistungen zu entrichten, so darf der Wert der Leistung des Dritten bei den Gesamtkosten angesetzt werden,

1. wenn es sich um die Übereignung des Baugrundstücks handelt, mit dem Verkehrswert,
2. wenn es sich um eine andere Leistung handelt, mit dem Betrage, der für eine gleichwertige Unternehmerleistung angesetzt werden könnte.

(2) Absatz 1 gilt nicht für die Bestellung eines Erbbaurechts.

§ 11
Änderung der Gesamtkosten, bauliche Änderungen

(1) Haben sich die Gesamtkosten geändert

1. im öffentlich geförderten sozialen Wohnungsbau nach der Bewilligung der öffentlichen Mittel gegenüber dem bei der Bewilligung auf Grund der Wirtschaftlichkeitsberechnung zugrunde gelegten Betrag,
2. im steuerbegünstigten Wohnungsbau nach der Bezugsfertigkeit,

so sind in Wirtschaftlichkeitsberechnungen, die nach diesen Zeitpunkten aufgestellt werden, die geänderten Gesamtkosten anzusetzen. Dies gilt bei einer Erhöhung der Gesamtkosten nur, wenn sie auf Umständen beruht, die der Bauherr nicht zu vertreten hat. Bei öffentlich gefördertem Wohnraum, auf den das Zweite Wohnungsbaugesetz nicht anwendbar ist, dürfen erhöhte Gesamtkosten nur angesetzt werden, wenn sie in der Schlußabrechnung oder sonst von der Bewilligungsstelle anerkannt worden sind.

(2) Wertänderungen sind nicht als Änderungen der Gesamtkosten anzusehen.

(3) Die Gesamtkosten können sich auch dadurch erhöhen,

1. daß sich innerhalb von zwei Jahren nach der Bezugsfertigkeit Kosten der Zwischenfinanzierung ergeben, welche die für die endgültigen Finanzierungsmittel nach den §§ 19 bis 23a angesetzten Kapitalkosten übersteigen oder
2. daß bei einer Ersetzung von Finanzierungsmitteln durch andere Mittel nach § 12 Abs. 4 einmalige Kosten entstehen oder
3. daß durch die Verlängerung der vereinbarten Laufzeit oder durch die Anpassung der Bedingungen nach der vereinbarten Festzinsperiode eines im Finanzierungsplan ausgewiesenen Darlehens einmalige Kosten entstehen, soweit sie auch bei einer Ersetzung nach § 12 Abs. 4 entstehen würden.

(4) Sind

1. im öffentlich geförderten sozialen Wohnungsbau nach der Bewilligung der öffentlichen Mittel,
2. im steuerbegünstigten Wohnungsbau nach der Bezugsfertigkeit

bauliche Änderungen vorgenommen worden, so dürfen die durch die Änderungen entstehenden Kosten nach den Absätzen 5 und 6 den Gesamtkosten hinzugerechnet werden. Erneuerungen, Instandhaltungen und Instandsetzungen sind keine baulichen Änderungen; jedoch fallen Instandsetzungen, die durch Maßnahmen der Modernisierung (Absatz 6) verursacht werden, unter die Modernisierung.

(5) Die Kosten von baulichen Änderungen dürfen den Gesamtkosten nur hinzugerechnet werden, soweit die Änderungen

1. auf Umständen beruhen, die der Bauherr nicht zu vertreten hat, oder eine Modernisierung (Absatz 6) bewirken und dem gesamten Wohnraum zugute kommen, für den eine Wirtschaftlichkeitsberechnung aufzustellen ist, oder
2. dem Ausbau eines Gebäudeteils oder der Erweiterung dienen und nicht Modernisierung sind, es sei denn, daß es sich nur um die Vergrößerung eines Teils der Wohnungen handelt, für die eine Wirtschaftlichkeitsberechnung aufzustellen ist.

(6) Modernisierung sind bauliche Maßnahmen, die den Gebrauchswert des Wohnraums nachhaltig erhöhen, die allgemeinen Wohnverhältnisse auf die Dauer verbessern oder nachhaltig Einsparung von Heizenergie bewirken. Modernisierung sind auch der Ausbau und der Anbau im Sinne des § 17 Abs. 1 Satz 2 und Abs. 2 des Zweiten Wohnungsbaugesetzes, soweit die baulichen Maßnahmen den Gebrauchswert des bestehenden Wohnraums nachhaltig erhöhen.

(7) Eine Modernisierung darf im öffentlich geförderten sozialen Wohnungsbau nur berücksichtigt werden, wenn die Bewilligungsstelle ihr zugestimmt hat. Die Zustimmung gilt als erteilt, wenn Mittel aus öffentlichen Haushalten für die Modernisierung bewilligt worden sind.

§ 11a
Nicht feststellbare Gesamtkosten

Sind die Bau-, Erwerbs- oder Erschließungskosten nach § 6 Abs. 4 und 5, den §§ 7 bis 11 ganz oder teilweise nicht oder nur mit verhältnismäßig großen Schwierigkeiten festzustellen, so dürfen insoweit die Kosten angesetzt werden, die zu der Zeit, als die Leistungen erbracht worden sind, marktüblich waren. Die marktüblichen Kosten der Gebäude (§ 5 Abs. 3) können nach Erfahrungssätzen über die Kosten des umbauten Raumes bei Hochbauten berechnet werden. Bei der Berechnung des umbauten Raumes ist die Anlage 2 dieser Verordnung zugrunde zu legen.

Dritter Abschnitt
Finanzierungsplan

§ 12
Inhalt des Finanzierungsplanes

(1) Im Finanzierungsplan sind die Mittel auszuweisen, die zur Deckung der in der Wirtschaftlichkeitsberechnung angesetzten Gesamtkosten dienen (Finanzierungsmittel), und zwar

1. die Fremdmittel mit dem Nennbetrag und mit den vereinbarten oder vorgesehenen Auszahlungs-, Zins- und Tilgungsbedingungen, auch wenn sie planmäßig getilgt sind,
2. die verlorenen Baukostenzuschüsse,
3. die Eigenleistungen.

Vor- oder Zwischenfinanzierungsmittel sind nicht als Finanzierungsmittel auszuweisen.

(2) Werden nach § 11 Abs. 1 bis 3 geänderte Gesamtkosten angesetzt, so sind die Finanzierungsmittel auszuweisen, die zur Deckung der geänderten Gesamtkosten dienen.

(3) Werden nach § 11 Abs. 4 bis 6 die Kosten von baulichen Änderungen den Gesamtkosten hinzugerechnet, so sind die Mittel, die zur Deckung dieser Kosten dienen, im Finanzierungsplan auszuweisen. Für diese Mittel gelten die Vorschriften über Finanzierungsmittel.

(4) Sind

1. im öffentlich geförderten sozialen Wohnungsbau nach der Bewilligung der öffentlichen Mittel oder
2. im steuerbegünstigten Wohnungsbau nach der Bezugsfertigkeit

Finanzierungsmittel durch andere Mittel ersetzt worden, so sind die neuen Mittel an der Stelle der bisherigen Finanzierungsmittel auszuweisen. Sind die Kapitalkosten der neuen Mittel zusammen mit den Kapitalkosten der Mittel, die der Deckung der einmaligen Kosten der Ersetzung dienen, höher als die Kapitalkosten der bisherigen Finanzierungsmittel, so sind die neuen Mittel nur auszuweisen, wenn die Ersetzung auf Umständen beruht, die der Bauherr nicht zu vertreten hat. Bei einem Tilgungsdarlehen ist der Betrag, der planmäßig getilgt ist, unter Hinweis hierauf in der bisherigen Weise auszuweisen; die Sätze 1 und 2 finden auf diesen Betrag keine Anwendung.

(5) Sind die als Darlehen gewährten öffentlichen Mittel gemäß § 16 des Wohnungsbindungsgesetzes vorzeitig zurückgezahlt oder abgelöst worden, so sind die zur Rückzahlung oder Ablösung aufgewandten Finanzierungsmittel an der Stelle der öffentlichen Mittel auszuweisen. Der Betrag des Darlehens, der planmäßig getilgt oder bei der Ablösung erlassen ist, ist unter Hinweis hierauf in der bisherigen Weise auszuweisen.

(6) Ist die Verbindlichkeit aus einem Aufbaudarlehen, das dem Bauherrn gewährt worden ist, nach Zuerkennung des Anspruchs auf Hauptentschädigung gemäß § 258 Abs. 1 Nr. 2 des Lastenausgleichsgesetzes ganz oder teilweise als nicht entstanden anzusehen, so gilt das Aufbaudarlehen insoweit als durch eigene Mittel des Bauherrn ersetzt. Die Ersetzung gilt als auf Umständen beruhend, die der Bauherr nicht zu vertreten hat, und von dem

Zeitpunkt an als eingetreten, zu dem der Bescheid über die Zuerkennung des Anspruchs auf Hauptentschädigung unanfechtbar geworden ist.

§ 13
Fremdmittel

(1) Fremdmittel sind

1. Darlehen,
2. gestundete Restkaufgelder,
3. gestundete öffentliche Lasten des Baugrundstücks außer der Hypothekengewinnabgabe,
4. kapitalisierte Beträge wiederkehrender Leistungen, namentlich von Rentenschulden,
5. Mietvorauszahlungen,

die zur Deckung der Gesamtkosten dienen.

(2) Vor der Bebauung vorhandene Verbindlichkeiten, die auf dem Baugrundstück dinglich gesichert sind, gelten als Fremdmittel, soweit sie den Wert des Baugrundstücks und der verwendeten Gebäudeteile nicht übersteigen.

(3) Kapitalisierte Beträge wiederkehrender Leistungen, namentlich von Rentenschulden, dürfen höchstens mit dem Betrage ausgewiesen werden, der bei den Gesamtkosten für die Gegenleistung nach § 10 angesetzt ist.

§ 14
Verlorene Baukostenzuschüsse

Verlorene Baukostenzuschüsse sind Geld-, Sach- und Arbeitsleistungen an den Bauherrn, die zur Deckung der Gesamtkosten dienen und erbracht werden, um den Gebrauch von Wohn- oder Geschäftsraum zu erlangen oder Kapitalkosten zu ersparen, ohne daß vereinbart ist, den Wert der Leistung zurückzuerstatten oder mit der Miete oder einem ähnlichen Entgelt zu verrechnen oder als Vorauszahlung hierauf zu behandeln. Verlorene Baukostenzuschüsse sind auch Geldleistungen, mit denen die Gemeinde dem Eigentümer Kosten der Modernisierung erstattet oder die ihm vom Land oder von der Gemeinde als Modernisierungszuschüsse gewährt werden.

§ 15
Eigenleistungen

(1) Eigenleistungen sind die Leistungen des Bauherrn, die zur Deckung der Gesamtkosten dienen, namentlich

1. Geldmittel,
2. der Wert der Sach- und Arbeitsleistungen, vor allem der Wert der eingebrachten Baustoffe und der Selbsthilfe,
3. der Wert des eigenen Baugrundstücks und der Wert verwendeter Gebäudeteile.

(2) Als Eigenleistung kann auch ganz oder teilweise ausgewiesen werden

1. ein Barzahlungsnachlaß (Skonto), wenn bei den Gesamtkosten die vom Bauherrn zu entrichtende Vergütung in voller Höhe angesetzt ist,
2. der Wert von Sach- und Arbeitsleistungen, die der Bauherr mit eigenen Arbeitnehmern im Rahmen seiner gewerblichen oder unternehmerischen Tätigkeit oder auf Grund seines Berufes erbringt.

(3) Die in Absatz 1 Nr. 2 und 3 bezeichneten Werte sind, vorbehaltlich der Absätze 2 und 4, mit dem Betrage auszuweisen, der bei den Gesamtkosten angesetzt ist.

(4) Bei Ermittlung der Eigenleistung sind gestundete Restkaufgelder und die in § 13 Abs. 2 bezeichneten Verbindlichkeiten mit dem Betrage abzuziehen, mit dem sie im Finanzierungsplan als Fremdmittel ausgewiesen sind.

§ 16
Ersatz der Eigenleistung

(1) Im öffentlich geförderten sozialen Wohnungsbau sind von der Bewilligungsstelle, soweit der Bauherr nichts anderes beantragt, als Ersatz der Eigenleistung anzuerkennen

1. ein der Restfinanzierung dienendes Familienzusatzdarlehen nach § 45 des Zweiten Wohnungsbaugesetzes,
2. ein Aufbaudarlehen an den Bauherrn nach § 254 des Lastenausgleichsgesetzes oder ein ähnliches Darlehen aus Mitteln eines öffentlichen Haushalts,
3. ein Darlehen an den Bauherrn zur Beschaffung von Wohnraum nach § 30 des Kriegsgefangenenentschädigungsgesetzes.

(2) Im öffentlich geförderten sozialen Wohnungsbau kann die Bewilligungsstelle auf Antrag des Bauherrn ganz oder teilweise als Ersatz der Eigenleistung anerkennen

1. der Restfinanzierung dienende verlorene Baukostenzuschüsse, soweit ihre Annahme nach § 50 Abs. 1 des Zweiten Wohnungsbaugesetzes zulässig ist,
2. auf dem Baugrundstück nicht dinglich gesicherte Fremdmittel,
3. im Range nach dem der nachstelligen Finanzierung dienenden öffentlichen Baudarlehen auf dem Baugrundstück dinglich gesicherte Fremdmittel,
4. der Restfinanzierung dienende öffentliche Baudarlehen.

(3) Für die als Ersatz der Eigenleistung anerkannten Finanzierungsmittel gelten im übrigen die Vorschriften für Fremdmittel oder verlorene Baukostenzuschüsse.

§ 17
(weggefallen)

Vierter Abschnitt
Laufende Aufwendungen und Erträge

§ 18
Laufende Aufwendungen

(1) Laufende Aufwendungen sind die Kapitalkosten und die Bewirtschaftungskosten. Zu den laufenden Aufwendungen gehören nicht die Leistungen aus der Hypothekengewinnabgabe.

(2) Werden dem Bauherrn Darlehen oder Zuschüsse zur Deckung von laufenden Aufwendungen, Fremdkapitalkosten, Annuitäten oder Bewirtschaftungskosten für den gesamten Wohnraum gewährt, für den eine Wirtschaftlichkeitsberechnung aufzustellen ist, so verringert sich der Gesamtbetrag der laufenden Aufwendungen entsprechend. Der verringerte Gesamtbetrag ist auch für die Zeit anzusetzen, in der diese Darlehen oder Zuschüsse für einen Teil des Wohnraums entfallen oder in der sie aus solchen Gründen nicht mehr gewährt werden, die der Bauherr zu vertreten hat. Entfallen die Darlehen oder Zuschüsse für den gesamten Wohnraum aus Gründen, die der Bauherr nicht zu vertreten hat, so erhöht sich der Gesamtbetrag der laufenden Aufwendungen entsprechend; dies gilt nicht, soweit Darlehen oder Zuschüsse nach vollständiger Tilgung anderer Finanzierungsmittel verringert werden.

(3) Zinsen und Tilgungen, die planmäßig für Aufwendungsdarlehen im Sinne des § 42 Abs. 1 Satz 2 oder § 88 Abs. 1 Satz 1 des Zweiten Wohnungsbaugesetzes oder im Sinne des § 2a Abs. 9 des Gesetzes zur Förderung des Bergarbeiterwohnungsbaues im Kohlenbergbau zu entrichten sind, erhöhen

den Gesamtbetrag der laufenden Aufwendungen. Zinsen und Tilgungen, die planmäßig für Annuitätsdarlehen im Sinne des § 42 Abs. 1 Satz 2 des Zweiten Wohnungsbaugesetzes zu entrichten sind, erhöhen den Gesamtbetrag der laufenden Aufwendungen; dies gilt jedoch nicht für Tilgungsbeträge für Annuitätsdarlehen, soweit diese zur Deckung der für Finanzierungsmittel zu entrichtenden Tilgungen bewilligt worden sind.

(4) Sind Aufwendungs- oder Annuitätsdarlehen gemäß § 16 des Wohnungsbindungsgesetzes vorzeitig zurückgezahlt oder abgelöst worden, dürfen für den zur Rückzahlung oder Ablösung aufgewendeten Betrag vorbehaltlich des § 46 Abs. 2 keine höheren Zinsen und Tilgungen dem Gesamtbetrag der laufenden Aufwendungen hinzugerechnet werden, als im Zeitpunkt der Rückzahlung oder Ablösung für das Aufwendungs- oder Annuitätsdarlehen zu entrichten waren; soweit Annuitätsdarlehen zur Deckung der für Finanzierungsmittel zu entrichtenden Tilgungen bewilligt worden sind, können für das Ersatzfinanzierungsmittel Tilgungsbeträge nicht angesetzt werden.

§ 19
Kapitalkosten

(1) Kapitalkosten sind die Kosten, die sich aus der Inanspruchnahme der im Finanzierungsplan ausgewiesenen Finanzierungsmittel ergeben, namentlich die Zinsen. Zu den Kapitalkosten gehören die Eigenkapitalkosten und die Fremdkapitalkosten.

(2) Leistungen aus Nebenverträgen, namentlich aus dem Abschluß von Personenversicherungen, dürfen als Kapitalkosten auch dann nicht angesetzt werden, wenn der Nebenvertrag der Beschaffung von Finanzierungsmitteln oder sonst dem Bauvorhaben gedient hat.

(3) Für verlorene Baukostenzuschüsse ist der Ansatz von Kapitalkosten unzulässig.

(4) Tilgungen dürfen als Kapitalkosten nur nach § 22 angesetzt werden.

(5) Dienen Finanzierungsmittel zur Deckung von Gesamtkosten, mit deren Entstehen sicher gerechnet werden kann, die aber bis zur Bezugsfertigkeit nicht entstanden sind, dürfen Kapitalkosten hierfür nicht vor dem Entstehen dieser Gesamtkosten angesetzt werden.

§ 20
Eigenkapitalkosten

(1) Eigenkapitalkosten sind die Zinsen für die Eigenleistungen.

(2) Für Eigenleistungen darf eine Verzinsung in Höhe des im Zeitpunkt nach § 4 marktüblichen Zinssatzes für erste Hypotheken angesetzt werden. Im öffentlich geförderten sozialen Wohnungsbau darf für den Teil der Eigenlei-

stungen, der 15 vom Hundert der Gesamtkosten des Bauvorhabens nicht übersteigt, eine Verzinsung von 4 vom Hundert angesetzt werden; für den darüber hinausgehenden Teil der Eigenleistungen darf angesetzt werden

a) eine Verzinsung in Höhe des marktüblichen Zinssatzes für erste Hypotheken, sofern die öffentlichen Mittel vor dem 1. Januar 1974 bewilligt worden sind,

b) in den übrigen Fällen eine Verzinsung in Höhe von 6,5 vom Hundert.

(3) Ist die Wirtschaftlichkeitsberechnung nach § 87a des Zweiten Wohnungsbaugesetzes aufzustellen, so dürfen die Zinsen für die Eigenleistungen nach dem Zinssatz angesetzt werden, der mit dem Darlehns- oder Zuschußgeber vereinbart ist, mindestens jedoch entsprechend Absatz 2 Satz 2.

§ 21
Fremdkapitalkosten

(1) Fremdkapitalkosten sind die Kapitalkosten, die sich aus der Inanspruchnahme der Fremdmittel ergeben, namentlich

1. Zinsen für Fremdmittel,
2. laufende Kosten, die aus Bürgschaften für Fremdmittel entstehen,
3. sonstige wiederkehrende Leistungen aus Fremdmitteln, namentlich aus Rentenschulden.

Als Fremdkapitalkosten gelten auch die Erbbauzinsen. Laufende Nebenleistungen, namentlich Verwaltungskostenbeiträge, sind wie Zinsen zu behandeln.

(2) Zinsen für Fremdmittel, namentlich für Tilgungsdarlehen, sind mit dem Betrage anzusetzen, der sich aus dem im Finanzierungsplan ausgewiesenen Fremdmittel mit dem maßgebenden Zinssatz errechnet.

(3) Maßgebend ist, soweit nichts anderes vorgeschrieben ist, der vereinbarte Zinssatz oder, wenn die Zinsen tatsächlich nach einem niedrigeren Zinssatz zu entrichten sind, dieser, höchstens jedoch der für erste Hypotheken im Zeitpunkt nach § 4 marktübliche Zinssatz. Der niedrigere Zinssatz bleibt maßgebend

1. nach der planmäßigen Tilgung des Fremdmittels,
2. nach der Ersetzung des Fremdmittels durch andere Mittel, deren Kapitalkosten höher sind, wenn die Ersetzung auf Umständen beruht, die der Bauherr zu vertreten hat; § 23 Abs. 5 bleibt unberührt.

(4) Fremdkapitalkosten nach Absatz 1 Nr. 3 und Erbbauzinsen sind, soweit nichts anderes vorgeschrieben ist, in der vereinbarten Höhe oder, wenn der tatsächlich zu entrichtende Betrag niedriger ist, in dieser Höhe anzusetzen, höchstens jedoch mit dem Betrag, der einer Verzinsung zu dem im Zeitpunkt

nach § 4 marktüblichen Zinssatz für erste Hypotheken entspricht; für die Berechnung dieser Verzinsung ist bei einem Erbbaurecht höchstens der im Zeitpunkt nach § 4 maßgebende Verkehrswert des Baugrundstücks, abzüglich eines einmaligen Entgeltes nach § 5 Abs. 2 Satz 3, zugrunde zu legen.

§ 22
Zinsersatz bei erhöhten Tilgungen

(1) Bei unverzinslichen Fremdmitteln, deren Tilgungssatz 1 vom Hundert übersteigt, dürfen Tilgungen als Kapitalkosten angesetzt werden (Zinsersatz); das gleiche gilt, wenn der Zinssatz niedriger als 4 vom Hundert ist.

(2) Der Ansatz für Zinsersatz darf bei den einzelnen Fremdmitteln deren Tilgung nicht überschreiten und zusammen mit dem Ansatz für Zinsen nicht höher sein als der Betrag, der sich aus einer Verzinsung des Fremdmittels mit 4 vom Hundert ergibt. Die Summe aller Ansätze für Zinsersatz darf auch nicht die Summe der Tilgungen übersteigen, die aus der gesamten Abschreibung nicht gedeckt werden können (erhöhte Tilgungen).

(3) Im öffentlich geförderten sozialen Wohnungsbau sind Ansätze für Zinsersatz nur insoweit zulässig, als die Bewilligungsstelle zustimmt.

(4) Auf Mietvorauszahlungen und Mieterdarlehen sind die Vorschriften über den Zinsersatz nicht anzuwenden.

(5) Ist vor dem 1. Januar 1971 ein höherer Ansatz für Zinsersatz zugelassen worden oder zulässig gewesen, als er nach den Absätzen 1 bis 4 zulässig ist, darf der höhere Ansatz in Härtefällen für die Dauer der erhöhten Tilgungen in eine nach dem 30. Juni 1972 aufgestellte Wirtschaftlichkeitsberechnung aufgenommen werden, soweit

1. im öffentlich geförderten sozialen Wohnungsbau die Bewilligungsstelle,
2. im steuerbegünstigten oder freifinanzierten Wohnungsbau, der mit Wohnungsfürsorgemitteln gefördert worden ist, der Darlehns- oder Zuschußgeber,
3. im sonstigen Wohnungsbau von gemeinnützigen Wohnungsunternehmen die Anerkennungsbehörde

zustimmt. Dem höheren Ansatz soll zugestimmt werden, soweit der seit dem 1. Januar 1971 zulässige Ansatz unter Berücksichtigung aller Umstände des Einzelfalles für den Vermieter zu einer unbilligen Härte führen würde. Dem Ansatz von Zinsersatz für Mietvorauszahlungen oder Mieterdarlehen darf nicht zugestimmt werden.

§ 23
Änderung der Kapitalkosten

(1) Hat sich der Zins- oder Tilgungssatz für ein Fremdmittel geändert

1. im öffentlich geförderten sozialen Wohnungsbau nach der Bewilligung der öffentlichen Mittel gegenüber dem bei der Bewilligung auf Grund der Wirtschaftlichkeitsberechnung zugrunde gelegten Satz,
2. im steuerbegünstigten Wohnungsbau nach der Bezugsfertigkeit,

so sind in Wirtschaftlichkeitsberechnungen, die nach diesen Zeitpunkten aufgestellt werden, die Kapitalkosten anzusetzen, die sich auf Grund der Änderung nach Maßgabe des § 21 oder des § 22 ergeben. Dies gilt bei einer Erhöhung der Kapitalkosten nur, wenn sie auf Umständen beruht, die der Bauherr nicht zu vertreten hat, und nur insoweit, als der Kapitalkostenbetrag im Rahmen des § 21 oder des § 22 den Betrag nicht übersteigt, der sich aus der Verzinsung des Fremdmittels zu dem bei der Kapitalkostenerhöhung marktüblichen Zinssatz für erste Hypotheken ergibt.

(2) Bei einer Änderung der in § 21 Abs. 4 bezeichneten Fremdkapitalkosten gilt Absatz 1 entsprechend. Übersteigt der erhöhte Erbbauzins den nach Absatz 1 ermittelten Betrag, so darf der übersteigende Betrag im öffentlich geförderten sozialen Wohnungsbau nur mit Zustimmung der Bewilligungsstelle in der Wirtschaftlichkeitsberechnung angesetzt werden. Die Zustimmung ist zu erteilen, soweit die Erhöhung auf Umständen beruht, die der Bauherr nicht zu vertreten hat, und unter Berücksichtigung aller Umstände nach dem durch das Gesetz vom 8. Januar 1974 (BGBl. I S. 41) eingefügten § 9a der Verordnung über das Erbbaurecht nicht unbillig ist. Im steuerbegünstigten Wohnungsbau darf der übersteigende Betrag angesetzt werden, soweit die Voraussetzungen der Zustimmung nach Satz 3 gegeben sind.

(3) Absatz 1 gilt nicht bei einer Erhöhung der Zinsen oder Tilgungen für das der nachstelligen Finanzierung dienende öffentliche Baudarlehen nach Tilgung anderer Finanzierungsmittel. Auf eine Erhöhung der Zinsen und Tilgungen nach den §§ 18a bis 18e des Wohnungsbindungsgesetzes oder nach § 44 Abs. 2 und 3 des Zweiten Wohnungsbaugesetzes ist Absatz 1 jedoch anzuwenden.

(4) Werden an der Stelle der bisherigen Finanzierungsmittel nach § 12 Abs. 4 oder Abs. 6 andere Mittel ausgewiesen, so treten die Kapitalkosten der neuen Mittel insoweit an die Stelle der Kapitalkosten der bisherigen Finanzierungsmittel, als sie im Rahmen des § 20, des § 21 oder des § 22 den Betrag nicht übersteigen, der sich aus der Verzinsung zu dem bei der Ersetzung marktüblichen Zinssatz für erste Hypotheken ergibt. Bei einem Tilgungsdarlehen bleibt es für den Betrag, der planmäßig getilgt ist (§ 12 Abs. 4 Satz 3), bei der bisherigen Verzinsung. Sind Finanzierungsmittel durch eigene Mittel des Bauherrn ersetzt worden, so dürfen im öffentlich geförderten sozialen Wohnungsbau Zinsen nur unter entsprechender Anwendung des § 20 Abs. 2 Satz 2 angesetzt werden.

(5) Werden an der Stelle der als Darlehen gewährten öffentlichen Mittel nach § 12 Abs. 5 andere Mittel ausgewiesen, so dürfen als Kapitalkosten der neuen Mittel Zinsen nach Absatz 4 Satz 1 angesetzt werden. Vorbehaltlich des § 46 Abs. 2 darf jedoch keine höhere Verzinsung angesetzt werden, als im Zeitpunkt der Rückzahlung für das öffentliche Baudarlehen zu entrichten war. Ist ein Schuldnachlaß gewährt worden, dürfen Kapitalkosten für den erlassenen Darlehensbetrag nicht angesetzt werden.

(6) Werden nach § 11 Abs. 4 bis 6 die Kosten von baulichen Änderungen den Gesamtkosten hinzugerechnet, so dürfen für die Mittel, die zur Deckung dieser Kosten dienen, Kapitalkosten insoweit angesetzt werden, als sie im Rahmen des § 20, des § 21 oder des § 22 den Betrag nicht übersteigen, der sich aus der Verzinsung zu dem bei Fertigstellung marktüblichen Zinssatz für erste Hypotheken ergibt. Sind die Kosten durch eigene Mittel des Bauherrn gedeckt worden, so dürfen im öffentlich geförderten sozialen Wohnungsbau Zinsen nur unter entsprechender Anwendung des § 20 Abs. 2 Satz 2 und im steuerbegünstigten und freifinanzierten Wohnungsbau, der mit Wohnungsfürsorgemitteln gefördert worden ist, nur unter entsprechender Anwendung des § 20 Abs. 3 angesetzt werden.

§ 23a
Marktüblicher Zinssatz für erste Hypotheken

(1) Der marktübliche Zinssatz für erste Hypotheken im Zeitpunkt nach § 4 kann ermittelt werden

1. aus dem durchschnittlichen Zinssatz der durch erste Hypotheken gesicherten Darlehen, die zu dieser Zeit von Kreditinstituten oder privatrechtlichen Unternehmen, zu deren Geschäften üblicherweise die Hergabe derartiger Darlehen gehört, zu geschäftsüblichen Bedingungen für Bauvorhaben an demselben Ort gewährt worden sind oder
2. in Anlehnung an den Zinssatz der zu dieser Zeit zahlenmäßig am meisten abgesetzten Pfandbriefe unter Berücksichtigung der üblichen Zinsspanne.

(2) Absatz 1 gilt sinngemäß, wenn der marktübliche Zinssatz für einen anderen Zeitpunkt als den nach § 4 festzustellen ist.

§ 24
Bewirtschaftungskosten

(1) Bewirtschaftungskosten sind die Kosten, die zur Bewirtschaftung des Gebäudes oder der Wirtschaftseinheit laufend erforderlich sind. Bewirtschaftungskosten sind im einzelnen

1. Abschreibung,
2. Verwaltungskosten,
3. Betriebskosten,

4. Instandhaltungskosten,

5. Mietausfallwagnis.

(2) Der Ansatz der Bewirtschaftungskosten hat den Grundsätzen einer ordentlichen Bewirtschaftung zu entsprechen. Bewirtschaftungskosten dürfen nur angesetzt werden, wenn sie ihrer Höhe nach feststehen oder wenn mit ihrem Entstehen sicher gerechnet werden kann und soweit sie bei gewissenhafter Abwägung aller Umstände und bei ordentlicher Geschäftsführung gerechtfertigt sind. Erfahrungswerte vergleichbarer Bauten sind heranzuziehen. Soweit nach den §§ 26 und 28 Ansätze bis zu einer bestimmten Höhe zugelassen sind, dürfen Bewirtschaftungskosten bis zu dieser Höhe angesetzt werden, es sei denn, daß der Ansatz im Einzelfall unter Berücksichtigung der jeweiligen Verhältnisse nicht angemessen ist.

§ 25
Abschreibung

(1) Abschreibung ist der auf jedes Jahr der Nutzung fallende Anteil der verbrauchsbedingten Wertminderung der Gebäude, Anlagen und Einrichtungen. Die Abschreibung ist nach der mutmaßlichen Nutzungsdauer zu errechnen.

(2) Die Abschreibung soll bei Gebäuden 1 vom Hundert der Baukosten, bei Erbbaurechten 1 vom Hundert der Gesamtkosten nicht übersteigen, sofern nicht besondere Umstände eine Überschreitung rechtfertigen.

(3) Als besondere Abschreibung für Anlagen und Einrichtungen dürfen zusätzlich angesetzt werden von den in der Wirtschaftlichkeitsberechnung enthaltenen Kosten

1. der Öfen und Herde 3 vom Hundert,
2. der Einbaumöbel 3 vom Hundert,
3. der Anlagen und der Geräte zur Versorgung mit Warmwasser, sofern sie nicht mit einer Sammelheizung verbunden sind, 4 vom Hundert,
4. der Sammelheizung einschließlich einer damit verbundenen Anlage zur Versorgung mit Warmwasser 3 vom Hundert,
5. der Hausanlage bei eigenständig gewerblicher Lieferung von Wärme 0,5 vom Hundert und einer damit verbundenen Anlage zur Versorgung mit Warmwasser 4 vom Hundert,
6. des Aufzugs 2 vom Hundert,
7. der Gemeinschaftsantenne 9 vom Hundert,
8. der maschinellen Wascheinrichtung 9 vom Hundert.

§ 26
Verwaltungskosten

(1) Verwaltungskosten sind die Kosten der zur Verwaltung des Gebäudes oder der Wirtschaftseinheit erforderlichen Arbeitskräfte und Einrichtungen, die Kosten der Aufsicht sowie der Wert der vom Vermieter persönlich geleisteten Verwaltungsarbeit. Zu den Verwaltungskosten gehören auch die Kosten für die gesetzlichen oder freiwilligen Prüfungen des Jahresabschlusses und der Geschäftsführung.

(2) Die Verwaltungskosten dürfen höchstens mit 320 Deutsche Mark jährlich je Wohnung, bei Eigenheimen, Kaufeigenheimen und Kleinsiedlungen je Wohngebäude angesetzt werden.

(3) Für Garagen oder ähnliche Einstellplätze dürfen Verwaltungskosten höchstens mit 45 Deutsche Mark jährlich je Garagen- oder Einstellplatz angesetzt werden.

§ 27
Betriebskosten

(1) Betriebskosten sind die Kosten, die dem Eigentümer (Erbbauberechtigten) durch das Eigentum am Grundstück (Erbbaurecht) oder durch den bestimmungsmäßigen Gebrauch des Gebäudes oder der Wirtschaftseinheit, der Nebengebäude, Anlagen, Einrichtungen und des Grundstücks laufend entstehen. Der Ermittlung der Betriebskosten ist die dieser Verordnung beigefügte Anlage 3 »Aufstellung der Betriebskosten« zugrunde zu legen.

(2) Sach- und Arbeitsleistungen des Eigentümers (Erbbauberechtigten), durch die Betriebskosten erspart werden, dürfen mit dem Betrage angesetzt werden, der für eine gleichwertige Leistung eines Dritten, insbesondere eines Unternehmers, angesetzt werden könnte. Die Umsatzsteuer des Dritten darf nicht angesetzt werden.

(3) Im öffentlich geförderten sozialen Wohnungsbau und im steuerbegünstigten oder freifinanzierten Wohnungsbau, der mit Wohnungsfürsorgemitteln gefördert worden ist, dürfen die Betriebskosten nicht in der Wirtschaftlichkeitsberechnung angesetzt werden.

(4) (weggefallen)

§ 28
Instandhaltungskosten

(1) Instandhaltungskosten sind die Kosten, die während der Nutzungsdauer zur Erhaltung des bestimmungsmäßigen Gebrauchs aufgewendet werden müssen, um die durch Abnutzung, Alterung und Witterungseinwirkung ent-

stehenden baulichen oder sonstigen Mängel ordnungsgemäß zu beseitigen. Der Ansatz der Instandhaltungskosten dient auch zur Deckung der Kosten von Instandsetzungen, nicht jedoch der Kosten von Baumaßnahmen, soweit durch sie eine Modernisierung vorgenommen wird oder Wohnraum oder anderer auf die Dauer benutzbarer Raum neu geschaffen wird. Der Ansatz dient nicht zur Deckung der Kosten einer Erneuerung von Anlagen und Einrichtungen, für die eine besondere Abschreibung nach § 25 Abs. 3 zulässig ist.

(2) Als Instandhaltungskosten dürfen je Quadratmeter Wohnfläche im Jahr angesetzt werden

1. für Wohnungen, die bis zum 31. Dezember 1952 bezugsfertig geworden sind, höchstens 15,50 Deutsche Mark,
2. für Wohnungen, die in der Zeit vom 1. Januar 1953 bis zum 31. Dezember 1969 bezugsfertig geworden sind, höchstens 14,50 Deutsche Mark,
3. für Wohnungen, die in der Zeit vom 1. Januar 1970 bis zum 31. Dezember 1979 bezugsfertig geworden sind, höchstens 11,50 Deutsche Mark,
4. für Wohnungen, die nach dem 31. Dezember 1979 bezugsfertig geworden sind oder bezugsfertig werden, höchstens 9 Deutsche Mark.

Diese Sätze verringern sich, wenn in der Wohnung weder ein eingerichtetes Bad noch eine eingerichtete Dusche vorhanden ist, um 1,30 Deutsche Mark. Diese Sätze erhöhen sich für Wohnungen, für die eine Sammelheizung vorhanden ist, um 1,10 Deutsche Mark, bei eigenständig gewerblicher Lieferung von Wärme, soweit die Hausanlage vom Vermieter instandgehalten wird, jedoch höchstens um 0,75 Deutsche Mark und für Wohnungen, für die ein maschinell betriebener Aufzug vorhanden ist, um 1,00 Deutsche Mark.

(3) Trägt der Mieter die Kosten für kleine Instandhaltungen in der Wohnung, so verringern sich die Sätze nach Absatz 2 um 1,90 Deutsche Mark. Die kleinen Instandhaltungen umfassen nur das Beheben kleiner Schäden an den Installationsgegenständen für Elektrizität, Wasser und Gas, den Heiz- und Kocheinrichtungen, den Fenster- und Türverschlüssen sowie den Verschlußvorrichtungen von Fensterläden.

(4) Die Kosten der Schönheitsreparaturen in Wohnungen sind in den Sätzen nach Absatz 2 nicht enthalten. Trägt der Vermieter die Kosten dieser Schönheitsreparaturen, so dürfen sie höchstens mit 10 Deutsche Mark je Quadratmeter Wohnfläche im Jahr angesetzt werden. Dieser Satz verringert sich für Wohnungen, die überwiegend nicht tapeziert sind, um 1 Deutsche Mark. Der Satz erhöht sich für Wohnungen mit Heizkörpern um 0,80 Deutsche Mark und für Wohnungen, die überwiegend mit Doppelfenstern oder Verbundfenstern ausgestattet sind, um 0,85 Deutsche Mark. Schönheitsreparaturen umfassen nur das Tapezieren, Anstreichen oder Kalken der Wände und Decken, das

Streichen der Fußböden, Heizkörper einschließlich Heizrohre, der Innentüren sowie der Fenster und Außentüren von innen.

(5) Für Garagen oder ähnliche Einstellplätze dürfen als Instandhaltungskosten einschließlich Kosten für Schönheitsreparaturen höchstens 90 Deutsche Mark jährlich je Garagen- oder Einstellplatz angesetzt werden.

(6) Für Kosten der Unterhaltung von Privatstraßen und Privatwegen, die dem öffentlichen Verkehr dienen, darf ein Erfahrungswert als Pauschbetrag neben den vorstehenden Sätzen angesetzt werden.

(7) Kosten eigener Instandhaltungswerkstätten sind mit den vorstehenden Sätzen abgegolten.

§ 29
Mietausfallwagnis

Mietausfallwagnis ist das Wagnis einer Ertragsminderung, die durch uneinbringliche Rückstände von Mieten, Pachten, Vergütungen und Zuschlägen oder durch Leerstehen von Raum, der zur Vermietung bestimmt ist, entsteht. Es umfaßt auch die uneinbringlichen Kosten einer Rechtsverfolgung auf Zahlung oder Räumung. Das Mietausfallwagnis darf höchstens mit 2 vom Hundert der Erträge im Sinne des § 31 Abs. 1 Satz 1 angesetzt werden. Soweit die Deckung von Ausfällen anders, namentlich durch einen Anspruch auf Erstattung gegenüber einem Dritten, gesichert ist, darf kein Mietausfallwagnis angesetzt werden.

§ 30
Änderung der Bewirtschaftungskosten

(1) Haben sich die Verwaltungskosten oder die Instandhaltungskosten geändert

1. im öffentlich geförderten sozialen Wohnungsbau nach der Bewilligung der öffentlichen Mittel gegenüber dem bei der Bewilligung auf Grund der Wirtschaftlichkeitsberechnung zugrunde gelegten Betrag,
2. im steuerbegünstigten Wohnungsbau nach der Bezugsfertigkeit,

so sind in Wirtschaftlichkeitsberechnungen, die nach diesen Zeitpunkten aufgestellt werden, die geänderten Kosten anzusetzen. Dies gilt bei einer Erhöhung dieser Kosten nur, wenn sie auf Umständen beruht, die der Bauherr nicht zu vertreten hat. Die Verwaltungskosten dürfen bis zu der in § 26 zugelassenen Höhe, die Instandhaltungskosten bis zu der in § 28 zugelassenen Höhe ohne Nachweis einer Kostenerhöhung angesetzt werden, es sei denn, daß der Ansatz im Einzelfall unter Berücksichtigung der jeweiligen Verhältnisse nicht angemessen ist. Eine Überschreitung der für die Verwaltungskosten und die Instandhaltungskosten zugelassenen Sätze ist nicht zulässig.

(2) Der Ansatz für die Abschreibung ist in Wirtschaftlichkeitsberechnungen, die nach den in Absatz 1 bezeichneten Zeitpunkten aufgestellt werden, zu ändern, wenn nach § 11 Abs. 1 bis 3 geänderte Gesamtkosten angesetzt werden; eine Änderung des für die Abschreibung angesetzten Vomhundertsatzes ist unzulässig.

(3) Der Ansatz für das Mietausfallwagnis ist in Wirtschaftlichkeitsberechnungen, die nach den in Absatz 1 bezeichneten Zeitpunkten aufgestellt werden, zu ändern, wenn sich die Jahresmiete ändert; eine Änderung des Vomhundertsatzes für das Mietausfallwagnis ist zulässig, wenn sich die Voraussetzungen für seine Bemessung nachhaltig geändert haben.

(4) Werden nach § 11 Abs. 4 bis 6 die Kosten von baulichen Änderungen den Gesamtkosten hinzugerechnet, so dürfen die infolge der Änderungen entstehenden Bewirtschaftungskosten den anderen Bewirtschaftungskosten hinzugerechnet werden. Für die entstehenden Abschreibungen und Instandhaltungskosten gelten die §§ 25 und 28 Abs. 2 bis 6 entsprechend.

§ 31
Erträge

(1) Erträge sind die Einnahmen aus Mieten, Pachten und Vergütungen, die bei ordentlicher Bewirtschaftung des Gebäudes oder der Wirtschaftseinheit nachhaltig erzielt werden können. Umlagen und Zuschläge, die zulässigerweise neben der Einzelmiete erhoben werden, bleiben als Ertrag unberücksichtigt.

(2) Als Ertrag gilt auch der Miet- oder Nutzungswert von Räumen oder Flächen, die vom Eigentümer (Erbbauberechtigten) selbst benutzt werden oder auf Grund eines anderen Rechtsverhältnisses als Miete oder Pacht überlassen sind.

(3) Wird die Wirtschaftlichkeitsberechnung aufgestellt, um für Wohnraum die zur Deckung der laufenden Aufwendungen erforderliche Miete (Kostenmiete) zu ermitteln, so ist der Gesamtbetrag der Erträge in derselben Höhe wie der Gesamtbetrag der laufenden Aufwendungen auszuweisen. Aus dem nach Abzug der Vergütungen verbleibenden Betrag ist die Miete nach den für ihre Ermittlung maßgebenden Vorschriften zu berechnen.

Fünfter Abschnitt
Besondere Arten
der Wirtschaftlichkeitsberechnung

§ 32
Voraussetzungen für besondere Arten der Wirtschaftlichkeitsberechnung

(1) Die Wirtschaftlichkeitsberechnung ist, vorbehaltlich des Absatzes 3, als Teilwirtschaftlichkeitsberechnung aufzustellen, wenn das Gebäude oder die Wirtschaftseinheit neben dem Wohnraum, für den die Berechnung aufzustellen ist, auch anderen Wohnraum oder Geschäftsraum enthält.

(2) Enthält das Gebäude oder die Wirtschaftseinheit steuerbegünstigten oder freifinanzierten Wohnraum, für den eine Wirtschaftlichkeitsberechnung nach § 87a des Zweiten Wohnungsbaugesetzes aufzustellen ist, und anderen steuerbegünstigten oder freifinanzierten Wohnraum, so ist die Wirtschaftlichkeitsberechnung als Teilwirtschaftlichkeitsberechnung aufzustellen.

(3) Die Wirtschaftlichkeitsberechnung für öffentlich geförderten Wohnraum ist als Teilwirtschaftlichkeitsberechnung oder mit Zustimmung der Bewilligungsstelle als Gesamtwirtschaftlichkeitsberechnung aufzustellen, wenn das Gebäude oder die Wirtschaftseinheit auch freifinanzierten Wohnraum oder Geschäftsraum enthält.

(4) Die Wirtschaftlichkeitsberechnung für öffentlich geförderten Wohnraum ist in der Form von Teilwirtschaftlichkeitsberechnungen oder als Wirtschaftlichkeitsberechnung mit Teilberechnungen der laufenden Aufwendungen aufzustellen, wenn für einen Teil dieses Wohnraums (begünstigter Wohnraum) gegenüber dem anderen Teil des Wohnraums eine stärkere oder länger dauernde Senkung der laufenden Aufwendungen erzielt werden soll

1. durch Gewährung öffentlicher Mittel als Darlehen oder Zuschüsse zur Deckung von laufenden Aufwendungen, Fremdkapitalkosten, Annuitäten oder Bewirtschaftungskosten (§ 18 Abs. 2) oder
2. durch Gewährung von höheren, der nachstelligen Finanzierung dienenden öffentlichen Baudarlehen.

Anstelle einer besonderen Form der Wirtschaftlichkeitsberechnung nach Satz 1 darf eine Wirtschaftlichkeitsberechnung nach den Vorschriften des ersten bis vierten Abschnittes aufgestellt werden, wenn eine Senkung der laufenden Aufwendungen für den begünstigten Wohnraum auf Grund von Umständen, die vom Bauherrn nicht zu vertreten sind, nicht mehr erzielt werden kann oder die besondere Zweckbestimmung für diesen Teil des Wohnraums entfallen ist.

(4a) Ist eine Wirtschaftlichkeitsberechnung nach den Vorschriften des Ersten bis Vierten Abschnitts oder nach den Absätzen 1 bis 4 aufgestellt worden, bleibt diese als Teilwirtschaftlichkeitsberechnung für den Wohnraum, der Gegenstand ihrer Berechnung ist, weiterhin maßgebend, wenn neuer Wohnraum durch Ausbau oder Erweiterung des Gebäudes oder der zur Wirtschaftseinheit gehörenden Gebäude geschaffen worden ist. Ist für den neu geschaffenen Wohnraum eine Wirtschaftlichkeitsberechnung erforderlich, ist sie als Teilwirtschaftlichkeitsberechnung aufzustellen.

(5) Wird eine Wirtschaftlichkeitsberechnung für öffentlich geförderten Wohnraum erstmalig nach dieser Verordnung aufgestellt, so bleibt die der Bewilligung der öffentlichen Mittel zugrunde gelegte Art der Wirtschaftlichkeitsberechnung maßgebend, wenn diese Art auch nach Absatz 1, 3 oder 4 zulässig wäre; ist der Bewilligung der öffentlichen Mittel eine ähnliche Berechnung oder eine Berechnung der Gesamtkosten und Finanzierungsmittel zugrunde gelegt worden, so gilt dies sinngemäß. Wäre die der Bewilligung zugrunde gelegte Art der Berechnung nicht nach Absatz 1, 3 oder 4 zulässig oder ist der Bewilligung eine Berechnung nicht zugrunde gelegt worden, so ist die Wirtschaftlichkeitsberechnung, die erstmalig nach dieser Verordnung aufgestellt wird, unter Anwendung des Absatzes 1, 3 oder 4 und unter Ausübung der dabei zulässigen Wahl aufzustellen.

(6) Die nach den Absätzen 3, 4 oder 5 getroffene Wahl bleibt für alle späteren Wirtschaftlichkeitsberechnungen maßgebend.

(7) Für die Aufstellung der Wirtschaftlichkeitsberechnung gelten

1. bei der Teilwirtschaftlichkeitsberechnung die sich aus den §§ 33 bis 36 ergebenden Besonderheiten,
2. bei der Gesamtwirtschaftlichkeitsberechnung die sich aus § 37 ergebenden Besonderheiten,
3. bei den Teilberechnungen der laufenden Aufwendungen die sich aus § 38 ergebenden Besonderheiten.

§ 33
Teilwirtschaftlichkeitsberechnung

In der Teilwirtschaftlichkeitsberechnung ist die Gegenüberstellung der laufenden Aufwendungen und der Erträge auf den Teil des Gebäudes oder der Wirtschaftseinheit zu beschränken, der den Wohnraum enthält, für den die Berechnung aufzustellen ist.

§ 34
Gesamtkosten in der Teilwirtschaftlichkeitsberechnung

(1) In der Teilwirtschaftlichkeitsberechnung sind nur die Gesamtkosten anzusetzen, die auf den Teil des Gebäudes oder der Wirtschaftseinheit fallen, der Gegenstand der Berechnung ist. Soweit bei Gesamtkosten nicht festgestellt werden kann, auf welchen Teil des Gebäudes oder der Wirtschaftseinheit sie fallen, sind sie bei Wohnraum nach dem Verhältnis der Wohnflächen aufzuteilen; enthält das Gebäude oder die Wirtschaftseinheit auch Geschäftsraum, so sind sie für den Wohnteil und den Geschäftsteil im Verhältnis des umbauten Raumes aufzuteilen. Kosten oder Mehrkosten, die nur durch den Wohn- oder Geschäftsraum entstehen, der nicht Gegenstand der Berechnung ist, dürfen nur diesem zugerechnet werden. Bei der Berechnung des umbauten Raumes ist die Anlage 2 dieser Verordnung zugrunde zu legen.

(2) Enthält das Gebäude oder die Wirtschaftseinheit außer Wohnraum auch Geschäftsraum von nicht nur unbedeutendem Ausmaß, so dürfen die Kosten des Baugrundstücks, die dem Wohnraum zugerechnet werden, 15 vom Hundert seiner Baukosten nicht übersteigen; in besonderen Fällen, namentlich bei Grundstücken in günstiger Wohnlage, kann der Vomhundertsatz überschritten werden. Erhöhte Kosten des Baugrundstücks, die durch die Geschäftslage veranlaßt sind, dürfen nicht dem Wohnraum zugerechnet werden.

(3) Bei Wiederherstellung eines Gebäudes gehört zu den Baukosten auch der Wert der beim Bau des Wohnraums, für den die Berechnung aufzustellen ist, verwendeten Gebäudeteile; er ist entsprechend § 7 Abs. 2 Satz 2 bis 4 zu ermitteln. Kommt eine Wiederherstellung auch dem noch vorhandenen, auf die Dauer benutzbaren Raum zugute, so dürfen Baukosten nur insoweit angesetzt werden, als die Wiederherstellung dem neu geschaffenen Wohnraum zugute kommt; Absatz 1 gilt entsprechend.

(4) Ist Wohnraum durch Ausbau oder Erweiterung neu geschaffen worden, gehören zu den Gesamtkosten, die diesem Wohnraum in der Teilwirtschaftlichkeitsberechnung zuzurechnen sind, nur diejenigen Kosten, die durch den Ausbau oder die Erweiterung entstanden sind; dies gilt auch, wenn Zubehörräume von öffentlich geförderten Wohnungen zu neuen Wohnungen ausgebaut werden. Kosten des Baugrundstücks dürfen bei Ausbau nicht, bei Erweiterung nur dann angesetzt werden, wenn das Grundstück für einen Anbau neu erworben worden ist.

§ 35
Finanzierungsmittel in der Teilwirtschaftlichkeitsberechnung

In der Teilwirtschaftlichkeitsberechnung sind zur Deckung der angesetzten anteiligen Gesamtkosten die Finanzierungsmittel, die nur für den Teil des Gebäudes oder der Wirtschaftseinheit bestimmt sind, der Gegenstand der Berechnung ist, in voller Höhe im Finanzierungsplan auszuweisen. Die anderen Finanzierungsmittel sind angemessen zu verteilen.

§ 36
Laufende Aufwendungen und Erträge in der Teilwirtschaftlichkeitsberechnung

(1) In der Teilwirtschaftlichkeitsberechnung sind die laufenden Aufwendungen anzusetzen, die für den Teil des Gebäudes oder der Wirtschaftseinheit, der Gegenstand der Berechnung ist, entstehen.

(2) Bewirtschaftungskosten, die für das ganze Gebäude oder die ganze Wirtschaftseinheit entstehen, sind nur mit dem Teil anzusetzen, der sich nach dem Verhältnis der Teilung der Gesamtkosten nach § 34 ergibt. Bewirtschaftungskosten oder Mehrbeträge von Bewirtschaftungskosten, die allein durch den Wohn- oder Geschäftsraum, der nicht Gegenstand der Berechnung ist, entstehen, dürfen nur diesem zugerechnet werden. Bei Wiederherstellung, Ausbau und Erweiterung dürfen Bewirtschaftungskosten nur insoweit angesetzt werden, als sie für den Teil des Gebäudes oder der Wirtschaftseinheit, der Gegenstand der Berechnung ist, zusätzlich entstehen; ist auch für den vorhanden gewesenen Wohnraum eine Teilwirtschaftlichkeitsberechnung aufzustellen, so dürfen Bewirtschaftungskosten nur nach den Sätzen 1 und 2 angesetzt werden.

(3) In der Teilwirtschaftlichkeitsberechnung sind die Erträge auszuweisen, die sich für den Teil des Gebäudes oder der Wirtschaftseinheit, der Gegenstand der Berechnung ist, nach § 31 ergeben.

§ 37
Gesamtwirtschaftlichkeitsberechnung

(1) In der Gesamtwirtschaftlichkeitsberechnung ist die Gegenüberstellung der laufenden Aufwendungen und der Erträge für das gesamte Gebäude oder die gesamte Wirtschaftseinheit vorzunehmen und sodann der Teil der laufenden Aufwendungen und der Erträge auszugliedern, der auf den öffentlich geförderten Wohnraum entfällt.

(2) Bewirtschaftungskosten für Geschäftsraum sind mit den Beträgen anzusetzen, die zur ordentlichen Bewirtschaftung des Geschäftsraums laufend erforderlich sind.

(3) Zur Ausgliederung des Teils der laufenden Aufwendungen, der auf den öffentlich geförderten Wohnraum fällt, ist der Gesamtbetrag der laufenden Aufwendungen auf diesen Wohnraum und auf den anderen Wohnraum sowie den Geschäftsraum angemessen zu verteilen. Laufende Aufwendungen oder Mehrbeträge laufender Aufwendungen, die allein durch den öffentlich geförderten Wohnraum oder durch den anderen Wohnraum oder den Geschäftsraum entstehen, dürfen jeweils nur dem in Betracht kommenden Raum zugerechnet werden.

(4) Wird für öffentlich geförderten Wohnraum eine Gesamtwirtschaftlichkeitsberechnung aufgestellt, so finden die Absätze 1 bis 3 auch dann Anwendung, wenn in der Berechnung, die der Bewilligung der öffentlichen Mittel zugrunde gelegt worden ist, eine Ausgliederung des auf den öffentlich geförderten Wohnraum fallenden Teiles der laufenden Aufwendungen nicht oder nach einem anderen Verteilungsmaßstab vorgenommen worden ist oder wenn Bewirtschaftungskosten für Geschäftsraum nicht oder nur in geringerer Höhe in Anspruch genommen oder anerkannt worden sind oder wenn auf Ansätze ganz oder teilweise verzichtet worden ist.

§ 38
Teilberechnungen der laufenden Aufwendungen

(1) Für die Teilberechnungen der laufenden Aufwendungen ist der in der Wirtschaftlichkeitsberechnung für den öffentlich geförderten Wohnraum errechnete Gesamtbetrag der laufenden Aufwendungen nach dem Verhältnis der Wohnfläche auf den begünstigten Wohnraum und den anderen Wohnraum aufzuteilen. Laufende Aufwendungen oder Mehrbeträge laufender Aufwendungen, die allein durch den begünstigten Wohnraum oder den anderen Wohnraum entstehen, dürfen nur dem jeweils in Betracht kommenden Wohnraum zugerechnet werden.

(2) Im Falle des § 32 Abs. 4 Nr. 1 ist nach Aufteilung des Gesamtbetrages der laufenden Aufwendungen auf den begünstigten Wohnraum und den anderen Wohnraum die Verminderung der laufenden Aufwendungen nach § 18 Abs. 2 jeweils bei dem Teil der laufenden Aufwendungen vorzunehmen, der auf den Wohnraum fällt, für den die Darlehen oder Zuschüsse zur Deckung von laufenden Aufwendungen, Fremdkapitalkosten, Annuitäten oder Bewirtschaftungskosten gewährt werden.

(3) Im Falle des § 32 Abs. 4 Nr. 2 sind bei Berechnungen des Gesamtbetrages der laufenden Aufwendungen für die der nachstelligen Finanzierung dienenden öffentlichen Baudarlehen Rechnungszinsen in Höhe des im Zeitpunkt nach § 4 marktüblichen Zinssatzes für erste Hypotheken anzusetzen. Nach Aufteilung des Gesamtbetrages der laufenden Aufwendungen auf den begünstigten Wohnraum und den anderen Wohnraum sind wieder abzuziehen

1. von dem Teil der laufenden Aufwendungen, der auf den begünstigten Wohnraum fällt, die für die höheren öffentlichen Baudarlehen angesetzten Rechnungszinsen,
2. von dem Teil der laufenden Aufwendungen, der auf den anderen Wohnraum fällt, die für die anderen öffentlichen Baudarlehen angesetzten Rechnungszinsen.

Die Zinsen, die sich nach § 21 Abs. 2 und 3 für die öffentlichen Baudarlehen ergeben, sind sodann jeweils hinzuzurechnen.

(4) Absatz 3 gilt sinngemäß, wenn Darlehen oder Zuschüsse zur Senkung der Kapitalkosten von Fremdmitteln unmittelbar dem Gläubiger gewährt werden und für den begünstigten Wohnraum höhere Fremdmittel dieser Art ausgewiesen sind als für den anderen Wohnraum; Absatz 2 ist in diesem Falle nicht anzuwenden.

§ 39
Vereinfachte Wirtschaftlichkeitsberechnung

(1) In der vereinfachten Wirtschaftlichkeitsberechnung ist die Ermittlung der laufenden Aufwendungen sowie die Gegenüberstellung der laufenden Aufwendungen und der Erträge in vereinfachter Form zulässig. Die vereinfachte Wirtschaftlichkeitsberechnung kann auch als Auszug aus einer Wirtschaftlichkeitsberechnung aufgestellt werden. Der Auszug aus einer Wirtschaftlichkeitsberechnung muß enthalten

1. die Bezeichnung des Gebäudes,
2. die Höhe der einzelnen laufenden Aufwendungen,
3. die Darlehen und Zuschüsse zur Deckung von laufenden Aufwendungen für den gesamten Wohnraum,
4. die Mieten und Pachten, den entsprechenden Miet- oder Nutzwert und die Vergütungen.

(2) Absatz 1 Satz 3 ist sinngemäß anzuwenden, wenn der Auszug zur Berechnung einer Mieterhöhung nach § 10 Abs. 1 des Wohnungsbindungsgesetzes aufgestellt wird.

Aus dem Auszug muß auch die Erhöhung der einzelnen laufenden Aufwendungen erkennbar werden.

§ 39 a
Zusatzberechnung

(1) Ist bereits eine Wirtschaftlichkeitsberechnung aufgestellt worden und haben sich nach diesem Zeitpunkt laufende Aufwendungen geändert, so

kann eine neue Wirtschaftlichkeitsberechnung in der Weise aufgestellt werden, daß die bisherige Wirtschaftlichkeitsberechnung um eine Zusatzberechnung ergänzt wird, in der die Erhöhung oder Verringerung der einzelnen laufenden Aufwendungen ermittelt und der Erhöhung oder Verringerung der Erträge gegenübergestellt wird. Eine Zusatzberechnung kann auch aufgestellt werden, wenn die in § 18 Abs. 2 Satz 1 bezeichneten Darlehen oder Zuschüsse nicht mehr oder nur in verminderter Höhe gewährt werden und der Vermieter den Wegfall oder die Verminderung nicht zu vertreten hat.

(2) Hat der Vermieter den Änderungsbetrag zur Vergleichsmiete nach § 12 oder nach § 14 Abs. 6 der Neubaumietenverordnung 1970 zu ermitteln, sind die einzelnen laufenden Aufwendungen nach den Verhältnissen zum Zeitpunkt der Bewilligung der öffentlichen Mittel zusammenzustellen und eine Zusatzberechnung nach Absatz 1 aufzustellen. Dabei bleiben Änderungen der laufenden Aufwendungen, die sich nicht auf den Wohnraum beziehen, dessen Vergleichsmiete zu ermitteln ist, unberücksichtigt. Enthält das Gebäude neben dem öffentlich geförderten Wohnraum auch anderen Wohnraum oder Geschäftsraum, sind die laufenden Aufwendungen und die Zusatzberechnung entsprechend § 37 aufzustellen.

(3) Ist bereits eine Wirtschaftlichkeitsberechnung aufgestellt und sind nach diesem Zeitpunkt bauliche Änderungen vorgenommen worden, so kann eine neue Wirtschaftlichkeitsberechnung in der Weise aufgestellt werden, daß die bisherige Wirtschaftlichkeitsberechnung um eine Zusatzberechnung ergänzt wird. In der Zusatzberechnung sind die Kosten der baulichen Änderungen anzusetzen, die zu ihrer Deckung dienenden Finanzierungsmittel auszuweisen und die sich danach für die baulichen Änderungen ergebenden Aufwendungen den Ertragserhöhungen gegenüberzustellen.

(4) Hat der Vermieter den Erhöhungsbetrag zur Vergleichsmiete nach § 13 der Neubaumietenverordnung 1970 für sämtliche öffentlich geförderten Wohnungen zu ermitteln, so ist eine Zusatzberechnung nach Absatz 3 Satz 2 aufzustellen.

Teil III
Lastenberechnung

§ 40
Lastenberechnung

(1) Die Belastung des Eigentümers eines Eigenheims, einer Kleinsiedlung oder einer eigengenutzten Eigentumswohnung oder des Inhabers eines eigengenutzten eigentumsähnlichen Dauerwohnrechts wird durch eine Berechnung (Lastenberechnung) ermittelt. Das gleiche gilt für die Belastung des

Bewerbers um ein Kaufeigenheim, eine Trägerkleinsiedlung, eine Kaufeigentumswohnung oder eine Wohnung in der Rechtsform des eigentumsähnlichen Dauerwohnrechts.

(2) Wird durch Ausbau oder Erweiterung neuer, fremden Wohnzwecken dienender Wohnraum unter Einsatz öffentlicher Mittel geschaffen, ist hierfür eine Teilwirtschaftlichkeitsberechnung aufzustellen. Die Regelungen des § 32 Abs. 4a und des § 34 Abs. 4 sind entsprechend anzuwenden.

§ 40a
Aufstellung der Lastenberechnung durch den Bauherrn

(1) Ist der Eigentümer der Bauherr, so kann er die Lastenberechnung auf Grund einer Wirtschaftlichkeitsberechnung aufstellen. In diesem Fall beschränkt sich die Lastenberechnung auf die Ermittlung der Belastung nach den §§ 40c bis 41.

(2) Wird die Lastenberechnung vom Bauherrn nicht auf Grund einer Wirtschaftlichkeitsberechnung aufgestellt, so muß sie enthalten

1. die Grundstücks- und Gebäudebeschreibung,
2. die Berechnung der Gesamtkosten,
3. den Finanzierungsplan,
4. die Ermittlung der Belastung nach den §§ 40c bis 41.

(3) Die Lastenberechnung ist aufzustellen

1. bei einem Eigenheim, einer Kleinsiedlung oder einem Kaufeigenheim für das Gebäude,
2. bei einer eigengenutzten Eigentumswohnung oder einer Kaufeigentumswohnung
   a) für die im Sondereigentum stehende Wohnung und den damit verbundenen Miteigentumsanteil an dem gemeinschaftlichen Eigentum oder
   b) in der Weise, daß die Berechnung für die Eigentumswohnungen oder Kaufeigentumswohnungen des Gebäudes oder der Wirtschaftseinheit (§ 2 Abs. 2) zusammengefaßt und die Gesamtkosten nach dem Verhältnis der Miteigentumsanteile aufgeteilt werden,
3. bei einer Wohnung in der Rechtsform des eigentumsähnlichen Dauerwohnrechts für die Wohnung und den Teil des Grundstücks, auf den sich das Dauerwohnrecht erstreckt.

(4) Für die Aufstellung der Lastenberechnung gelten im übrigen § 2 Abs. 3 und 5, § 4 Abs. 1 bis 3, § 4 a Abs. 1 bis 3, 5 sowie die §§ 5 bis 15 entsprechend. § 12 Abs. 4 Satz 2 gilt dabei mit der Maßgabe, daß anstelle der Erhöhung der Kapitalkosten die Erhöhung der Kapitalkosten und Tilgungen zu berücksichtigen ist.

§ 40b
Aufstellung der Lastenberechnung durch den Erwerber

(1) Hat der Eigentümer das Gebäude oder die Wohnung auf Grund eines Veräußerungsvertrages gegen Entgelt erworben, so ist die Lastenberechnung nach § 40a Abs. 2 und 3 mit folgenden Maßgaben aufzustellen:

1. An die Stelle der Gesamtkosten treten der angemessene Erwerbspreis, die auf ihn fallenden Erwerbskosten und die nach dem Erwerb entstandenen Kosten nach § 11;
2. im Finanzierungsplan sind die Mittel auszuweisen, die zur Deckung des Erwerbspreises und der in Nummer 1 bezeichneten Kosten dienen.

(2) Für die Aufstellung der Lastenberechnung gelten im übrigen § 2 Abs. 3 und 5 und die §§ 12 bis 15 entsprechend. § 12 Abs. 4 Satz 2 gilt dabei mit der Maßgabe, daß an Stelle der Erhöhung der Kapitalkosten die Erhöhung der Kapitalkosten und Tilgungen zu berücksichtigen ist.

(3) Die Absätze 1 und 2 gelten entsprechend für die Aufstellung der Lastenberechnung durch einen Bewerber nach § 40 Satz 2.

§ 40c
Ermittlung der Belastung

(1) Die Belastung wird ermittelt

1. aus der Belastung aus dem Kapitaldienst und
2. aus der Belastung aus der Bewirtschaftung.

(2) Hat derjenige, dessen Belastung zu ermitteln ist, einem Dritten ein Nutzungsentgelt oder einen ähnlichen Beitrag zum Kapitaldienst oder zur Bewirtschaftung zu leisten, so ist dieses Entgelt in die Lastenberechnung an Stelle der sonst ansetzbaren Beträge aufzunehmen, soweit es zur Deckung der Belastung bestimmt ist.

(3) Bei einer Kleinsiedlung vermehrt sich die Belastung um die Pacht einer gepachteten Landzulage.

(4) Werden von einem Dritten Aufwendungsbeihilfen, Zinszuschüsse oder Annuitätsdarlehen gewährt, so vermindert sich die Belastung entsprechend.

(5) Erträge aus Miete oder Pacht, die für den Gegenstand der Berechnung (§ 40a Abs. 3) erzielt werden, vermindern die Belastung. Dies gilt nicht für Ertragsteile, die zur Deckung von Betriebskosten dienen, die bei der Berechnung der Belastung aus der Bewirtschaftung nicht angesetzt werden dürfen. Als Ertrag gilt auch der Miet- oder Nutzungswert der Räume, die von demjenigen, dessen Belastung zu ermitteln ist, ausschließlich zu anderen als

Wohnzwecken oder als Garagen benutzt werden, sowie der von ihm gewerblich benutzten Flächen.

§ 40d
Belastung aus dem Kapitaldienst

(1) Zu der Belastung aus dem Kapitaldienst gehören

1. die Fremdkapitalkosten,

2. die Tilgungen für Fremdmittel.

(2) Die Fremdkapitalkosten sind entsprechend den §§ 19, 21 und 23a zu berechnen. Die Tilgungen für Fremdmittel sind aus dem im Finanzierungsplan ausgewiesenen Fremdmittel mit dem maßgebenden Tilgungssatz zu berechnen. Maßgebend ist der vereinbarte Tilgungssatz oder, wenn die Tilgungen tatsächlich nach einem niedrigeren Tilgungssatz zu entrichten sind, dieser.

(3) Ist im Falle des § 40b im Finanzierungsplan eine Verbindlichkeit ausgewiesen, die ohne Änderung der Vereinbarung über die Verzinsung und Tilgung vom Erwerber übernommen worden ist, so gilt Absatz 2 mit der Maßgabe, daß die Zinsen und Tilgungen aus dem Ursprungsbetrag der Verbindlichkeit mit dem maßgebenden Zins- und Tilgungssatz zu berechnen sind.

(4) Hat sich der Zins- oder Tilgungssatz für ein Fremdmittel geändert, so sind die Zinsen und Tilgungen anzusetzen, die sich auf Grund der Änderung bei entsprechender Anwendung der Absätze 2 und 3 ergeben; dies gilt bei einer Erhöhung des Zins- oder Tilgungssatzes nur, wenn sie auf Umständen beruht, die derjenige, dessen Belastung zu ermitteln ist, nicht zu vertreten hat, und für die Zinsen nur insoweit, als sie im Rahmen der Absätze 2 und 3 den Betrag nicht übersteigen, der sich aus der Verzinsung zu dem bei der Erhöhung marktüblichen Zinssatz für erste Hypotheken ergibt.

(5) Bei einer Änderung der in § 21 Abs. 4 bezeichneten Fremdkapitalkosten gilt Absatz 4 entsprechend.

(6) Werden an der Stelle der bisherigen Finanzierungsmittel nach § 12 Abs. 4 andere Mittel ausgewiesen, so treten die Kapitalkosten und Tilgungen der neuen Mittel an die Stelle der Kapitalkosten und Tilgungen der bisherigen Finanzierungsmittel; dies gilt für die Kapitalkosten nur insoweit, als sie im Rahmen der Absätze 2 und 3 den Betrag nicht übersteigen, der sich aus der Verzinsung zu dem bei der Ersetzung marktüblichen Zinssatz für erste Hypotheken ergibt. Sind Finanzierungsmittel durch eigene Mittel ersetzt worden, so dürfen Zinsen oder Tilgungen nicht angesetzt werden.

(7) Werden nach § 11 Abs. 4 bis 6 den Gesamtkosten die Kosten von baulichen Änderungen hinzugerechnet, so dürfen für die Fremdmittel, die zur Deckung dieser Kosten dienen, bei Anwendung des Absatzes 2 Kapitalkosten

insoweit angesetzt werden, als sie den Betrag nicht überschreiten, der sich aus der Verzinsung zu dem bei Fertigstellung der baulichen Änderungen marktüblichen Zinssatz für erste Hypotheken ergibt.

(8) Soweit für Fremdmittel, die ganz oder teilweise im Finanzierungsplan ausgewiesen sind, Kapitalkosten oder Tilgungen nicht mehr zu entrichten sind, dürfen diese nicht angesetzt werden.

§ 41
Belastung aus der Bewirtschaftung

(1) Zu der Belastung aus der Bewirtschaftung gehören

1. die Ausgaben für die Verwaltung, die an einen Dritten laufend zu entrichten sind,
2. die Betriebskosten,
3. die Ausgaben für die Instandhaltung.

Die Vorschriften der §§ 24, 28 und 30 sind entsprechend anzuwenden.

(2) § 26 ist entsprechend anzuwenden mit der Maßgabe, daß bei Eigentumswohnungen, Kaufeigentumswohnungen oder Wohnungen in der Rechtsform des eigentumsähnlichen Dauerwohnrechts als Ausgaben für die Verwaltung höchstens 385 Deutsche Mark angesetzt werden dürfen.

(3) § 27 ist entsprechend anzuwenden mit der Maßgabe, daß als Betriebskosten angesetzt werden dürfen

1. laufende öffentliche Lasten des Grundstücks, namentlich die Grundsteuer, jedoch nicht die Hypothekengewinnabgabe,
2. Kosten der Wasserversorgung,
3. Kosten der Straßenreinigung und Müllabfuhr,
4. Kosten der Entwässerung,
5. Kosten der Schornsteinreinigung,
6. Kosten der Sach- und Haftpflichtversicherung.

Bei einer Eigentumswohnung, einer Kaufeigentumswohnung und einer Wohnung in der Rechtsform des eigentumsähnlichen Dauerwohnrechts dürfen als Betriebskosten außerdem angesetzt werden

1. Kosten des Betriebes des Fahrstuhls,
2. Kosten der Hausreinigung und Ungezieferbekämpfung,
3. Kosten für den Hauswart.

Teil IV
Wohnflächenberechnung

§ 42
Wohnfläche

(1) Die Wohnfläche einer Wohnung ist die Summe der anrechenbaren Grundflächen der Räume, die ausschließlich zu der Wohnung gehören.

(2) Die Wohnfläche eines einzelnen Wohnraumes besteht aus dessen anrechenbarer Grundfläche; hinzuzurechnen ist die anrechenbare Grundfläche der Räume, die ausschließlich zu diesem einzelnen Wohnraum gehören. Die Wohnfläche eines untervermieteten Teils einer Wohnung ist entsprechend zu berechnen.

(3) Die Wohnfläche eines Wohnheimes ist die Summe der anrechenbaren Grundflächen der Räume, die zur alleinigen und gemeinschaftlichen Benutzung durch die Bewohner bestimmt sind.

(4) Zur Wohnfläche gehört nicht die Grundfläche von

1. Zubehörräumen; als solche kommen in Betracht: Keller, Waschküchen, Abstellräume außerhalb der Wohnung, Dachböden, Trockenräume, Schuppen (Holzlegen), Garagen und ähnliche Räume;
2. Wirtschaftsräumen; als solche kommen in Betracht: Futterküchen, Vorratsräume, Backstuben, Räucherkammern, Ställe, Scheunen, Abstellräume und ähnliche Räume;
3. Räumen, die den nach ihrer Nutzung zu stellenden Anforderungen des Bauordnungsrechtes nicht genügen;
4. Geschäftsräumen.

§ 43
Berechnung der Grundfläche

(1) Die Grundfläche eines Raumes ist nach Wahl des Bauherrn aus den Fertigmaßen oder den Rohbaumaßen zu ermitteln. Die Wahl bleibt für alle späteren Berechnungen maßgebend.

(2) Fertigmaße sind die lichten Maße zwischen den Wänden ohne Berücksichtigung von Wandgliederungen, Wandbekleidungen, Scheuerleisten, Öfen, Heizkörpern, Herden und dergleichen.

(3) Werden die Rohbaumaße zugrunde gelegt, so sind die errechneten Grundflächen um 3 vom Hundert zu kürzen.

(4) Von den errechneten Grundflächen sind abzuziehen die Grundflächen von

1. Schornsteinen und anderen Mauervorlagen, freistehenden Pfeilern und Säulen, wenn sie in der ganzen Raumhöhe durchgehen und ihre Grundfläche mehr als 0,1 Quadratmeter beträgt,
2. Treppen mit über drei Steigungen und deren Treppenabsätze.

(5) Zu den errechneten Grundflächen sind hinzuzurechnen die Grundflächen von

1. Fenster- und offenen Wandnischen, die bis zum Fußboden herunterreichen und mehr als 0,13 Meter tief sind,
2. Erkern und Wandschränken, die eine Grundfläche von mindestens 0,5 Quadratmeter haben,
3. Raumteilen unter Treppen, soweit die lichte Höhe mindestens 2 Meter ist.

Nicht hinzuzurechnen sind die Grundflächen der Türnischen.

(6) Wird die Grundfläche auf Grund der Bauzeichnung nach den Rohbaumaßen ermittelt, so bleibt die hiernach berechnete Wohnfläche maßgebend, außer wenn von der Bauzeichnung abweichend gebaut ist. Ist von der Bauzeichnung abweichend gebaut worden, so ist die Grundfläche auf Grund der berichtigten Bauzeichnung zu ermitteln.

§ 44
Anrechenbare Grundfläche

(1) Zur Ermittlung der Wohnfläche sind anzurechnen

1. voll
   die Grundflächen von Räumen und Raumteilen mit einer lichten Höhe von mindestens 2 Metern;
2. zur Hälfte
   die Grundflächen von Räumen und Raumteilen mit einer lichten Höhe von mindestens 1 Meter und weniger als 2 Metern und von Wintergärten, Schwimmbädern und ähnlichen, nach allen Seiten geschlossenen Räumen;
3. nicht
   die Grundflächen von Räumen oder Raumteilen mit einer lichten Höhe von weniger als 1 Meter.

(2) Gehören ausschließlich zu dem Wohnraum Balkone, Loggien, Dachgärten oder gedeckte Freisitze, so können deren Grundflächen zur Ermittlung der Wohnfläche bis zur Hälfte angerechnet werden.

(3) Zur Ermittlung der Wohnfläche können abgezogen werden

1. bei einem Wohngebäude mit einer Wohnung bis zu 10 vom Hundert der ermittelten Grundfläche der Wohnung,

2. bei einem Wohngebäude mit zwei nicht abgeschlossenen Wohnungen bis zu 10 vom Hundert der ermittelten Grundfläche beider Wohnungen,
3. bei einem Wohngebäude mit einer abgeschlossenen und einer nicht abgeschlossenen Wohnung bis zu 10 vom Hundert der ermittelten Grundfläche der nicht abgeschlossenen Wohnung.

(4) Die Bestimmung über die Anrechnung oder den Abzug nach Absatz 2 oder 3 kann nur für das Gebäude oder die Wirtschaftseinheit einheitlich getroffen werden. Die Bestimmung bleibt für alle späteren Berechnungen maßgebend.

Teil V
Schluß- und Überleitungsvorschriften

§ 45
Befugnisse des Bauherrn und seines Rechtsnachfolgers

(1) Läßt diese Verordnung eine Wahl zwischen zwei oder mehreren Möglichkeiten zu oder setzt sie bei einer Berechnung einen Rahmen, so ist der Bauherr, soweit sich aus dieser Verordnung nichts anderes ergibt, befugt, die Wahl vorzunehmen oder den Rahmen auszufüllen.

(2) Die Befugnisse des Bauherrn nach dieser Verordnung stehen auch seinem Rechtsnachfolger zu. Soweit der Bauherr nach dieser Verordnung Umstände zu vertreten hat, hat sie auch der Rechtsnachfolger zu vertreten.

§ 46
Überleitungsvorschriften

(1) Soweit bis zum 31. Oktober 1957 für den in § 1 Abs. 1 und § 1a Abs. 2 Nr. 2 und 3 bezeichneten Wohnraum Wirtschaftlichkeit oder Wohnfläche nach der Verordnung über Wirtschaftlichkeits- und Wohnflächenberechnung für neugeschaffenen Wohnraum (Berechnungsverordnung) vom 20. November 1950 (BGBl. S. 753) berechnet worden ist, bleibt es für diese Berechnungen dabei.

(2) § 2 Abs. 8, § 18 Abs. 4 und § 23 Abs. 5 sind in der mit Inkrafttreten dieser Verordnung geltenden Fassung anzuwenden, wenn die Darlehen nach dem 31. Dezember 1989 vorzeitig zurückgezahlt oder abgelöst wurden oder nach diesem Zeitpunkt auf die weitere Auszahlung von Zuschüssen zur Deckung der laufenden Aufwendungen oder von Zinszuschüssen verzichtet wurde.

(3) Sind für ein Gebäude oder eine Wirtschaftseinheit auf Grund von Ausbau oder Erweiterung Wirtschaftlichkeitsberechnungen oder Teilwirtschaftlich-

keitsberechnungen vor dem 29. August 1990 aufgestellt worden, sind die Regelungen der §§ 32, 34 und 40 in der bis zum 29. August 1990 geltenden Fassung anzuwenden.

§ 47
(weggefallen)

§ 48
(weggefallen)

§ 48a
Berlin-Klausel

Diese Verordnung gilt nach § 14 des Dritten Überleitungsgesetzes in Verbindung mit § 125 des Zweiten Wohnungsbaugesetzes, § 53 des Ersten Wohnungsbaugesetzes und Artikel X § 10 des Gesetzes über den Abbau der Wohnungszwangswirtschaft und über ein soziales Miet- und Wohnungsrecht auch im Land Berlin.

§ 49
Geltung im Saarland

Diese Verordnung gilt nicht im Saarland.

§ 50
(Inkrafttreten)

Anlage 1
(zu § 5 Abs. 5)

Aufstellung der Gesamtkosten

Die Gesamtkosten bestehen aus:

I. Kosten des Baugrundstücks

Zu den Kosten des Baugrundstücks gehören:

1. Der Wert des Baugrundstücks
2. Die Erwerbskosten

   Hierzu gehören alle durch den Erwerb des Baugrundstücks verursachten Nebenkosten, z.B. Gerichts- und Notarkosten, Maklerprovisionen, Grunderwerbsteuern, Vermessungskosten, Gebühren für Wertberechnungen und amtliche Genehmigungen, Kosten der Bodenuntersuchung zur Beurteilung des Grundstückswertes.

   Zu den Erwerbskosten gehören auch Kosten, die im Zusammenhang mit einer das Baugrundstück betreffenden freiwilligen oder gesetzlich geregelten Umlegung, Zusammenlegung oder Grenzregelung (Bodenordnung) entstehen, außer den Kosten der dem Bauherrn dabei obliegenden Verwaltungsleistungen.
3. Die Erschließungskosten

   Hierzu gehören:

   a) Abfindungen und Entschädigungen an Mieter, Pächter und sonstige Dritte zur Erlangung der freien Verfügung über das Baugrundstück,

   b) Kosten für das Herrichten des Baugrundstücks, z.B. Abräumen, Abholzen, Roden, Bodenbewegung, Enttrümmern, Gesamtabbruch,

   c) Kosten der öffentlichen Entwässerungs- und Versorgungsanlagen, die nicht Kosten der Gebäude oder der Außenanlagen sind, und Kosten öffentlicher Flächen für Straßen, Freiflächen und dgl., soweit diese Kosten vom Grundstückseigentümer auf Grund gesetzlicher Bestimmungen (z.B. Anliegerleistungen) oder vertraglicher Vereinbarungen (z.B. Unternehmerstraßen) zu tragen und vom Bauherrn zu übernehmen sind,

   d) Kosten der nichtöffentlichen Entwässerungs- und Versorgungsanlagen, die nicht Kosten der Gebäude oder der Außenanlagen sind, und Kosten nichtöffentlicher Flächen für Straßen, Freiflächen und dgl., wie Privatstraßen, Abstellflächen für Kraftfahrzeuge, wenn es sich um Daueranlagen handelt, d.h. um Anlagen, die auch nach etwaigem

Abgang der Bauten im Rahmen der allgemeinen Ortsplanung bestehen bleiben müssen,

e) andere einmalige Abgaben, die vom Bauherrn nach gesetzlichen Bestimmungen verlangt werden (z.B. Bauabgaben, Ansiedlungsleistungen, Ausgleichsbeträge).

II. Baukosten

Zu den Baukosten gehören:

1. Die Kosten der Gebäude

   Das sind die Kosten (getrennt nach der Art der Gebäude oder Gebäudeteile) sämtlicher Bauleistungen, die für die Errichtung der Gebäude erforderlich sind.

   Zu den Kosten der Gebäude gehören auch

   die Kosten aller eingebauten oder mit den Gebäuden fest verbundenen Sachen, z.B. Anlagen zur Beleuchtung, Erwärmung, Kühlung und Lüftung von Räumen und zur Versorgung mit Elektrizität, Gas, Kalt- und Warmwasser (bauliche Betriebseinrichtungen), bis zum Hausanschluß an die Außenanlagen, Öfen, Koch- und Waschherde, Bade- und Wascheinrichtungen, eingebaute Rundfunkanlagen, Gemeinschaftsantennen, Blitzschutzanlagen, Luftschutzanlagen, Luftschutzvorsorgeanlagen, bildnerischer und malerischer Schmuck an und in Gebäuden, eingebaute Möbel,

   die Kosten aller vom Bauherrn erstmalig zu beschaffenden, nicht eingebauten oder nicht fest verbundenen Sachen an und in den Gebäuden, die zur Benutzung und zum Betrieb der baulichen Anlagen erforderlich sind oder zum Schutz der Gebäude dienen, z.B. Öfen, Koch- und Waschherde, Bade- und Wascheinrichtungen, soweit sie nicht unter den vorstehenden Absatz fallen, Aufsteckschlüssel für innere Leitungshähne und -ventile, Bedienungseinrichtungen für Sammelheizkessel (Schaufeln, Schürstangen usw.), Dachaussteige- und Schornsteinleitern, Feuerlöschanlagen (Schläuche, Stand- und Strahlrohre für eingebaute Feuerlöschanlagen), Schlüssel für Fenster- und Türverschlüsse usw.

   Zu den Kosten der Gebäude gehören auch die Kosten von Teilabbrüchen innerhalb der Gebäude sowie der etwa angesetzte Wert verwendeter Gebäudeteile.

2. Die Kosten der Außenanlagen

   Das sind die Kosten sämtlicher Bauleistungen, die für die Herstellung der Außenanlagen erforderlich sind. Hierzu gehören

   a) die Kosten der Entwässerungs- und Versorgungsanlagen vom Hausanschluß ab bis an das öffentliche Netz oder an nichtöffentliche Anlagen, die Daueranlagen sind (I3d), außerdem alle anderen Entwässerungs- und Versorgungsanlagen außerhalb der Gebäude, Kleinkläranlagen, Sammelgruben, Brunnen, Zapfstellen usw.,

b) die Kosten für das Anlegen von Höfen, Wegen und Einfriedungen, nichtöffentlichen Spielplätzen usw.,

c) die Kosten der Gartenanlagen und Pflanzungen, die nicht zu den besonderen Betriebseinrichtungen gehören, der nicht mit einem Gebäude verbundenen Freitreppen, Stützmauern, fest eingebauten Flaggenmaste, Teppichklopfstangen, Wäschepfähle usw.,

d) die Kosten sonstiger Außenanlagen, z.B. Luftschutzaußenanlagen, Kosten für Teilabbrüche außerhalb der Gebäude, soweit sie nicht zu den Kosten für das Herrichten des Baugrundstücks gehören.

Zu den Kosten der Außenanlagen gehören auch

die Kosten aller eingebauten oder mit den Außenanlagen fest verbundenen Sachen,

die Kosten aller vom Bauherrn erstmalig zu beschaffenden, nicht eingebauten oder nicht fest verbundenen Sachen an und in den Außenanlagen, z.B. Aufsteckschlüssel für äußere Leitungshähne und -ventile, Feuerlöschanlagen (Schläuche, Stand- und Strahlrohre für äußere Feuerlöschanlagen).

3. Die Baunebenkosten

Das sind

a) Kosten der Architekten- und Ingenieurleistungen; diese Leistungen umfassen namentlich Planungen, Ausschreibungen, Bauleitung, Bauführung und Bauabrechnung,

b) Kosten der dem Bauherrn obliegenden Verwaltungsleistungen bei Vorbereitung und Durchführung des Bauvorhabens,

c) Kosten der Behördenleistungen; hierzu gehören die Kosten der Prüfungen und Genehmigungen der Behörden oder Beauftragten der Behörden,

d) folgende Kosten:

aa) Kosten der Beschaffung der Finanzierungsmittel, z.B. Maklerprovisionen, Gerichts- und Notarkosten, einmalige Geldbeschaffungskosten (Hypothekendisagio, Kreditprovisionen und Spesen, Wertberechnungs- und Bearbeitungsgebühren, Bereitstellungskosten usw.),

bb) Kapitalkosten und Erbbauzinsen, die auf die Bauzeit entfallen, cc) Kosten der Beschaffung und Verzinsung der Zwischenfinanzierungsmittel einschließlich der gestundeten Geldbeschaffungskosten (Disagiodarlehen),

dd) Steuerbelastungen des Baugrundstücks, die auf die Bauzeit entfallen,

ee) Kosten der Beschaffung von Darlehen und Zuschüssen zur Deckung von laufenden Aufwendungen, Fremdkapitalkosten, Annuitäten und Bewirtschaftungskosten,

e) sonstige Nebenkosten, z.B. die Kosten der Bauversicherungen während der Bauzeit, der Bauwache, der Baustoffprüfungen des Bauherrn, der Grundsteinlegungs- und Richtfeier.

4. Die Kosten der besonderen Betriebseinrichtungen

Das sind z.B. die Kosten für Personen- und Lastenaufzüge, Müllbeseitigungsanlagen, Hausfernsprecher, Uhrenanlagen, gemeinschaftliche Wasch- und Badeeinrichtungen usw.

5. Die Kosten des Gerätes und sonstiger Wirtschaftsausstattungen

Das sind

die Kosten für alle vom Bauherrn erstmalig zu beschaffenden beweglichen Sachen, die nicht unter die Kosten der Gebäude oder der Außenanlagen fallen, z.B. Asche- und Müllkästen, abnehmbare Fahnen, Fenster- und Türbehänge, Feuerlösch- und Luftschutzgerät, Haus- und Stallgerät usw.,

die Kosten für Wirtschaftsausstattungen bei Kleinsiedlungen usw., z.B. Ackergerät, Dünger, Kleinvieh, Obstbäume, Saatgut.

Anlage 2
(zu den §§ 11a und 34 Abs. 1)

Berechnung des umbauten Raumes

Der umbaute Raum ist in m^3 anzugeben.

1.1 Voll anzurechnen ist der umbaute Raum eines Gebäudes, der umschlossen wird:

1.11 seitlich von den Außenflächen der Umfassungen,

1.12 unten

1.121 bei unterkellerten Gebäuden von den Oberflächen der untersten Geschoßfußböden,

1.122 bei nichtunterkellerten Gebäuden von der Oberfläche des Geländes. Liegt der Fußboden des untersten Geschosses tiefer als das Gelände, gilt Abschnitt 1.121,

1.13 oben

1.131 bei nichtausgebautem Dachgeschoß von den Oberflächen der Fußböden über den obersten Vollgeschossen,

1.132 bei ausgebautem Dachgeschoß, bei Treppenhausköpfen und Fahrstuhlschächten von den Außenflächen der umschließenden Wände und Decken. (Bei Ausbau mit Leichtbauplatten sind die begrenzenden Außenflächen durch die Außen- oder Oberkante der Teile zu legen, welche diese Platten unmittelbar tragen),

1.133 bei Dachdecken, die gleichzeitig die Decke des obersten Vollgeschosses bilden, von den Oberflächen der Tragdecke oder Balkenlage,

1.134 bei Gebäuden oder Bauteilen ohne Geschoßdecken von den Außenflächen des Daches, vgl. Abschnitt 1.35.

1.2 Mit einem Drittel anzurechnen ist der umbaute Raum des nichtausgebauten Dachraumes, der umschlossen wird von den Flächen nach Abschnitt 1.131 oder 1.132 und den Außenflächen des Daches.

1.3 bei den Berechnungen nach Abschnitt 1.1 und 1.2 ist:

1.31 die Gebäudegrundfläche nach den Rohbaumaßen des Erdgeschosses zu berechnen,

1.32 bei wesentlich verschiedenen Geschoßgrundflächen der umbaute Raum geschoßweise zu berechnen,

1.33 nicht abzuziehen der umbaute Raum, der gebildet wird von:

1.331 äußeren Leibungen von Fenstern und Türen und äußeren Nischen in den Umfassungen,

1.332 Hauslauben (Loggien), d.h. an höchstens zwei Seitenflächen offenen, im übrigen umbauten Räumen,

1.34 nicht hinzuzurechnen der umbaute Raum, den folgende Bauteile bilden:

1.341 stehende Dachfenster und Dachaufbauten mit einer vorderen Ansichtsfläche bis zu je 2 m^2 (Dachaufbauten mit größerer Ansichtsfläche siehe Abschnitt 1.42),

1.342 Balkonplatten und Vordächer bis zu 0,5 m Ausladung (weiter ausladende Balkonplatten und Vordächer siehe Abschnitt 1.44),

1.343 Dachüberstände, Gesimse, ein bis drei nichtunterkellerte, vorgelagerte Stufen, Wandpfeiler, Halbsäulen und Pilaster,

1.344 Gründungen gewöhnlicher Art, deren Unterfläche bei unterkellerten Bauten nicht tiefer als 0,5 m unter der Oberfläche des Kellergeschoßfußbodens, bei nichtunterkellerten Bauten nicht tiefer als 1 m unter der Oberfläche des umgebenden Geländes liegt (Gründungen außergewöhnlicher Art und Tiefe siehe Abschnitt 1.48),

1.345 Kellerlichtschächte und Lichtgräben,

1.35 für Teile eines Baues, deren Innenraum ohne Zwischendecken bis zur Dachfläche durchgeht, der umbaute Raum getrennt zu berechnen, vgl. Abschnitt 1.134,

1.36 für zusammenhängende Teile eines Baues, die sich nach dem Zweck und deshalb in der Art des Ausbaues wesentlich von den übrigen Teilen unterscheiden, der umbaute Raum getrennt zu berechnen.

1.4 Von der Berechnung des umbauten Raumes nicht erfaßt werden folgende (besonders zu veranschlagende) Bauausführungen und Bauteile:

1.41 geschlossene Anbauten in leichter Bauart und mit geringwertigem Ausbau und offene Anbauten, wie Hallen, Überdachungen (mit oder ohne Stützen) von Lichthöfen, Unterfahrten auf Stützen, Veranden,

1.42 Dachaufbauten mit vorderen Ansichtsflächen von mehr als 2 m^2 und Dachreiter

1.43 Brüstungen von Balkonen und begehbaren Dachflächen,

1.44 Balkonplatten und Vordächer mit mehr als 0,5 m Ausladung,

1.45 Freitreppen mit mehr als 3 Stufen und Terrassen (und ihre Brüstungen),

1.46 Füchse, Gründungen für Kessel und Maschinen,

1.47 freistehende Schornsteine und der Teil von Hausschornsteinen, der mehr als 1 m über den Dachfirst hinausragt,

1.48 Gründungen außergewöhnlicher Art, wie Pfahlgründungen und Gründungen außergewöhnlicher Tiefe, deren Unterfläche tiefer liegt als im Abschnitt 1.344 angegeben,

1.49 wasserdruckhaltende Dichtungen.

Anlage 3
(zu § 27 Abs. 1)

Aufstellung der Betriebskosten

Betriebskosten sind nachstehende Kosten, die dem Eigentümer (Erbbauberechtigten) durch das Eigentum (Erbbaurecht) am Grundstück oder durch den bestimmungsmäßigen Gebrauch des Gebäudes oder der Wirtschaftseinheit, der Nebengebäude, Anlagen, Einrichtungen und des Grundstücks laufend entstehen, es sei denn, daß sie üblicherweise vom Mieter außerhalb der Miete unmittelbar getragen werden:

1. **Die laufenden öffentlichen Lasten des Grundstücks**

   Hierzu gehört namentlich die Grundsteuer, jedoch nicht die Hypothekengewinnabgabe.

2. **Die Kosten der Wasserversorgung**

   Hierzu gehören die Kosten des Wasserverbrauchs, die Grundgebühren und die Zählermiete, die Kosten der Verwendung von Zwischenzählern, die Kosten des Betriebs einer hauseigenen Wasserversorgungsanlage und einer Wasseraufbereitungsanlage einschließlich der Aufbereitungsstoffe.

3. **Die Kosten der Entwässerung**

   Hierzu gehören die Gebühren für die Haus- und Grundstücksentwässerung, die Kosten des Betriebs einer entsprechenden nicht öffentlichen Anlage und die Kosten des Betriebs einer Entwässerungspumpe.

4. **Die Kosten**

   a) des Betriebs der zentralen Heizungsanlage einschließlich der Abgasanlage;

   hierzu gehören die Kosten der verbrauchten Brennstoffe und ihrer Lieferung, die Kosten des Betriebsstroms, die Kosten der Bedienung, Überwachung und Pflege der Anlage, der regelmäßigen Prüfung ihrer Betriebsbereitschaft und Betriebssicherheit einschließlich der Einstellung durch einen Fachmann, der Reinigung der Anlage und des Betriebsraums, die Kosten der Messungen nach dem Bundes-Immissionsschutzgesetz, die Kosten der Anmietung oder anderer Arten der Gebrauchsüberlassung einer Ausstattung zur Verbrauchserfassung sowie die Kosten der Verwendung einer Ausstattung zur Verbrauchserfassung einschließlich der Kosten der Berechnung und Aufteilung; oder

b) des Betriebs der zentralen Brennstoffversorgungsanlage;

hierzu gehören die Kosten der verbrauchten Brennstoffe und ihrer Lieferung, die Kosten des Betriebsstroms und die Kosten der Überwachung sowie die Kosten der Reinigung der Anlage und des Betriebsraums;
oder

c) der eigenständig gewerblichen Lieferung von Wärme, auch aus Anlagen im Sinne des Buchstabens a;

hierzu gehören das Entgelt für die Wärmelieferung und die Kosten des Betriebs der zugehörigen Hausanlagen entsprechend Buchstabe a;
oder

d) der Reinigung und Wartung von Etagenheizungen;

hierzu gehören die Kosten der Beseitigung von Wasserablagerungen und Verbrennungsrückständen in der Anlage, die Kosten der regelmäßigen Prüfung der Betriebsbereitschaft und Betriebssicherheit und der damit zusammenhängenden Einstellung durch einen Fachmann sowie die Kosten der Messungen nach dem Bundes-Immissionsschutzgesetz.

5. **Die Kosten**

a) des Betriebs der zentralen Warmwasserversorgungsanlage;

hierzu gehören die Kosten der Wasserversorgung entsprechend Nummer 2, soweit sie nicht dort bereits berücksichtigt sind, und die Kosten der Wassererwärmung entsprechend Nummer 4 Buchstabe a;
oder

b) der eigenständig gewerblichen Lieferung von Warmwasser, auch aus Anlagen im Sinne des Buchstabens a;

hierzu gehören das Entgelt für die Lieferung des Warmwassers und die Kosten des Betriebs der zugehörigen Hausanlagen entsprechend Nummer 4 Buchstabe a;
oder

c) der Reinigung und Wartung von Warmwassergeräten;

hierzu gehören die Kosten der Beseitigung von Wasserablagerungen und Verbrennungsrückständen im Innern der Geräte sowie die Kosten der regelmäßigen Prüfung der Betriebsbereitschaft und Betriebssicherheit und der damit zusammenhängenden Einstellung durch einen Fachmann.

6. **Die Kosten verbundener Heizungs- und Warmwasserversorgungsanlagen**
   a) bei zentralen Heizungsanlagen entsprechend Nummer 4 Buchstabe a und entsprechend Nummer 2, soweit sie nicht dort bereits berücksichtigt sind;
   oder
   b) bei der eigenständig gewerblichen Lieferung von Wärme entsprechend Nummer 4 Buchstabe c und entsprechend Nummer 2, soweit sie nicht dort bereits berücksichtigt sind;
   oder
   c) bei verbundenen Etagenheizungen und Warmwasserversorgungsanlagen entsprechend Nummer 4 Buchstabe d und entsprechend Nummer 2, soweit sie nicht dort bereits berücksichtigt sind.
7. **Die Kosten des Betriebs des maschinellen Personen- oder Lastenaufzuges**
   Hierzu gehören die Kosten des Betriebsstroms, die Kosten der Beaufsichtigung, der Bedienung, Überwachung und Pflege der Anlage, der regelmäßigen Prüfung ihrer Betriebsbereitschaft und Betriebssicherheit einschließlich der Einstellung durch einen Fachmann sowie die Kosten der Reinigung der Anlage.
8. **Die Kosten der Straßenreinigung und Müllabfuhr**
   Hierzu gehören die für die öffentliche Straßenreinigung und Müllabfuhr zu entrichtenden Gebühren oder die Kosten entsprechender nicht öffentlicher Maßnahmen.
9. **Die Kosten der Hausreinigung und Ungezieferbekämpfung**
   Zu den Kosten der Hausreinigung gehören die Kosten für die Säuberung der von den Bewohnern gemeinsam benutzten Gebäudeteile, wie Zugänge, Flure, Treppen, Keller, Bodenräume, Waschküchen, Fahrkorb des Aufzuges.
10. **Die Kosten der Gartenpflege**
    Hierzu gehören die Kosten der Pflege gärtnerisch angelegter Flächen einschließlich der Erneuerung von Pflanzen und Gehölzen, der Pflege von Spielplätzen einschließlich der Erneuerung von Sand und der Pflege von Plätzen, Zugängen und Zufahrten, die dem nicht öffentlichen Verkehr dienen.
11. **Die Kosten der Beleuchtung**
    Hierzu gehören die Kosten des Stroms für die Außenbeleuchtung und die Beleuchtung der von den Bewohnern gemeinsam benutzten Gebäudeteile, wie Zugänge, Flure, Treppen, Keller, Bodenräume, Waschküchen.

12. **Die Kosten der Schornsteinreinigung**

Hierzu gehören die Kehrgebühren nach der maßgebenden Gebührenordnung, soweit sie nicht bereits als Kosten nach Nummer 4 Buchstabe a berücksichtigt sind.

13. **Die Kosten der Sach- und Haftpflichtversicherung**

Hierzu gehören namentlich die Kosten der Versicherung des Gebäudes gegen Feuer-, Sturm- und Wasserschäden, der Glasversicherung, der Haftpflichtversicherung für das Gebäude, den Öltank und den Aufzug.

14. **Die Kosten für den Hauswart**

Hierzu gehören die Vergütung, die Sozialbeiträge und alle geldwerten Leistungen, die der Eigentümer (Erbbauberechtigte) dem Hauswart für seine Arbeit gewährt, soweit diese nicht die Instandhaltung, Instandsetzung, Erneuerung, Schönheitsreparaturen oder die Hausverwaltung betrifft.

Soweit Arbeiten vom Hauswart ausgeführt werden, dürfen Kosten für Arbeitsleistungen nach den Nummern 2 bis 10 nicht angesetzt werden.

15. **Die Kosten**

a) des Betriebs der Gemeinschafts-Antennenanlage;

hierzu gehören die Kosten des Betriebsstroms und die Kosten der regelmäßigen Prüfung ihrer Betriebsbereitschaft einschließlich der Einstellung durch einen Fachmann oder das Nutzungsentgelt für eine nicht zur Wirtschaftseinheit gehörende Antennenanlage;

oder

b) des Betriebs der mit einem Breitbandkabelnetz verbundenen privaten Verteilanlage;

hierzu gehören die Kosten entsprechend Buchstabe a, ferner die laufenden monatlichen Grundgebühren für Breitbandanschlüsse.

16. **Die Kosten des Betriebs der maschinellen Wascheinrichtung**

Hierzu gehören die Kosten des Betriebsstroms, die Kosten der Überwachung, Pflege und Reinigung der maschinellen Einrichtung, der regelmäßigen Prüfung ihrer Betriebsbereitschaft und Betriebssicherheit sowie die Kosten der Wasserversorgung entsprechend Nummer 2, soweit sie nicht dort bereits berücksichtigt sind.

17. **Sonstige Betriebskosten**

Das sind die in den Nummern 1 bis 16 nicht genannten Betriebskosten, namentlich die Betriebskosten von Nebengebäuden, Anlagen und Einrichtungen.

Bekanntmachung der Neufassung der Neubaumietenverordnung 1970

Vom 12. Oktober 1990

Auf Grund des Artikels 3 der Dritten Verordnung zur Änderung wohnungsrechtlicher Vorschriften vom 20. August 1990 (BGBl. I S. 1813) wird nachstehend der Wortlaut der Neubaumietenverordnung 1970 in der seit dem 29. August 1990 geltenden Fassung bekanntgemacht. Die Neufassung berücksichtigt:

1. die Fassung der Bekanntmachung der Verordnung vom 5. April 1984 (BGBl. I S. 579),
2. die am 1. Januar 1988 in Kraft getretenen Nummern 1, 4 und 6 und die am 1. Juli 1988 in Kraft getretenen Nummern 2, 3 und 5 des Artikels 2 der Verordnung vom 25. Mai 1988 (BGBl. I S. 643),
3. den am 1. März 1989 in Kraft getretenen Artikel 2 der Verordnung vom 19. Januar 1989 (BGBl. I S. 109),
4. den am 29. August 1990 in Kraft getretenen Artikel 2 der Verordnung vom 20. August 1990 (BGBl. I S. 1813).

Die Rechtsvorschriften wurden erlassen

zu 2. und 3. auf Grund des § 105 Abs. 1 des Zweiten Wohnungsbaugesetzes in der Fassung der Bekanntmachung vom 11. Juli 1985 (BGBl. I S. 1284), geändert durch § 8 Abs. 2 Nr. 11 des Gesetzes vom 14. Juli 1987 (BGBl. I S. 1625), und des § 28 Abs. 1 und 2 des Wohnungsbindungsgesetzes in der Fassung der Bekanntmachung vom 22. Juli 1982 (BGBl. I S. 972),

zu 4. auf Grund des § 105 Abs. 1 des Zweiten Wohnungsbaugesetzes in der Fassung der Bekanntmachung vom 14. August 1990 (BGBl. I S. 1730) und des § 28 Abs. 1 und 2 des Wohnungsbindungsgesetzes in der Fassung der Bekanntmachung vom 22. Juli 1982 (BGBl. I S. 972), Absatz 1 geändert durch Artikel 1 des Gesetzes vom 17. Mai 1990 (BGBl. I S. 934).

Bonn, den 12. Oktober 1990

Der Bundesminister
für Raumordnung, Bauwesen und Städtebau
Gerda Hasselfeldt

Verordnung über die Ermittlung der zulässigen Miete für preisgebundene Wohnungen (Neubaumietenverordnung 1970 - NMV 1970)

Inhaltsübersicht

§

Teil I
Allgemeine Vorschriften

Teil II
Zulässige Miete für öffentlich geförderte Wohnungen

1. Abschnitt
Ermittlung der Kostenmiete

2. Abschnitt
Ermittlung der Vergleichsmiete

Teil III
Zulässige Miete für preisgebundene steuerbegünstigte und frei finanzierte Wohnungen

Teil IV
Umlagen, Zuschläge und Vergütungen

Teil V
Schlußvorschriften

Teil I
Allgemeine Vorschriften

§ 1
Anwendungsbereich der Verordnung

(1) Diese Verordnung ist anzuwenden auf preisgebundene Wohnungen, die nach dem 20. Juni 1948 bezugsfertig geworden sind oder bezugsfertig werden.

(2) Für öffentlich geförderte Wohnungen ist die nach den §§ 8 bis 8b des Wohnungsbindungsgesetzes zulässige Miete nach Maßgabe der Vorschriften der Teile II und IV dieser Verordnung zu ermitteln.

(3) Soweit und solange steuerbegünstigte oder frei finanzierte Wohnungen nach den §§ 87a, 111 oder 88b des Zweiten Wohnungsbaugesetzes preisgebunden sind, ist die nach diesen Vorschriften zulässige Miete nach Maßgabe der Vorschriften der Teile III und IV dieser Verordnung zu ermitteln.

§ 2
Anwendung der Zweiten Berechnungsverordnung

Ist zur Ermittlung der zulässigen Miete eine Wirtschaftlichkeitsberechnung aufzustellen oder die Wohnfläche zu berechnen oder sind die laufenden Aufwendungen zu ermitteln, so sind hierfür die Vorschriften der Zweiten Berechnungsverordnung in der jeweils geltenden Fassung anzuwenden.

Teil II
Zulässige Miete für öffentlich geförderte Wohnungen

1. Abschnitt
Ermittlung der Kostenmiete

§ 3
Erstmalige Ermittlung der Kostenmiete

(1) Die Kostenmiete umfaßt als zulässige Miete für öffentlich geförderte Wohnungen die Einzelmiete sowie Umlagen, Zuschläge und Vergütungen, soweit diese nach den §§ 20 bis 27 zulässig sind.

(2) Bei der erstmaligen Ermittlung der Kostenmiete ist auszugehen von dem Mietbetrag, der sich für die öffentlich geförderten Wohnungen des Gebäudes oder der Wirtschaftseinheit als Durchschnittsmiete für den Quadratmeter Wohnfläche monatlich ergibt. Die Durchschnittsmiete ist auf der Grundlage der Wirtschaftlichkeitsberechnung, die der Bewilligung der öffentlichen Mittel

zugrunde gelegen hat, aus dem Gesamtbetrag der laufenden Aufwendungen nach Abzug von Vergütungen zu errechnen. Bei Wohnungen, für welche die öffentlichen Mittel nach dem 31. Dezember 1956 bewilligt worden sind, ist von der Durchschnittsmiete auszugehen, die die Bewilligungsstelle auf Grund der Wirtschaftlichkeitsberechnung bei der Bewilligung der öffentlichen Mittel genehmigt hat.

(3) Auf der Grundlage der Durchschnittsmiete hat der Vermieter die Einzelmieten der Wohnungen nach deren Wohnfläche zu berechnen und dabei selbstverantwortlich den unterschiedlichen Wohnwert der Wohnungen, insbesondere Lage, Ausstattung und Zuschnitt, angemessen zu berücksichtigen. Die Summe der Einzelmieten darf den Betrag nicht übersteigen, der sich aus der Vervielfältigung der Durchschnittsmiete mit der nach Quadratmetern berechneten Summe der Wohnflächen der öffentlich geförderten Wohnungen, auf die sich die Wirtschaftlichkeitsberechnung bezieht, ergibt.

(4) Hat die Bewilligungsstelle im Hinblick auf eine unterschiedliche Gewährung der öffentlichen Mittel unterschiedliche Durchschnittsmieten genehmigt, so sind die Einzelmieten nach Absatz 3 jeweils auf der Grundlage der für die Wohnungen maßgebenden Durchschnittsmiete zu berechnen.

§ 4
Erhöhung der Kostenmiete infolge Erhöhung der laufenden Aufwendungen

(1) Erhöht sich nach der erstmaligen Ermittlung der Kostenmiete der Gesamtbetrag der laufenden Aufwendungen auf Grund von Umständen, die der Vermieter nicht zu vertreten hat, oder wird durch Gesetz oder Rechtsverordnung ein höherer Ansatz für laufende Aufwendungen in der Wirtschaftlichkeitsberechnung zugelassen, so kann der Vermieter eine neue Wirtschaftlichkeitsberechnung aufstellen. Die sich ergebende erhöhte Durchschnittsmiete bildet vom Zeitpunkt der Erhöhung der laufenden Aufwendungen an die Grundlage der Kostenmiete.

(2) Ist bei Wohnungen, für welche die öffentlichen Mittel nach dem 31. Dezember 1956 bewilligt worden sind, die Erhöhung der laufenden Aufwendungen vor der Anerkennung der Schlußabrechnung, spätestens jedoch vor Ablauf von zwei Jahren nach der Bezugsfertigkeit der Wohnungen eingetreten, so erhöht sich die Durchschnittsmiete nach Absatz 1 nur, wenn oder soweit die Bewilligungsstelle deren Erhöhung genehmigt hat. Die Bewilligungsstelle hat die Erhöhung zu genehmigen, soweit sie sich aus der Wirtschaftlichkeitsberechnung im Rahmen des Absatzes 1 ergibt. Die Genehmigung wirkt auf den Zeitpunkt der Erhöhung der laufenden Aufwendungen, längstens jedoch drei Monate vor Stellung eines Antrags mit prüffähigen Unterlagen zurück. Ist eine Genehmigung nicht erteilt worden, so darf die

Erhöhung der laufenden Aufwendungen auch bei einer späteren Ermittlung der Kostenmiete nicht berücksichtigt werden.

(3) (weggefallen)

(4) Soweit aus öffentlichen Mitteln gewährte Darlehen oder Zuschüsse zur Deckung der laufenden Aufwendungen, insbesondere Zinszuschüsse, aus Gründen, die der Vermieter zu vertreten hat, vor Ablauf des Bewilligungszeitraums nicht mehr oder nur in verminderter Höhe gewährt werden, tritt nach Ablauf des Bewilligungszeitraums eine entsprechende Erhöhung der Durchschnittsmiete ein. Der Vermieter hat es auch zu vertreten, wenn er vor Ablauf des Bewilligungszeitraums auf die Fortgewährung der in Satz 1 bezeichneten Darlehen oder Zuschüsse verzichtet.

(5) Hat sich die Durchschnittsmiete nach den Absätzen 1 bis 4 erhöht, so erhöhen sich die zulässigen Einzelmieten entsprechend ihrem bisherigen Verhältnis zur Durchschnittsmiete. § 3 Abs. 3 Satz 2 gilt entsprechend.

(6) Soweit eine Erhöhung der laufenden Aufwendungen auf Umständen beruht, die nur in der Person einzelner Mieter begründet sind und nicht sämtliche Wohnungen betreffen, tritt eine Erhöhung der Durchschnittsmiete und der Einzelmieten nach den Absätzen 1 und 5 nicht ein. Für die betroffenen Wohnungen ist vom Zeitpunkt der Erhöhung an neben der Einzelmiete ein Zuschlag zur Deckung der erhöhten laufenden Aufwendungen nach § 26 Abs. 1 Nr. 4 zulässig. Die Vorschriften des Absatzes 2 gelten sinngemäß. Bei Wohnungen, die nach dem Gesetz zur Förderung des Bergarbeiterwohnungsbaues im Kohlenbergbau gefördert worden sind, ist ein Zuschlag entsprechend Satz 1 bis 3 auch zulässig, soweit die Erhöhung der laufenden Aufwendungen darauf beruht, daß die als Darlehen gewährten Mittel nach dem 24. Juli 1982 gemäß § 16 des Wohnungsbindungsgesetzes zurückgezahlt, jedoch nur einzelne Wohnungen des Gebäudes oder der Wirtschaftseinheit von der Zweckbindung der Bergarbeiterwohnungen unbefristet freigestellt worden sind.

(7) Die Durchführung einer zulässigen Mieterhöhung gegenüber dem Mieter sowie der Zeitpunkt, von dem an sie wirksam wird, bestimmt sich nach § 10 des Wohnungsbindungsgesetzes, soweit nichts anderes vereinbart ist. Bei der Erläuterung der Mieterhöhung sind die Gründe anzugeben, aus denen sich die einzelnen laufenden Aufwendungen erhöht haben, und die auf die einzelnen laufenden Aufwendungen fallenden Beträge. Dies gilt auch, wenn die Erklärung der Mieterhöhung mit Hilfe automatischer Einrichtungen gefertigt ist.

(8) Ist die jeweils zulässige Miete als vertragliche Miete vereinbart, so gilt für die Durchführung einer Mieterhöhung § 10 Abs. 1 des Wohnungsbindungsgesetzes entsprechend. Auf Grund einer Vereinbarung gemäß Satz 1 darf der

Vermieter eine zulässige Mieterhöhung wegen Erhöhung der laufenden Aufwendungen nur für einen zurückliegenden Zeitraum seit Beginn des der Erklärung vorangehenden Kalenderjahres nachfordern; für einen weiter zurückliegenden Zeitraum kann eine zulässige Mieterhöhung jedoch dann nachgefordert werden, wenn der Vermieter die Nachforderung aus Gründen, die er nicht zu vertreten hat, erst nach dem Ende des auf die Erhöhung der laufenden Aufwendungen folgenden Kalenderjahres geltend machen konnte und sie innerhalb von drei Monaten nach Wegfall der Gründe geltend macht. Auf Grund von Zinserhöhungen nach den §§ 18a bis 18f des Wohnungsbindungsgesetzes ist eine Mieterhöhung für einen zurückliegenden Zeitraum nicht zulässig.

§ 5
Senkung der Kostenmiete infolge Verringerung der laufenden Aufwendungen

(1) Verringert sich nach der erstmaligen Ermittlung der Kostenmiete der Gesamtbetrag der laufenden Aufwendungen oder wird durch Gesetz oder Rechtsverordnung nur ein verringerter Ansatz in der Wirtschaftlichkeitsberechnung zugelassen, so hat der Vermieter unverzüglich eine neue Wirtschaftlichkeitsberechnung aufzustellen. Die sich ergebende verringerte Durchschnittsmiete bildet vom Zeitpunkt der Verringerung der laufenden Aufwendungen an die Grundlage der Kostenmiete. Der Vermieter hat die Einzelmieten entsprechend ihrem bisherigen Verhältnis zur Durchschnittsmiete zu senken. Die Mietsenkung ist den Mietern unverzüglich mitzuteilen; sie ist zu berechnen und entsprechend § 4 Abs. 7 Satz 2 und 3 zu erläutern.

(2) Wird nach § 4 Abs. 6 neben der Einzelmiete ein Zuschlag zur Deckung erhöhter laufender Aufwendungen erhoben, so senkt sich der Zuschlag entsprechend, wenn sich die zugrundeliegenden laufenden Aufwendungen verringern. Absatz 1 Satz 4 gilt sinngemäß.

(3) Sind die Gesamtkosten, Finanzierungsmittel und laufenden Aufwendungen einer zentralen Heizungs- oder Warmwasserversorgungsanlage in der Wirtschaftlichkeitsberechnung enthalten, wird jedoch die Anlage eigenständig gewerblich im Sinne des § 1 Abs. 1 Nr. 2 der Verordnung über Heizkostenabrechnung in der Fassung der Bekanntmachung vom 20. Januar 1989 (BGBl. I S. 115) betrieben, verringern sich die Gesamtkosten, Finanzierungsmittel und laufenden Aufwendungen in dem Maße, in dem sie den Kosten der eigenständig gewerblichen Lieferung von Wärme und Warmwasser zugrunde gelegt werden. Dieser Anteil ist nach den Vorschriften der §§ 33 bis 36 der Zweiten Berechnungsverordnung über die Aufstellung der Teilwirtschaftlichkeitsberechnung zu ermitteln. Absatz 1 gilt entsprechend.

§ 5a
Änderung der Kostenmiete infolge Änderung der Wirtschaftseinheit

(1) Wird nach der erstmaligen Ermittlung der Kostenmiete eine Wirtschaftseinheit aufgeteilt, so hat der Vermieter unverzüglich Wirtschaftlichkeitsberechnungen für die einzelnen Gebäude oder, wenn neue Wirtschaftseinheiten entstanden sind, für die neuen Wirtschaftseinheiten aufzustellen. Wird Wohnungseigentum an den Wohnungen einer Wirtschaftseinheit oder eines Gebäudes begründet, so hat der Vermieter unverzüglich eine Wirtschaftlichkeitsberechnung für die einzelnen Wohnungen aufzustellen.

(2) Sind nach der erstmaligen Ermittlung der Kostenmiete mehrere Gebäude, mehrere Wirtschaftseinheiten oder mehrere Gebäude und Wirtschaftseinheiten mit Zustimmung der Bewilligungsstelle zu einer Wirtschaftseinheit zusammengefaßt worden, so hat der Vermieter unverzüglich eine neue Wirtschaftlichkeitsberechnung für die entstandene Wirtschaftseinheit aufzustellen.

(3) Die Durchschnittsmieten, die sich aus den nach den Absätzen 1 und 2 aufgestellten Wirtschaftlichkeitsberechnungen ergeben, bedürfen der Genehmigung der Bewilligungsstelle. Sie bilden vom Zeitpunkt der Genehmigung an die Grundlage der Kostenmiete. Für die Berechnung der Einzelmieten gilt § 3 Abs. 3. Erhöht sich die zulässige Einzelmiete gegenüber dem Zeitpunkt vor der Genehmigung, gilt § 4 Abs. 7 und Abs. 8 Satz 1. Verringert sich die zulässige Einzelmiete gegenüber dem Zeitpunkt vor der Genehmigung, so hat der Vermieter die Miete zu senken und die Mietsenkung den Mietern unverzüglich mitzuteilen; die Mietsenkung ist zu berechnen und entsprechend § 4 Abs. 7 Satz 2 und 3 zu erläutern.

§ 6
Erhöhung der Kostenmiete wegen baulicher Änderungen

(1) Hat der Vermieter für sämtliche öffentlich geförderten Wohnungen bauliche Änderungen auf Grund von Umständen, die er nicht zu vertreten hat, vorgenommen, so kann er zur Berücksichtigung der hierdurch entstehenden laufenden Aufwendungen eine neue Wirtschaftlichkeitsberechnung aufstellen. Das gleiche gilt, wenn er mit Zustimmung der Bewilligungsstelle solche bauliche Änderungen vorgenommen hat, die eine Modernisierung im Sinne des § 11 Abs. 6 der Zweiten Berechnungsverordnung bewirken; die Zustimmung gilt als erteilt, wenn Mittel aus öffentlichen Haushalten für die Modernisierung bewilligt worden sind. Die sich ergebende erhöhte Durchschnittsmiete bildet vom Ersten des auf die Fertigstellung folgenden Monats an die Grundlage der Kostenmiete. Für die Erhöhung der Einzelmieten gilt § 4 Abs. 5 entsprechend. Soweit die baulichen Änderungen nach Art oder Umfang für die einzelnen Wohnungen unterschiedlich sind, ist dies bei der Berechnung der Einzelmieten angemessen zu berücksichtigen.

(2) Sind die baulichen Änderungen nur für einen Teil der Wohnungen vorgenommen worden, so ist für diese Wohnungen neben der Einzelmiete ein Zuschlag zur Deckung der erhöhten laufenden Aufwendungen nach § 26 Abs. 1 Nr. 4 zulässig; bei einer Modernisierung von unterschiedlichem Umfang gilt für die Höhe des Zuschlags Absatz 1 Satz 5 sinngemäß. Von dem Zeitpunkt an, in dem die baulichen Änderungen für sämtliche Wohnungen durchgeführt worden sind, tritt an die Stelle der Zuschläge zur Einzelmiete eine Erhöhung der Durchschnittsmiete und der Einzelmieten nach den Vorschriften des Absatzes 1.

§ 7
Kostenmiete nach Schaffung neuer Wohnungen durch Ausbau oder Erweiterung des Gebäudes

(1) Werden in einem Gebäude oder einer Wirtschaftseinheit mit öffentlich geförderten Wohnungen durch Ausbau oder Erweiterung neue Wohnungen geschaffen, so ist für die bisherigen öffentlich geförderten Wohnungen die bisherige Wirtschaftlichkeitsberechnung als Teilwirtschaftlichkeitsberechnung weiter maßgebend; die bisherige Durchschnittsmiete und die bisherigen Einzelmieten ändern sich infolge des Ausbaus oder der Erweiterung nicht. Sind durch den Ausbau oder die Erweiterung Zubehörräume der öffentlich geförderten Wohnungen ganz oder teilweise weggefallen und ist hierfür kein gleichwertiger Ersatz geschaffen worden, ist die Einzelmiete der betroffenen Wohnung um einen angemessenen Betrag zu senken.

(2) Werden in einem Gebäude oder einer Wirtschaftseinheit mit öffentlich geförderten Wohnungen durch Ausbau oder Erweiterung neue Wohnungen unter Einsatz öffentlicher Mittel geschaffen, ist bei der Ermittlung der Kostenmiete für diese Wohnungen von der Durchschnittsmiete auszugehen, die auf Grund der für sie gesondert aufgestellten Teilwirtschaftlichkeitsberechnung berechnet und von der Bewilligungsstelle im Bewilligungsbescheid genehmigt worden ist. Auf der Grundlage der genehmigten Durchschnittsmiete sind die Einzelmieten entsprechend § 3 Abs. 3 zu berechnen.

(3) Sind Zubehörräume öffentlich geförderter Wohnungen ohne Genehmigung der Bewilligungsstelle zu Wohnungen ausgebaut worden, so gelten die durch den Ausbau neu geschaffenen Wohnungen von der Bezugsfertigkeit an als öffentlich geförderter preisgebundener Wohnraum. Bei der Ermittlung der Kostenmiete für diese Wohnungen ist von der Durchschnittsmiete auszugehen, die auf Grund der für sie gesondert aufgestellten Teilwirtschaftlichkeitsberechnung berechnet worden ist. Die sich ergebende Durchschnittsmiete bedarf der Genehmigung der Bewilligungsstelle; die Genehmigung wirkt auf den Zeitpunkt der Bezugsfertigkeit der neu geschaffenen Wohnungen, jedoch nicht mehr als vier Jahre zurück. Auf der Grundlage der geneh-

migten Durchschnittsmiete sind die Einzelmieten entsprechend § 3 Abs. 3 zu berechnen. Die Einzelmieten sind vom Ersten des Monats, der auf den in Satz 3 genannten Zeitpunkt folgt, maßgebend.

(4) Sind Zubehörräume öffentlich geförderter Wohnungen ohne Einsatz öffentlicher Mittel mit Genehmigung der Bewilligungsstelle zu Wohnungen ausgebaut worden oder wird der Ausbau nachträglich genehmigt, so gelten die neu geschaffenen Wohnungen von der Bezugsfertigkeit an nicht als öffentlich geförderter preisgebundener Wohnraum.

(5) Die Absätze 1 bis 4 gelten entsprechend, wenn einzelne Räume ausgebaut worden sind, die selbständig vermietet werden.

§ 8
Kostenmiete nach Wohnungsvergrößerung

(1) Sind sämtliche öffentlich geförderten Wohnungen durch Ausbau oder Erweiterung um weitere Wohnräume vergrößert worden, so hat der Vermieter eine neue Wirtschaftlichkeitsberechnung aufzustellen. Die sich ergebende Durchschnittsmiete bedarf der Genehmigung der Bewilligungsstelle; die Genehmigung wirkt auf den Zeitpunkt der Fertigstellung der Wohnungsvergrößerung zurück. Die neuen Einzelmieten sind entsprechend § 3 Abs. 3 zu berechnen; sie treten vom Ersten des auf die Fertigstellung folgenden Monats an an die Stelle der bisher zulässigen Einzelmieten.

(2) Ist nur ein Teil der Wohnungen um weitere Wohnräume vergrößert worden, so ist für die vergrößerten Wohnungen vom Zeitpunkt der Fertigstellung an neben der Einzelmiete ein Zuschlag nach § 26 Abs. 1 Nr. 4 zulässig.

(3) Die Vorschriften des § 4 Abs. 8 gelten entsprechend.

§ 8a
Kostenmiete in Fällen, in denen nur noch ein Teil der Wohnungen als öffentlich gefördert gilt

Gelten nach § 15 Abs. 2 Satz 2 oder § 16 Abs. 2 oder 7 des Wohnungsbindungsgesetzes eine oder mehrere Wohnungen eines Gebäudes oder einer Wirtschaftseinheit nicht mehr als öffentlich gefördert, so bleiben für die übrigen Wohnungen die bisherige Einzelmiete sowie Umlagen, Zuschläge und Vergütungen unverändert. Ändern sich die laufenden Aufwendungen, so bleibt für jede spätere Berechnung der Einzelmiete die bisherige Wirtschaftlichkeitsberechnung mit den zulässigen Ansätzen für Gesamtkosten, Finanzierungsmittel und laufende Aufwendungen in der Weise maßgebend, wie sie für alle bisherigen öffentlich geförderten Wohnungen des Gebäudes oder der Wirtschaftseinheit maßgeblich gewesen wären.

§ 9
Zusatzberechnung, Auszug aus der Wirtschaftlichkeitsberechnung

Zur Berechnung einer Änderung der Durchschnittsmiete kann der Vermieter an Stelle einer neuen Wirtschaftlichkeitsberechnung eine Zusatzberechnung zur bisherigen Wirtschaftlichkeitsberechnung nach § 39a Abs. 1 oder 3 der Zweiten Berechnungsverordnung aufstellen, wenn er dem Mieter bereits eine Wirtschaftlichkeitsberechnung oder einen Auszug daraus gemäß § 39 Abs. 1 Satz 3 der Zweiten Berechnungsverordnung übergeben hatte. Zur Berechnung einer Erhöhung der Durchschnittsmiete kann an Stelle einer neuen Wirtschaftlichkeitsberechnung auch ein Auszug aus der Wirtschaftlichkeitsberechnung nach § 39 Abs. 2 der Zweiten Berechnungsverordnung aufgestellt werden.

§ 10
Mieterleistungen

Einmalige Leistungen des Mieters, die mit Rücksicht auf die Überlassung der Wohnung erbracht werden sollen, sind nur nach Maßgabe des § 9 des Wohnungsbindungsgesetzes zulässig; das gleiche gilt für entsprechende Leistungen eines Dritten zugunsten des Mieters.

2. Abschnitt
Ermittlung der Vergleichsmiete

§ 11
Erstmalige Bestimmung der Vergleichsmiete

(1) Die Vergleichsmiete bestimmt sich erstmalig nach den Einzelmieten solcher öffentlich geförderter Mietwohnungen, die mit der Wohnung nach Art und Ausstattung sowie nach Förderungsjahr und Gemeindegrößenklasse vergleichbar sind (vergleichbare Wohnungen); maßgebend sind die Verhältnisse im Zeitpunkt der Bewilligung der öffentlichen Mittel. Die Einzelmiete der vergleichbaren Wohnung ist mit dem Betrag zugrunde zu legen, der auf den Quadratmeter Wohnfläche monatlich entfällt.

(2) Ist eine vergleichbare Wohnung vom Vermieter nicht festzustellen, so darf als Vergleichsmiete der Miethöchstsatz zugrunde gelegt werden, der im Zeitpunkt der Bewilligung der öffentlichen Mittel von der zuständigen obersten Landesbehörde für öffentlich geförderte Mietwohnungen einer entsprechenden Gemeindegrößenklasse und Ausstattungsstufe bestimmt ist; für Wohnungen mit geringerem Wohnwert, insbesondere für Dachgeschoßwohnungen, ist ein angemessener Abschlag vorzunehmen. Die Bewilligungsstelle hat dem Vermieter auf Verlangen den maßgebenden Miethöchstsatz mitzuteilen.

(3) Hat die Bewilligungsstelle bei der Bewilligung der öffentlichen Mittel, insbesondere im Rahmen einer Lastenberechnung, für die Wohnung unter Berücksichtigung ihres Wohnwertes und des nach Absatz 2 maßgebenden Miethöchstsatzes einen bestimmten Mietbetrag zugrunde gelegt, so bestimmt sich die Vergleichsmiete abweichend von Absatz 2 nach diesem Betrag; das gleiche gilt, wenn der Bauherr in der Lastenberechnung einen derartigen Mietbetrag im Einvernehmen mit der Bewilligungsstelle angesetzt hat. Ist der Mietbetrag aus Gründen, die in der Person des Mieters liegen, unter dem nach Absatz 2 zulässigen Betrag angesetzt worden, so bestimmt sich die Vergleichsmiete nach Absatz 2.

(4) Neben der Vergleichsmiete dürfen Umlagen, Zuschläge und Vergütungen erhoben werden, soweit diese nach § 28 in Verbindung mit den §§ 20 bis 27 zulässig sind. § 10 gilt entsprechend.

§ 12
Änderung der Vergleichsmiete infolge Änderung der laufenden Aufwendungen

(1) Hat sich der Gesamtbetrag der laufenden Aufwendungen gegenüber dem Betrag geändert, der im Zeitpunkt der Bewilligung der öffentlichen Mittel tatsächlich zu entrichten war oder im Rahmen einer Wirtschaftlichkeitsberechnung hätte angesetzt werden können, so ändert sich die Vergleichsmiete vom Ersten des folgenden Monats an um den Änderungsbetrag, der je Monat anteilig auf die Wohnung entfällt, deren Vergleichsmiete zu ermitteln ist. Änderungen der laufenden Aufwendungen, die sich nicht auf diese Wohnung beziehen, bleiben unberücksichtigt. Bei einer Erhöhung der laufenden Aufwendungen tritt eine Änderung der Vergleichsmiete nach Satz 1 nur ein, soweit die Erhöhung auf Umständen beruht, die der Vermieter nicht zu vertreten hat, oder soweit durch Gesetz oder Rechtsverordnung ein höherer Ansatz in der Wirtschaftlichkeitsberechnung zugelassen ist.

(2) Der Änderungsbetrag ist auf Grund einer Zusatzberechnung nach § 39a Abs. 2 der Zweiten Berechnungsverordnung zu ermitteln. Der auf die Wohnung entfallende Anteil ist nach dem Verhältnis der Wohnflächen der einzelnen Wohnungen des Gebäudes zueinander zu berechnen; soweit sich laufende Aufwendungen geändert haben, die sich ausschließlich auf die Wohnung beziehen, sind diese in voller Höhe anzurechnen.

(3) Für die Durchführung einer Erhöhung oder Senkung der Vergleichsmiete gegenüber dem Mieter gelten die Vorschriften des § 4 Abs. 7 und 8 sowie des § 5 Abs. 1 Satz 4 entsprechend.

(4) Für erneute Änderungen des Gesamtbetrages der laufenden Aufwendungen nach einer Änderung gemäß Absatz 1 gelten die Absätze 1 bis 3 sinngemäß.

§ 13
Erhöhung der Vergleichsmiete wegen baulicher Änderungen

(1) Hat der Vermieter für sämtliche öffentlich geförderten Wohnungen bauliche Änderungen auf Grund von Umständen, die er nicht zu vertreten hat, vorgenommen oder hat er mit Zustimmung der Bewilligungsstelle solche bauliche Änderungen vorgenommen, die eine Modernisierung im Sinne des § 11 Abs. 6 der Zweiten Berechnungsverordnung bewirken, so erhöht sich die nach § 11 oder § 12 zulässige Vergleichsmiete vom Ersten des auf die Fertigstellung folgenden Monats an um die zusätzlichen laufenden Aufwendungen, die durch die baulichen Änderungen entstanden sind und je Monat auf die Wohnungen anteilig entfallen. Die Zustimmung gilt als erteilt, wenn Mittel aus öffentlichen Haushalten für die Modernisierung bewilligt worden sind.

(2) Der Erhöhungsbetrag ist auf Grund einer Zusatzberechnung nach § 39a Abs. 4 der Zweiten Berechnungsverordnung zu ermitteln. Für die Aufteilung des Erhöhungsbetrages auf die einzelnen Wohnungen bei unterschiedlichen baulichen Änderungen gilt § 6 Abs. 1 Satz 5 entsprechend.

(3) Bei baulichen Änderungen, die nur für einen Teil der Wohnungen vorgenommen werden, gelten die Vorschriften des § 6 Abs. 2 sinngemäß.

§ 14
Vergleichsmiete nach Ausbau von Zubehörräumen und Wohnungsvergrößerung

(1) Sind Zubehörräume öffentlich geförderter Wohnungen, für die die Vergleichsmiete die zulässige Miete ist, ohne Genehmigung der Bewilligungsstelle zu einer Wohnung ausgebaut worden, so bestimmt sich für diese Wohnung die Vergleichsmiete erstmalig nach den Einzelmieten vergleichbarer Wohnungen. Ist eine vergleichbare Wohnung vom Vermieter nicht festzustellen, so gelten die Vorschriften des § 11 Abs. 2 entsprechend; maßgebend sind die Verhältnisse im Zeitpunkt der Bezugsfertigkeit der Wohnung.

(2) Sind Zubehörräume öffentlich geförderter Wohnungen, für die die Vergleichsmiete die zulässige Miete ist, mit Genehmigung der Bewilligungsstelle zu einer Wohnung ausgebaut worden oder wird der Ausbau nachträglich genehmigt, so gilt die neugeschaffene Wohnung von der Bezugsfertigkeit an nicht als öffentlich geförderter preisgebundener Wohnraum.

(3) Für die Wohnungen, deren Zubehörräume ausgebaut und nicht durch anderen Zubehörraum ersetzt worden sind, ist die bisher zulässige Vergleichsmiete um einen angemessenen Betrag zu senken.

(4) Die Absätze 1 bis 3 gelten entsprechend, wenn die Zubehörräume zu einzelnen Wohnräumen ausgebaut worden sind, die selbständig vermietet werden.

(5) Die Vergleichsmiete einer Wohnung, die durch Ausbau oder Erweiterung um weitere Wohnräume vergrößert worden ist, erhöht sich in dem Verhältnis, in dem die bisherige Wohnfläche vergrößert worden ist.

(6) Für Änderungen der nach Absatz 1, 3 oder 5 ermittelten Vergleichsmiete gelten die Vorschriften der §§ 12 und 13.

§ 15
Übergang von der Vergleichsmiete zur Kostenmiete

(1) Auf Antrag des Vermieters kann die zuständige Stelle genehmigen, daß an Stelle der nach den §§ 11 bis 14 zulässigen Vergleichsmiete die Kostenmiete erhoben wird.

(2) Für Eigenheime, Kaufeigenheime und Kleinsiedlungen mit einer Wohnung und für Eigentumswohnungen soll der Übergang zur Kostenmiete genehmigt werden, wenn der Vermieter die Eigennutzung der Wohnung auf Grund von Umständen, die er nicht zu vertreten hat, aufgeben muß oder wenn aus sonstigen Gründen für ihn die Vergleichsmiete als zulässige Miete unbillig wäre.

(3) Für eine vermietete zweite Wohnung in einem Eigenheim, einem Kaufeigenheim oder einer Kleinsiedlung darf der Übergang zur Kostenmiete nur genehmigt werden, wenn das Beibehalten der Vergleichsmiete für den Vermieter unter Berücksichtigung aller Umstände des Einzelfalles unbillig wäre und wenn die Vermietbarkeit der Wohnung an Wohnberechtigte im Sinne des § 5 des Wohnungsbindungsgesetzes durch den Übergang zur Kostenmiete nicht ausgeschlossen oder erheblich erschwert wird.

(4) Die Kostenmiete ist auf Grund einer Wirtschaftlichkeitsberechnung nach den Verhältnissen im Zeitpunkt der Bewilligung der öffentlichen Mittel unter Berücksichtigung der seitdem eingetretenen Änderungen der laufenden Aufwendungen zu ermitteln. Auf der Grundlage der sich ergebenden Durchschnittsmiete ist für die in Absatz 3 bezeichnete Wohnung die Einzelmiete entsprechend § 3 Abs. 3 zu berechnen; dabei sind neben dem unterschiedlichen Wohnwert auch sonstige Umstände, die für die Höhe der Einzelmiete im Vergleich zum Mietwert der Hauptwohnung von Bedeutung sind, namentlich eine ungleiche Grundstücksnutzung und das Fehlen von Zubehörraum, angemessen zu berücksichtigen. Bei einer Einliegerwohnung darf die Einzelmiete je Quadratmeter Wohnfläche höchstens 80 vom Hundert der Durchschnittsmiete betragen.

(5) Mit dem Zugang des Genehmigungsbescheides tritt die Kostenmiete als zulässige Miete an die Stelle der Vergleichsmiete. In den Fällen des Absatzes 3 ist die nach Absatz 4 berechnete Einzelmiete, die in dem Genehmigungsbescheid bezeichnet ist, maßgebend.

(6) Für Änderungen der Kostenmiete gelten die Vorschriften der §§ 4 bis 9. Der Unterschied der nach Absatz 4 erstmalig berechneten Einzelmiete gegenüber der Durchschnittsmiete ist auch bei späteren Änderungen der Durchschnittsmiete zu erhalten, es sei denn, daß sich die zugrundeliegenden Änderungen der laufenden Aufwendungen nicht auf die Wohnung beziehen, deren Einzelmiete zu errechnen ist.

Teil III
Zulässige Miete für preisgebundene steuerbegünstigte und frei finanzierte Wohnungen

§ 16
Ermittlung der Kostenmiete für Wohnungen, die mit Wohnungsfürsorgemitteln gefördert sind

(1) Wird für steuerbegünstigte oder frei finanzierte Wohnungen, die mit Wohnungsfürsorgemitteln für Angehörige des öffentlichen Dienstes oder ähnliche Personengruppen unter Vereinbarung eines Wohnungsbesetzungsrechts gefördert worden sind, die Kostenmiete erstmalig ermittelt, so ist von dem Mietbetrag auszugehen, der sich für diese Wohnungen auf Grund einer Wirtschaftlichkeitsberechnung als Durchschnittsmiete für den Quadratmeter Wohnfläche monatlich ergibt.

(2) Die Wirtschaftlichkeitsberechnung ist nach den Vorschriften der Zweiten Berechnungsverordnung aufzustellen, die für den steuerbegünstigten Wohnungsbau und für Wohnungen, die mit Wohnungsfürsorgemitteln gefördert worden sind, gelten. Dabei sind die Verhältnisse im Zeitpunkt der Bezugsfertigkeit der Wohnungen zugrunde zu legen.

(3) Auf der Grundlage der Durchschnittsmiete hat der Vermieter für die einzelnen Wohnungen des Gebäudes oder der Wirtschaftseinheit die Einzelmieten entsprechend § 3 Abs. 3 zu berechnen. Die für die Bewilligung der Wohnungsfürsorgemittel zuständige Stelle kann Maßstäbe für die Staffelung der Einzelmieten festsetzen. Die Vorschriften des § 3 Abs. 1 gelten entsprechend.

(4) Für nach der Bezugsfertigkeit der Wohnungen eintretende Änderungen der Kostenmiete infolge Änderung der laufenden Aufwendungen gelten die Vorschriften des § 4 Abs. 1, 4, 5, Abs. 6 Satz 1, und 2, Abs. 7 und 8, des § 5,

des § 5a Abs. 1, 2 und Abs. 3 Satz 2 bis 5 und des § 9 entsprechend, § 5a Abs. 3 Satz 2 bis 5 jedoch mit der Maßgabe, daß an die Stelle des Zeitpunkts der Genehmigung im Falle der Aufteilung der Zeitpunkt der Aufstellung der Wirtschaftlichkeitsberechnung, im Falle der Zusammenfassung der Zeitpunkt der Zustimmung des Darlehns- oder Zuschußgebers zur Zusammenfassung tritt. Sind die Wohnungsfürsorgemittel vorzeitig zurückgezahlt oder abgelöst und durch andere Finanzierungsmittel mit höheren Kapitalkosten, als sie zuletzt tatsächlich zu entrichten waren, ersetzt worden, so tritt auf Grund dieser Ersetzung eine Erhöhung der Kostenmiete vor Ablauf des Wohnungsbesetzungsrechts nicht ein.

(5) Hat der Vermieter nach der Bezugsfertigkeit der Wohnungen bauliche Änderungen auf Grund von Umständen, die er nicht zu vertreten hat, oder solche bauliche Änderungen, die eine Modernisierung im Sinne des § 11 Abs. 6 der Zweiten Berechnungsverordnung bewirken, vorgenommen, so gelten für die Erhöhung der Kostenmiete die Vorschriften des § 6 und des § 9 Satz 1 entsprechend.

(6) Werden in einem Gebäude oder einer Wirtschaftseinheit mit in Absatz 1 bezeichneten Wohnungen durch Ausbau oder Erweiterung neue Wohnungen geschaffen, sind die Vorschriften des § 7 Abs. 1, 2 und 5 und des § 26 Abs. 7 sinngemäß anzuwenden. Werden Zubehörräume der in Absatz 1 bezeichneten Wohnungen zu Wohnungen oder Wohnräumen ausgebaut, so gelten die neugeschaffenen Wohnungen oder Räume nicht als preisgebundener Wohnraum.

(7) Für die Vergrößerung der in Absatz 1 bezeichneten Wohnungen um weitere Wohnräume gelten die Vorschriften des § 8 sinngemäß.

(8) Vertragliche Vereinbarungen mit der für die Bewilligung der Wohnungsfürsorgemittel zuständigen Stelle, wonach die Modernisierung, der Ausbau von Zubehörräumen oder Wohnungsvergrößerungen der Genehmigung bedürfen, bleiben unberührt.

§ 17
Ermittlung der Kostenmiete für Wohnungen, die mit Aufwendungszuschüssen oder Aufwendungsdarlehen gefördert sind

(1) Wird für steuerbegünstigte Wohnungen, die mit Aufwendungszuschüssen oder Aufwendungsdarlehen nach § 88 des Zweiten Wohnungsbaugesetzes gefördert worden sind, die Kostenmiete erstmalig ermittelt, so ist von dem Mietbetrag auszugehen, der sich für diese Wohnungen auf Grund einer Wirtschaftlichkeitsberechnung als Durchschnittsmiete für den Quadratmeter Wohnfläche monatlich ergibt und von der für die Bewilligung der Mittel zuständigen Stelle genehmigt worden ist.

(2) Die Wirtschaftlichkeitsberechnung ist entsprechend den für öffentlich geförderte Wohnungen geltenden Vorschriften der Zweiten Berechnungsverordnung aufzustellen; dabei sind die Verhältnisse im Zeitpunkt der Bewilligung der Mittel zugrunde zu legen.

(3) Die zuständige Bewilligungsstelle hat die sich aus der Wirtschaftlichkeitsberechnung ergebende Durchschnittsmiete zu genehmigen und dem Vermieter die genehmigte Durchschnittsmiete mitzuteilen.

(4) Auf der Grundlage der genehmigten Durchschnittsmiete hat der Vermieter für die einzelnen Wohnungen des Gebäudes oder der Wirtschaftseinheit die Einzelmieten entsprechend § 3 Abs. 3 und 4 zu berechnen. Die Vorschriften des § 3 Abs. 1 gelten entsprechend.

(5) Für nach der Genehmigung der Durchschnittsmiete eintretende Änderungen der Kostenmiete infolge Änderung der laufenden Aufwendungen, infolge Änderung der Wirtschaftseinheit oder wegen baulicher Änderungen gelten die Vorschriften der §§ 4 bis 6 und 9 entsprechend.

(6) Bei den in § 16 bezeichneten Wohnungen, die auch mit Aufwendungszuschüssen oder Aufwendungsdarlehen gefördert worden sind, sind an Stelle der Absätze 1 bis 5 nur die Vorschriften des § 16 anzuwenden.

(7) Für die in Absatz 1 bezeichneten Wohnungen gelten hinsichtlich der Zulässigkeit von Mieterleistungen die Vorschriften des § 10 entsprechend.

(8) Die Vorschriften der Absätze 1 bis 6 gelten entsprechend für diejenigen steuerbegünstigten Wohnungen, die mit Annuitätszuschüssen nach § 88 des Zweiten Wohnungsbaugesetzes in der bis zum 31. Dezember 1971 geltenden Fassung gefördert worden und nach dem 31. Dezember 1966 bezugsfertig geworden sind.

§ 18
Ermittlung der Vergleichsmiete für Wohnungen, die mit Aufwendungszuschüssen oder Aufwendungsdarlehen gefördert sind

(1) Die Vergleichsmiete für steuerbegünstigte Wohnungen in Eigenheimen und Kleinsiedlungen, die ohne Vorlage einer Wirtschaftlichkeitsberechnung oder auf Grund einer vereinfachten Wirtschaftlichkeitsberechnung mit Aufwendungszuschüssen oder Aufwendungsdarlehen nach § 88 des Zweiten Wohnungsbaugesetzes gefördert worden sind, bestimmt sich erstmalig nach den Einzelmieten solcher steuerbegünstigter, mit Aufwendungszuschüssen oder Aufwendungsdarlehen geförderter Mietwohnungen, die nach Art und Ausstattung sowie nach Förderungsjahr und Gemeindegrößenklasse mit den Wohnungen vergleichbar sind; maßgebend sind die Verhältnisse im Zeitpunkt der Bewilligung der Mittel.

(2) Ist eine vergleichbare Wohnung vom Vermieter nicht festzustellen, so kann die Bewilligungsstelle auf Verlangen des Vermieters bei der Bewilligung der Mittel einen angemessenen Mietbetrag als Vergleichsmiete bestimmen. Die Vorschriften des § 11 Abs. 3 Satz 1, Abs. 4 gelten entsprechend.

(3) Für die Änderungen der Vergleichsmiete infolge Änderung der laufenden Aufwendungen oder wegen baulicher Änderungen gelten die Vorschriften der §§ 12 und 13 entsprechend; dabei sind die für öffentlich geförderte Wohnungen geltenden Vorschriften der Zweiten Berechnungsverordnung entsprechend anzuwenden.

(4) Für die in Absatz 1 bezeichneten Wohnungen gelten hinsichtlich der Zulässigkeit von Mieterleistungen die Vorschriften des § 10 entsprechend.

(5) Die Vorschriften der Absätze 1 bis 3 gelten entsprechend für diejenigen steuerbegünstigten Wohnungen, die mit Annuitätszuschüssen nach § 88 des Zweiten Wohnungsbaugesetzes in der bis zum 31. Dezember 1971 geltenden Fassung gefördert worden und nach dem 31. Dezember 1966 bezugsfertig geworden sind.

§ 19
(weggefallen)

Teil IV
Umlagen, Zuschläge und Vergütungen

§ 20
Umlagen neben der Einzelmiete

(1) Neben der Einzelmiete ist die Umlage der Betriebskosten im Sinne des § 27 der Zweiten Berechnungsverordnung und des Umlageausfallwagnisses zulässig. Es dürfen nur solche Kosten umgelegt werden, die bei gewissenhafter Abwägung aller Umstände und bei ordentlicher Geschäftsführung gerechtfertigt sind. Soweit Betriebskosten geltend gemacht werden, sind diese nach Art und Höhe dem Mieter bei Überlassung der Wohnung bekanntzugeben.

(2) Soweit in den §§ 21 bis 25 nichts anderes bestimmt ist, sind die Betriebskosten nach dem Verhältnis der Wohnfläche umzulegen. Betriebskosten, die nicht für Wohnraum entstanden sind, sind vorweg abzuziehen; kann hierbei nicht festgestellt werden, ob die Betriebskosten auf Wohnraum oder auf Geschäftsraum entfallen, sind sie für den Wohnteil und den anderen Teil des Gebäudes oder der Wirtschaftseinheit im Verhältnis des umbauten Raumes oder der Wohn- und Nutzflächen aufzuteilen. Bei der Berechnung des umbauten Raumes ist Anlage 2 zur Zweiten Berechnungsverordnung zugrunde zu legen.

(3) Auf den voraussichtlichen Umlegungsbetrag sind monatliche Vorauszahlungen in angemessener Höhe zulässig, soweit in § 25 nichts anderes bestimmt ist. Über die Betriebskosten, den Umlegungsbetrag und die Vorauszahlungen ist jährlich abzurechnen (Abrechnungszeitraum). Der Vermieter darf alle oder mehrere Betriebskostenarten in einer Abrechnung erfassen. Die jährliche Abrechnung ist dem Mieter spätestens bis zum Ablauf des zwölften Monats nach dem Ende des Abrechnungszeitraumes zuzuleiten; diese Frist ist für Nachforderungen eine Ausschlußfrist, es sei denn, der Vermieter hat die Geltendmachung erst nach Ablauf der Jahresfrist nicht zu vertreten.

(4) Für Erhöhungen der Vorauszahlungen und für die Erhebung des durch die Vorauszahlungen nicht gedeckten Umlegungsbetrages sowie für die Nachforderung von Betriebskosten gilt § 4 Abs. 7 und 8 entsprechend. Eine Erhöhung der Vorauszahlungen für einen zurückliegenden Zeitraum ist nicht zulässig.

§ 21
Umlegung der Kosten der Wasserversorgung und der Entwässerung

(1) Zu den Kosten der Wasserversorgung gehören die Kosten des Wasserverbrauchs, die Grundgebühren und die Zählermiete, die Kosten der Verwendung von Zwischenzählern, die Kosten des Betriebs einer hauseigenen Wasserversorgungsanlage und einer Wasseraufbereitungsanlage einschließlich der Aufbereitungsstoffe.

(2) Bei der Berechnung der Umlage für die Kosten der Wasserversorgung sind zunächst die Kosten des Wasserverbrauchs abzuziehen, der nicht mit der üblichen Benutzung der Wohnungen zusammenhängt. Die verbleibenden Kosten dürfen nach dem Verhältnis der Wohnflächen oder nach einem Maßstab, der dem unterschiedlichen Wasserverbrauch der Wohnparteien Rechnung trägt, umgelegt werden.

(3) Zu den Kosten der Entwässerung gehören die Gebühren für die Benutzung einer öffentlichen Entwässerungsanlage oder die Kosten des Betriebs einer entsprechenden nicht öffentlichen Anlage sowie die Kosten des Betriebs einer Entwässerungspumpe. Die Kosten sind mit dem nach Absatz 2 gewählten Maßstab umzulegen.

§ 22
Umlegung der Kosten der Versorgung mit Wärme und Warmwasser

(1) Für die Umlegung der Kosten des Betriebs zentraler Heizungs- und Warmwasserversorgungsanlagen und der Kosten der eigenständig gewerblichen Lieferung von Wärme und Warmwasser, auch aus zentralen Heizungs- und Warmwasserversorgungsanlagen, findet die Verordnung über Heizko-

stenabrechnung in der Fassung der Bekanntmachung vom 5. April 1984 (BGBl. I S. 592), geändert durch Artikel 1 der Verordnung vom 19. Januar 1989 (BGBl. I S. 109), Anwendung.

(2) Liegt eine Ausnahme nach § 11 der Verordnung über Heizkostenabrechnung vor, dürfen umgelegt werden

1. die Kosten der Versorgung mit Wärme nach der Wohnfläche oder nach dem umbauten Raum; es darf auch die Wohnfläche oder der umbaute Raum der beheizten Räume zugrunde gelegt werden,
2. die Kosten der Versorgung mit Warmwasser nach der Wohnfläche oder einem Maßstab, der dem Warmwasserverbrauch in anderer Weise als durch Erfassung Rechnung trägt.

§ 7 Abs. 2 und 4, § 8 Abs. 2 und 4 der Verordnung über Heizkostenabrechnung gelten entsprechend. Genehmigungen nach den Vorschriften des § 22 Abs. 5 oder des § 23 Abs. 5 in der bis zum 30. April 1984 geltenden Fassung bleiben unberührt.

(3) Werden für Wohnungen, die vor dem 1. Januar 1981 bezugsfertig geworden sind, bei verbundenen Anlagen die Kosten für die Versorgung mit Wärme und Warmwasser am 30. April 1984 unaufgeteilt umgelegt, bleibt dies weiterhin zulässig.

§ 23
Umlegung der Kosten des Betriebs der zentralen Brennstoffversorgungsanlage

(1) Zu den Kosten des Betriebs der zentralen Brennstoffversorgungsanlage gehören die Kosten der verbrauchten Brennstoffe und ihrer Lieferung, die Kosten des Betriebsstromes und die Kosten der Überwachung sowie die Kosten der Reinigung der Anlage und des Betriebsraumes.

(2) Die Kosten dürfen nur nach dem Brennstoffverbrauch umgelegt werden.

§ 23a
(weggefallen)

§ 23b
(weggefallen)

§ 24
Umlegung der Kosten des Betriebs maschineller Aufzüge

(1) Zu den Kosten des Betriebs eines Personen- oder Lastenaufzugs gehören die Kosten des Betriebsstromes sowie die Kosten der Beaufsichtigung, der Bedienung, Überwachung und Pflege der Anlage, der regelmäßigen Prüfung

ihrer Betriebsbereitschaft und Betriebssicherheit einschließlich der Einstellung durch einen Fachmann sowie der Reinigung der Anlage.

(2) Die Kosten dürfen nach dem Verhältnis der Wohnflächen umgelegt werden, sofern nicht im Einvernehmen mit allen Mietern ein anderer Umlegungsmaßstab vereinbart ist. Wohnraum im Erdgeschoß kann von der Umlegung ausgenommen werden.

§ 24a

Umlegung der Kosten des Betriebs der mit einem Breitbandkabelnetz verbundenen privaten Verteilanlage

(1) Zu den Kosten des Betriebs der mit einem Breitbandkabelnetz verbundenen privaten Verteilanlage gehören die Kosten des Betriebsstromes und die Kosten der regelmäßigen Prüfung ihrer Betriebsbereitschaft einschließlich der Einstellung durch einen Fachmann oder das Nutzungsentgelt für eine nicht zur Wirtschaftseinheit gehörende Verteilanlage. Zu den Betriebskosten gehören ferner die laufenden monatlichen Grundgebühren für Breitbandanschlüsse.

(2) Die Kosten nach Absatz 1 Satz 1 dürfen nach dem Verhältnis der Wohnflächen umgelegt werden, sofern nicht im Einvernehmen mit allen Mietern ein anderer Umlegungsmaßstab vereinbart ist. Die Kosten nach Absatz 1 Satz 2 dürfen nur zu gleichen Teilen auf die Wohnungen umgelegt werden, die mit Zustimmung des Nutzungsberechtigten angeschlossen worden sind.

§ 25

Umlegung der Betriebs- und Instandhaltungskosten für maschinelle Wascheinrichtungen

(1) Zu den Kosten des Betriebs maschineller Wascheinrichtungen gehören die Kosten des Betriebsstromes, die Kosten der Überwachung, Pflege und Reinigung der maschinellen Einrichtung und der regelmäßigen Prüfung ihrer Betriebsbereitschaft und Betriebssicherheit sowie die Kosten der Wasserversorgung, soweit diese nicht bereits nach § 21 umgelegt werden. Für die Kosten der Instandhaltung darf ein Erfahrungswert als Pauschbetrag angesetzt werden.

(2) Die Betriebs- und Instandhaltungskosten für maschinelle Wascheinrichtungen dürfen nur auf die Benutzer der Einrichtung umgelegt werden. Der Umlegungsmaßstab muß dem Gebrauch Rechnung tragen.

(3) Vorauszahlungen auf den voraussichtlichen Umlegungsbetrag sind nicht zulässig.

§ 25a
Umlageausfallwagnis

Das Umlageausfallwagnis ist das Wagnis einer Einnahmenminderung, die durch uneinbringliche Rückstände von Betriebskosten oder nicht umlegbarer Betriebskosten infolge Leerstehens von Raum, der zur Vermietung bestimmt ist, einschließlich der uneinbringlichen Kosten einer Rechtsverfolgung auf Zahlung entsteht. Das Umlageausfallwagnis darf 2 vom Hundert der im Abrechnungszeitraum auf den Wohnraum entfallenden Betriebskosten nicht übersteigen. Soweit die Deckung von Ausfällen anders, namentlich durch einen Anspruch gegenüber einem Dritten gesichert ist, darf die Umlage nicht erhöht werden.

§ 25b
Übergangsregelung

Soweit andere als die in den §§ 22 und 23 genannten Betriebskosten am 30. April 1984 in der Einzelmiete enthalten sind, dürfen die Vorschriften über die Bildung der Durchschnittsmiete in der bis zum 30. April 1984 geltenden Fassung bis zur Umstellung auf die Umlage nach den §§ 20, 21, 24, 24a und 25 angewendet werden, längstens jedoch für die Abrechnungszeiträume, die im Jahre 1986 enden.

§ 26
Zuschläge neben der Einzelmiete

(1) Neben der Einzelmiete sind nach Maßgabe der Absätze 2 bis 7 folgende Zuschläge zulässig:

1. Zuschlag für die Benutzung von Wohnraum zu anderen als Wohnzwecken (Absatz 2),
2. Zuschlag für die Untervermietung von Wohnraum (Untermietzuschlag, Absatz 3),
3. Zuschlag wegen Ausgleichszahlungen nach § 7 des Wohnungsbindungsgesetzes (Absatz 4),
4. Zuschlag zur Deckung erhöhter laufender Aufwendungen, die nur für einen Teil der Wohnungen des Gebäudes oder der Wirtschaftseinheit entstehen (Absatz 5),
5. Zuschlag für Nebenleistungen des Vermieters, die nicht allgemein üblich sind oder nur einzelnen Mietern zugute kommen (Absatz 6),
6. Zuschlag für Wohnungen, die durch Ausbau von Zubehörräumen neu geschaffen wurden (Absatz 7).

(2) Wird die Wohnung mit Genehmigung der zuständigen Stelle ganz oder teilweise ausschließlich zu anderen als Wohnzwecken, insbesondere zu

gewerblichen oder beruflichen Zwecken benutzt und ist dadurch eine erhöhte Abnutzung möglich, so darf der Vermieter einen Zuschlag erheben. Der Zuschlag darf je nach dem Grad der wirtschaftlichen Mehrbelastung des Vermieters bis zu 50 vom Hundert der anteiligen Einzelmiete der Räume betragen, die zu anderen als Wohnzwecken benutzt werden. Ist die Genehmigung zur Benutzung zu anderen als Wohnzwecken von einer Ausgleichszahlung des Vermieters, insbesondere von einer höheren Verzinsung des öffentlichen Baudarlehens, abhängig gemacht worden, so darf auch ein Zuschlag entsprechend dieser Leistung, bei einer vollständigen oder teilweisen Rückzahlung des öffentlichen Baudarlehens höchstens entsprechend der Verzinsung des zurückgezahlten Betrages mit dem marktüblichen Zinssatz für erste Hypotheken, erhoben werden.

(3) Wird Wohnraum untervermietet oder in sonstiger Weise einem Dritten zur selbständigen Benutzung überlassen, so darf der Vermieter einen Untermietzuschlag erheben

in Höhe von 5 Deutschen Mark monatlich, wenn der untervermietete Wohnungsteil von einer Person benutzt wird,

in Höhe von 10 Deutschen Mark monatlich, wenn der untervermietete Wohnungsteil von zwei und mehr Personen benutzt wird.

(4) Hat der Vermieter einer öffentlich geförderten Wohnung im Hinblick auf ihre Freistellung von Bindungen nach § 7 des Wohnungsbindungsgesetzes eine höhere Verzinsung für das öffentliche Baudarlehen oder sonstige laufende Ausgleichszahlungen zu entrichten, so darf er für die Wohnung einen Zuschlag entsprechend diesen Leistungen erheben.

(5) Ist nach den Vorschriften des § 4 Abs. 6, § 6 Abs. 2 Satz 1 oder § 8 Abs. 2 ein Zuschlag zur Deckung erhöhter laufender Aufwendungen, die nur für einen Teil der Wohnungen des Gebäudes oder der Wirtschaftseinheit entstehen, zulässig, so darf dieser für die einzelnen betroffenen Wohnungen den Betrag nicht übersteigen, der nach der Höhe der zusätzlichen laufenden Aufwendungen auf sie entfällt. Bei der Berechnung der zusätzlichen laufenden Aufwendungen sind die Vorschriften der Zweiten Berechnungsverordnung sinngemäß anzuwenden.

(6) Sind bis zum Inkrafttreten dieser Verordnung für Nebenleistungen des Vermieters, die die Wohnraumbenutzung betreffen, aber nicht allgemein üblich sind oder nur einzelnen Mietern zugute kommen, zulässige Vergütungen erhoben worden, so kann in dieser Höhe ein Zuschlag neben der Einzelmiete erhoben werden. Dies gilt nicht, wenn die für die Nebenleistungen entstehenden laufenden Aufwendungen im Rahmen der Wirtschaftlichkeitsberechnung zur Ermittlung der zulässigen Miete berücksichtigt werden können.

(7) Sind im Falle des § 7 Abs. 2, 3 oder 5 durch Ausbau von Zubehörräumen preisgebundene Wohnungen geschaffen worden, darf für sie ein Zuschlag erhoben werden, wenn durch den Ausbau bisherige Zubehörräume öffentlich geförderter Wohnungen ganz oder teilweise weggefallen sind und hierfür kein gleichwertiger Ersatz geschaffen worden ist. Der Zuschlag darf den Betrag nicht übersteigen, um den die Einzelmieten der betroffenen Wohnungen gemäß § 7 Abs. 1 Satz 2 gesenkt worden sind.

(8) Für die erstmalige Erhebung eines Zuschlags neben der zulässigen Einzelmiete und für die Durchführung einer Erhöhung des Zuschlags gegenüber dem Mieter gilt § 4 Abs. 7 und 8 entsprechend. Für den Wegfall oder die Verringerung des Zuschlags gilt § 5 Abs. 1 Satz 4 sinngemäß.

§ 27

Vergütungen neben der Einzelmiete

Neben der Einzelmiete kann der Vermieter für die Überlassung einer Garage, eines Stellplatzes oder eines Hausgartens eine angemessene Vergütung verlangen. Das gleiche gilt für die Mitvermietung von Einrichtungs- und Ausstattungsgegenständen und für laufende Leistungen zur persönlichen Betreuung und Versorgung, wenn die zuständige Stelle dies genehmigt hat.

§ 28

Umlagen, Zuschläge und Vergütungen neben der Vergleichsmiete

Neben der Vergleichsmiete sind Umlagen, Zuschläge und Vergütungen entsprechend den Vorschriften der §§ 20 bis 27 zulässig.

Teil V
Schlußvorschriften

§ 29

Auskunftspflicht des Vermieters

(1) Der Vermieter hat dem Mieter auf Verlangen Auskunft über die Ermittlung und Zusammensetzung der zulässigen Miete zu geben und Einsicht in die Wirtschaftlichkeitsberechnung und sonstige Unterlagen, die eine Berechnung der Miete ermöglichen, zu gewähren.

(2) An Stelle der Einsicht in die Berechnungsunterlagen kann der Mieter Ablichtungen davon gegen Erstattung der Auslagen verlangen. Liegt der zuletzt zulässigen Miete eine Genehmigung der Bewilligungsstelle zugrunde, so kann er auch die Vorlage der Genehmigung oder einer Ablichtung davon verlangen.

§ 30
Entsprechende Anwendung der Mietvorschriften

Die Vorschriften dieser Verordnung über die zulässige Miete für Wohnungen gelten entsprechend für einzelne Wohnräume, die selbständig vermietet werden, und für Wohnungen, die auf Grund eines dem Mietverhältnis ähnlichen entgeltlichen Nutzungsverhältnisses, insbesondere eines genossenschaftlichen Nutzungsverhältnisses, überlassen werden.

§ 31
Zulässige Miete für Untervermietung

(1) Wird von einer Wohnung mehr als die Hälfte der Wohnfläche untervermietet, so darf die Miete für den untervermieteten Teil (Untermiete) den Betrag nicht übersteigen, der nach der für die Wohnung zulässigen Einzelmiete oder Vergleichsmiete anteilig auf die untervermietete Wohnfläche entfällt. Bei der Ermittlung der Wohnfläche und des Anteils bleiben gemeinschaftlich genutzte Räume außer Betracht.

(2) Neben der Untermiete dürfen die für die Wohnung zu entrichtenden Umlagen, Zuschläge und Vergütungen mit dem nach Absatz 1 ermittelten Anteil erhoben werden. Die nach § 26 Abs. 1 Nr. 1 und 2 zu entrichtenden Zuschläge dürfen, soweit sie den untervermieteten Wohnungsteil betreffen, in voller Höhe erhoben werden.

(3) Für die mietweise Überlassung von Einrichtungsgegenständen, für die Mitbenutzung von Räumen oder Einrichtungen und für sonstige Nebenleistungen ist eine Vergütung nur in angemessener Höhe zulässig.

(4) Hat sich die für die Wohnung zu entrichtende Einzelmiete oder Vergleichsmiete geändert, so ändert sich die zulässige Untermiete entsprechend. Die Vorschriften des § 4 Abs. 7 und des § 5 Abs. 1 Satz 4 gelten sinngemäß.

(5) Einer Untervermietung steht es gleich, wenn der Eigentümer oder der sonst Verfügungsberechtigte von der von ihm benutzten Wohnung mehr als die Hälfte der Wohnfläche vermietet.

§ 32
Vom Rechtsnachfolger zu vertretende Umstände

Soweit nach dieser Verordnung die Höhe der zulässigen Miete davon abhängt, ob die Erhöhung von Aufwendungen auf Umständen beruht, die der Vermieter zu vertreten oder nicht zu vertreten hat, stehen solche Umstände gleich, die ein Rechtsvorgänger des Vermieters, insbesondere der Bauherr, zu vertreten oder nicht zu vertreten hatte.

§ 33
Erhebung der Kostenmiete an Stelle der Vergleichsmiete in besonderen Fällen

Ist für öffentlich geförderte Wohnungen, für welche die öffentlichen Mittel ohne Vorlage einer Wirtschaftlichkeitsberechnung oder auf Grund einer vereinfachten Wirtschaftlichkeitsberechnung bewilligt worden sind, die Erhebung der Kostenmiete nach § 3 Abs. 1 des Gesetzes über Bindungen für öffentlich geförderte Wohnungen vom 23. Juni 1960 (BGBl. I S. 389, 402) zugelassen oder eine Mieterhöhung bis zur Kostenmiete nach § 6 Abs. 1 des Dritten Bundesmietengesetzes vom 24. August 1965 (BGBl. I S. 969, 971) genehmigt worden, so ist an Stelle der Vergleichsmiete die Kostenmiete die zulässige Miete. Die Vorschriften der §§ 4 bis 10 gelten entsprechend.

§ 34
Überleitungsvorschrift

(1) § 4 Abs. 6 und § 8a sind in der mit Inkrafttreten dieser Verordnung geltenden Fassung anzuwenden, wenn die Darlehen nach dem 31. Dezember 1989 vorzeitig zurückgezahlt oder abgelöst wurden oder nach diesem Zeitpunkt auf die weitere Auszahlung von Zuschüssen zur Deckung der laufenden Aufwendungen oder von Zinszuschüssen verzichtet wurde.

(2) Sind für ein Gebäude oder eine Wirtschaftseinheit auf Grund von Ausbau oder Erweiterung Wirtschaftlichkeitsberechnungen oder Teilwirtschaftlichkeitsberechnungen vor dem 29. August 1990 aufgestellt worden, sind die Regelungen der §§ 7, 16 und 26 in der bis zum 29. August 1990 geltenden Fassung anzuwenden.

§ 35
Sondervorschrift für Berlin

Im Land Berlin gilt § 1 Abs. 1 der Verordnung in folgender Fassung:

»(1) Diese Verordnung ist anzuwenden auf preisgebundene Wohnungen, die nach dem 24. Juni 1948 bezugsfertig geworden sind oder bezugsfertig werden.«

§ 36
Berlin-Klausel

Diese Verordnung gilt nach § 14 des Dritten Überleitungsgesetzes in Verbindung mit § 33a des Wohnungsbindungsgesetzes und § 125 des Zweiten Wohnungsbaugesetzes auch im Land Berlin.

§ 37
Geltung im Saarland

Diese Verordnung gilt nicht im Saarland.

§ 38
(Inkrafttreten)